Trägheits- und Widerstandsmomente von Blechträgern

Träger mit und ohne Gurtplatten
Hilfstafeln

Von

Dipl.-Ing. **P. Krugmann**

Berlin
Verlag von Julius Springer
1932

ISBN-13: 978-3-642-98467-9 e-ISBN-13: 978-3-642-99281-0
DOI: 10.1007/978-3-642-99281-0

softcover reprint of the hardcover 1st edition 1932

Vorwort.

Durch die in den letzten Jahren erlassenen amtlichen Vorschriften über die Berechnung genieteter Träger, insbesondere über die Berücksichtigung der Querschnittsverschwächung durch Nietlöcher, sind verschiedene ältere gleichartige Tabellenwerke überholt worden. Der Ingenieur war daher immer wieder gezwungen, für seine Berechnungen die erforderlichen Querschnittswerte in zeitraubender Arbeit zu bestimmen. Ihm diese Arbeit abzunehmen, ist Zweck des vorliegenden Buches.

Bezüglich der Auswahl der Profile wurde den Bedürfnissen der Praxis weitgehend Rechnung getragen; so sind z. B. Stegblechdicken von 8 bis 14 mm bei Höhen von 300 bis 4500 mm berücksichtigt, auch wurden bei Trägern ohne Gurtplatten die Werte W_{netto} sowohl für den Abzug von Halsnieten, als auch von Kopfnieten berechnet. Bei den Trägern mit Gurtplatten sind außer den Werten W_{netto}, welche zur Ermittlung der Biegungsspannungen benötigt werden, noch die Werte J_{voll} für Durchbiegungsrechnungen, Knickuntersuchungen oder ähnliche Aufgaben angegeben. Die Einführung von Hilfstafeln für Querschnitte, welche in diesem Werke nicht enthalten sind, ist auf ein Mindestmaß beschränkt, da diese praktisch für den berechnenden Ingenieur kaum eine Hilfe, d. h. keine wesentliche Zeitersparnis bedeuten. Dafür wurde ein Teil der vorgesehenen Hilfstafeln so erweitert, daß sie vornehmlich zur Berechnung geschweißter Träger benutzt werden können.

Bei meiner Arbeit bin ich von vielen Seiten mit Rat und Tat gefördert worden. Besonderer Dank gebührt Herrn Geheimrat Dr. Schaper von der Reichsbahnhauptverwaltung und dem Deutschen Stahlbau-Verband, Berlin, welche mir wertvolle Anregungen für den Aufbau der Tafeln und die Auswahl der Profile gegeben haben, sowie der Verlagsbuchhandlung Julius Springer für ihre weitgehende Unterstützung. Die Kontrollrechnungen wurden in der Hauptsache von Herrn Ingenieur Jung, Lauchhammer, ausgeführt, dem ich an dieser Stelle nochmals meinen Dank für seine eifrige Mitarbeit ausspreche.

Ich hoffe, daß das vorliegende Buch eine fühlbare Lücke in der Reihe gleichartiger Werke ausfüllen wird, und spreche die Bitte aus, etwaige Druckfehler, welche sich trotz aller Aufmerksamkeit eingeschlichen haben sollten, freundlichst der Verlagsbuchhandlung bekannt zu geben.

Lauchhammer, im April 1932.

Dipl.-Ing. P. Krugmann.

Inhaltsverzeichnis.

Erster Teil.

Träger ohne Gurtplatten.

Zweiter Teil.

Träger mit Gurtplatten.

Dritter Teil.

Hilfstafeln.

Bezeichnungen und Erläuterungen.

In den nachstehenden Tafeln bedeuten:

J Volles Trägheitsmoment in cm^4, bezogen auf die x-x-Achse des Trägers,

W Volles Widerstandsmoment in cm^3, bezogen auf die x-x-Achse des Trägers,

Wn_H Widerstandsmoment in cm^3, unter Berücksichtigung der durch die Halsniete hervorgerufenen Querschnittsverschwächung, bezogen auf die x-x-Achse des Trägers,

Wn_K Widerstandsmoment in cm^3, unter Berücksichtigung der durch die Kopfniete hervorgerufenen Querschnittsverschwächung, bezogen auf die x-x-Achse des Trägers,

J_y Volles Trägheitsmoment in cm^4, bezogen auf die y-y-Achse des Trägers,

Wn_{Hy} Widerstandsmoment in cm^3, unter Berücksichtigung der durch die Halsniete hervorgerufenen Querschnittsverschwächung, bezogen auf die y-y-Achse des Trägers,

Wn_{Ky} Widerstandsmoment in cm^3, unter Berücksichtigung der durch die Kopfniete hervorgerufenen Querschnittsverschwächung, bezogen auf die y-y-Achse des Trägers,

g Gewicht des ganzen Trägers in kg/m für Blechträger ohne Gurtplatten,

g_1 Gewicht von Stegblech und Gurtwinkeln in kg/m bei Trägern mit Gurtplatten,

g_2 Gewicht der Gurtplatten allein in kg/m,

t Gurtplattendicke in mm,

b Gurtplattenbreite in mm,

h Stegblechhöhe in mm,

Bl Stegblechdicke in mm,

ø Nietlochdurchmesser in mm.

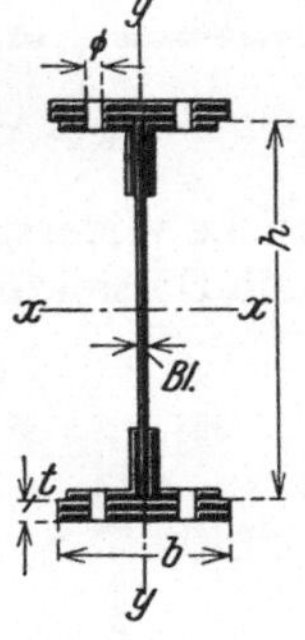

Abb. 1.

Bei der Berechnung der nachstehenden Tafeln sind die Querschnittswerte und Gewichte der Winkeleisen den vom Stahlwerksverband herausgegebenen Taschenbüchern unter besonderer Berücksichtigung der 8. Auflage des Werkes „Stahl im Hochbau" entnommen. Trägheits- und Widerstandsmomente wurden mit Hilfe mathematischer Reihen unter Verwendung von Rechenmaschinen gewonnen und mehrfachen Kontrollen unterworfen. Nach erfolgter Prüfung wurden alle Werte abgerundet, und zwar die Widerstandsmomente von 2000—100000 cm^3 auf ganze Zehner, darüber hinaus auf ganze Hunderter, die Trägheitsmomente dagegen bis 1 000 000 cm⁴ auf ganze Zehner, von 1 000 000 bis 10 000 000 cm⁴ auf ganze Hunderter, darüber hinaus auf ganze Tausender. Diese Maßnahme erleichtert dem Konstrukteur seine Arbeit und ist ohne weiteres zulässig, da die mathematisch genauen Werte in der Praxis nie erzielt werden, verlangt doch schon das Walzwerk hinsichtlich der Profilquerschnitte eine Toleranz von etwa 3—6%.

Die Schwächung eines Stegbleches durch eine senkrechte Nietreihe ist bei allen Werten durch einen Abzug von 15% des vollen Stegblech-Trägheitsmomentes berücksichtigt, wie dies in den Reichsbahnvorschriften verlangt wird.

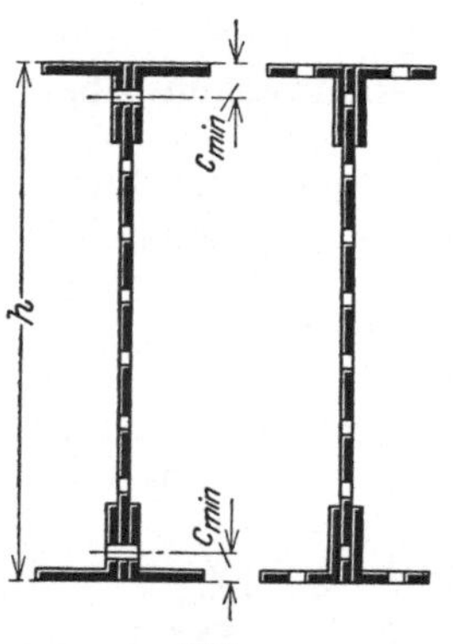

Abb. 2.

Bei Winkeleisen bis einschließlich 110 mm Schenkellänge ist eine nicht versetzte Nietung, darüber hinaus eine versetzte Nietung zugrunde gelegt. Bei letzterer sind die Halsniete in die ungünstigste Stelle (c_{min}) gerückt unter Berücksichtigung der vom Stahlwerksverband in der 8. Auflage des oben erwähnten Buches „Stahl im Hochbau" festgelegten Wurzelmaße.

Der **I. Teil** des vorliegenden Tabellenwerkes umfaßt die Träger ohne Gurtplatten. Die Stegblechhöhen sind jeweils nach dem Umfang einer Tafel von 10 zu 10 mm bzw. 20 zu 20 mm abgestuft. Außer dem vollen Trägheitsmoment sind die Widerstandsmomente für eine Verschwächung des Querschnittes durch Halsniete, wie auch durch Kopfniete berechnet. In einer Fußnote sind für die kleinste und größte Stegblechhöhe die Werte Jy und Wny gebracht, welche so dicht nebeneinander liegen, daß für Zwischenhöhen die fraglichen Werte ohne weiteres geschätzt werden können.

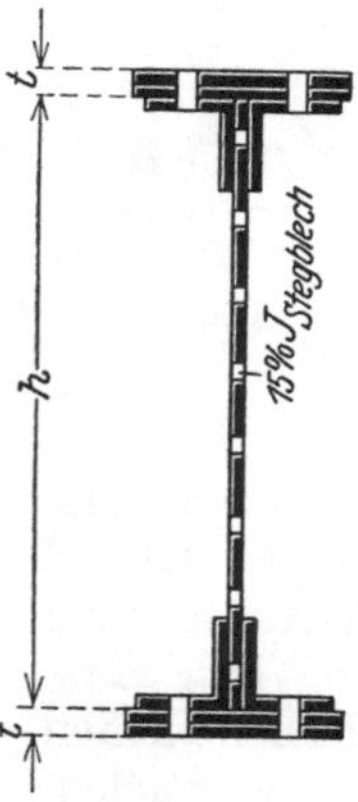

Abb. 3.

Der **II. Teil** umfaßt die Träger mit Gurtplatten. Hier sind die Stegblechhöhen bis $h = 2000$ mm von 20 zu 20 mm gestaffelt, von 2000 bis 3000 mm um je 50 mm, von 3000 bis 4500 mm Höhe um je 100 mm. Die Tafeln enthalten die Widerstandsmomente der durch Kopfniete geschwächten Querschnitte, sowie für die Höhen $h = 300, 400, 500, 600$ mm usw. auch die vollen Trägheitsmomente.

Für die Zwischenstufen, z. B. 620, 640 mm usw., ebenfalls die Werte J anzugeben, mußte mit Rücksicht auf den Umfang und damit auf den Preis des Buches unterbleiben. Diese Werte können aber unbedenklich durch Interpolation gewonnen werden. Nach Abbildung Seite IX ergibt sich für eine Zwischenhöhe, z. B. 1040 mm, der Wert J zu:

$$J_{1040} = J_{1000} + \frac{2}{5}(J_{1100} - J_{1000}).$$

Die hierbei auftretende Ungenauigkeit wird nachstehend an einigen Beispielen erläutert.

Beispiel 1: ∟ 100 · 100 · 10, *Bl.* 8, $t = 8$, $b = 260$ mm. J für $h = 1040$ mm wird gesucht.

Nach Seite 45 findet man $J_{1000} = 344000$ cm^4

$$J_{1100} = 426230 \text{ cm}^4,$$

somit wird $J_{1040} = 344000 + \frac{2}{5}(426230 - 344000)$

$$= 344000 + 32890 = 376890 \text{ cm}^4,$$

Der genau ermittelte Wert ergibt 375680 cm^4. Die Ungenauigkeit beträgt in diesem Falle nur 0,32%.

Je größer die Profile und je größer die Stegblechhöhen werden, um so geringer wird die Ungenauigkeit. Bei niedrigen Trägern und kleinen Profilen steigt sie, und zwar wie Beispiel 2 zeigt, im allerungünstigsten Falle (kleinster in den Tafeln vorkommender Winkel und niedrigste Trägerhöhe) auf etwa 2,5%.

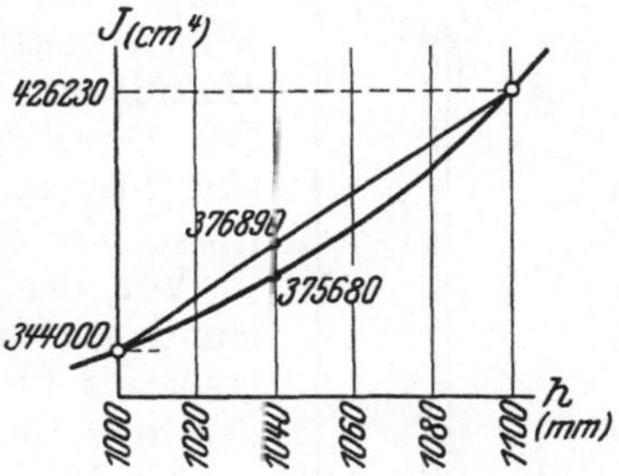

Abb. 4.

Beispiel 2: ∟ 80 · 80 · 8, *Bl.* 8, $t = 8$, $b = 180$ mm. J für $h = 360$ mm wird gesucht.

Nach Seite 37 ist $J_{300} = 16910$ cm^4

$$J_{400} = 32030 \text{ cm}^4$$

$$J_{360} = 16910 + \frac{3}{5}(32030 - 16910)$$

$$= 16910 + 9070 = 25980 \text{ cm}^4$$

rechnerisch ergibt sich 25340 cm^4.

Die Ungenauigkeit beträgt also hier im ungünstigsten Fall 2,5%.

Diese Differenzen können aber bei den Rechnungen, für welche der Konstrukteur das *Jvoll* benötigt, also bei Durchbiegungsermittlungen, Knickuntersuchungen u. a. unbedenklich zugelassen werden.

Bei den Werten *Wn* ist für die Stegbleche, wie eingangs bereits erwähnt, ein Anteil von 15% des vollen Stegblech-Trägheitsmomentes in Abzug gebracht.

Bei abweichenden Lamellenbreiten liefert die Interpolation genaue Werte. Auch mittels Hilfstafel III erhält man schnell die gesuchten Differenzgrößen.

Der **III. Teil** umfaßt nur die allernotwendigsten Hilfstafeln, und zwar sind aus

Tafel I und II die J- und *Wn*-Werte für Stegbleche von 1 mm Dicke für alle in den Haupttafeln vorkommenden Höhen und Plattendicken zu entnehmen.

Tafel III bringt die J- und W-Werte von 10 mm breiten Gurtplattenteilen, um Abweichungen in den Plattenbreiten berücksichtigen zu können.

Die Tafeln I bis III dienen vornehmlich auch der Berechnung **geschweißter Träger.** Es wurde deshalb über den eigentlichen Umfang der Haupttabellen hinaus eine große Anzahl weiterer Gurtplattendicken berücksichtigt, um den Bedürfnissen des Praxis weitestgehend Rechnung zu tragen.

Tafel IV schließlich gibt die Widerstandsmomente der Halsnietlöcher in den Gurtwinkeln bei allen im Buch verwendeten Stegblechhöhen und Gurtplattendicken an. Hierdurch wird ermöglicht, auch bei Trägern mit Gurtplatten die Widerstandsmomente bei Abzug von Kopf- und Halsnieten zugleich schnell ermitteln zu können. Bei versetzter Nietung (∟ 120 · 120 · 11 und größer) sind hierbei die Halsniete in das kleinste Wurzelmaß (c_{min}), also nach dem Trägerrande zu, versetzt.

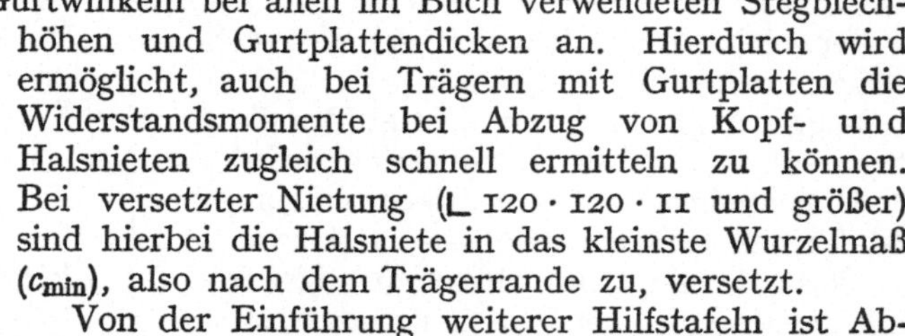

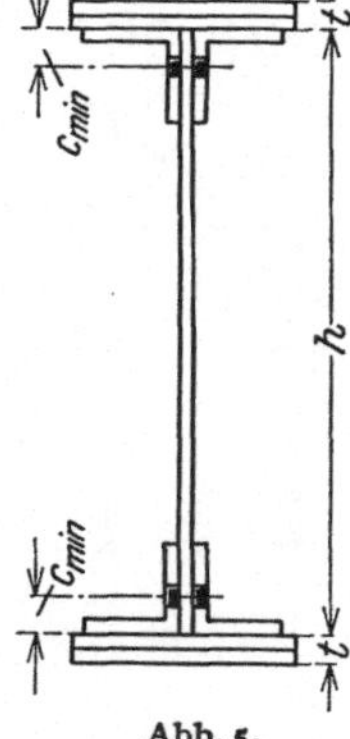

Abb. 5.

Von der Einführung weiterer Hilfstafeln ist Abstand genommen, da diese praktisch kaum eine Zeitersparnis für den Konstrukteur bedeuten und außerdem den Umfang des Buches stark vergrößert hätten.

Ein Verzeichnis, das sämtliche in den Tafeln enthaltenen Widerstandsmomente in numerischer Reihenfolge aufführt, ist nicht vorgesehen. Ein solches Verzeichnis ist immerhin nur für einen verhältnismäßig kleinen Kreis der Benutzer dieses Werkes bestimmt und würde bei einem Umfang von etwa 100 Seiten den Preis des Buches wesentlich erhöht haben. Um nun beim Aufsuchen eines bestimmten Trägers die in Frage kommenden Tafeln schnell herausfinden zu können, ist dem Inhaltsverzeichnis eine besondere Spalte beigefügt, aus welcher das größte Widerstandsmoment jeder Tafel ersichtlich ist.

Erster Teil

Träger ohne Gurtplatten

L 55 · 55 · 6 — Bl 8 — ⌀ 17

h	J	Wn_H	Wn_K	g
300	6430	371	352	38,6
310	6960	389	369	39,3
320	7520	406	386	39,9
330	8100	424	404	40,5
340	8710	442	422	41,2
350	9340	460	440	41,8
360	10000	479	459	42,4
370	10690	497	478	43,0
380	11400	516	496	43,7
390	12150	536	515	44,3
400	12920	555	535	44,9
410	13720	575	554	45,5
420	14550	594	574	46,2
430	15410	615	594	46,8
440	16290	635	615	47,4
450	17210	656	635	48,1
460	18160	676	656	48,7
470	19140	697	677	49,3
480	20150	719	698	49,9
490	21200	740	720	50,6
500	22270	762	741	51,2
510	23380	784	763	51,8
520	24520	806	785	52,5
530	25690	828	808	53,1
540	26900	851	830	53,7
550	28140	874	853	54,3
560	29420	897	876	55,0
570	30730	920	900	55,6
580	32080	944	923	56,2
590	33460	968	947	56,9
600	34880	992	971	57,5
610	36340	1016	995	58,1
620	37830	1040	1020	58,7
630	39360	1065	1044	59,4
640	40930	1090	1069	60,0
650	42540	1115	1094	60,6
660	44180	1140	1120	61,2
670	45870	1166	1145	61,9
680	47590	1192	1171	62,5
690	49360	1218	1197	63,1
700	51160	1244	1224	63,8
710	53000	1271	1250	64,4
720	54890	1298	1277	65,0
730	56820	1325	1304	65,6
740	58790	1352	1331	66,3
750	60800	1379	1358	66,9
760	62850	1407	1386	67,5
770	64950	1435	1414	68,2
780	67090	1463	1442	68,8
790	69270	1491	1470	69,4
800	71500	1520	1499	70,0

Für die *y*-*y*-Achse

h	J_y	Wn_{Hy}	Wn_{Ky}	
300	167	28	20	
800	170	28	21	

L 60 · 60 · 6 — Bl 8 — ⌀ 17

h	J	Wn_H	Wn_K	g
300	6790	398	376	40,5
310	7350	417	394	41,1
320	7940	436	413	41,8
330	8550	455	431	42,4
340	9190	474	451	43,0
350	9860	493	470	43,7
360	10550	513	489	44,3
370	11280	533	509	44,9
380	12030	553	529	45,5
390	12810	573	550	46,2
400	13620	594	570	46,8
410	14470	614	591	47,4
420	15340	636	612	48,1
430	16240	657	633	48,7
440	17170	678	654	49,3
450	18140	700	676	49,9
460	19130	722	698	50,6
470	20160	744	720	51,2
480	21220	767	743	51,8
490	22320	789	765	52,5
500	23440	812	788	53,1
510	24600	835	811	53,7
520	25800	859	835	54,3
530	27030	882	858	55,0
540	28290	906	882	55,6
550	29600	930	906	56,2
560	30930	955	930	56,8
570	32300	979	955	57,5
580	33710	1004	979	58,1
590	35160	1029	1004	58,7
600	36640	1054	1029	59,4
610	38160	1079	1055	60,0
620	39720	1105	1081	60,6
630	41320	1131	1106	61,2
640	42960	1157	1132	61,9
650	44640	1183	1159	62,5
660	46350	1210	1185	63,1
670	48110	1237	1212	63,8
680	49910	1264	1239	64,4
690	51750	1291	1266	65,0
700	53630	1319	1294	65,6
710	55550	1346	1322	66,3
720	57510	1374	1349	66,9
730	59520	1402	1378	67,5
740	61570	1431	1406	68,2
750	63660	1459	1435	68,8
760	65800	1488	1464	69,4
770	67980	1517	1492	70,0
780	70200	1547	1522	70,7
790	72470	1576	1551	71,3
800	74790	1606	1581	71,9

Für die *y*-*y*-Achse

h	J_y	Wn_{Hy}	Wn_{Ky}	
300	213	33	24	
800	215	33	24	

⌶ L 65 · 65 · 7 Bl 8 ⌀ 20 ⌶				
h	J	Wn_H	Wn_K	g
300	7950	463	432	46,2
310	8600	484	453	46,8
320	9290	505	474	47,4
330	10000	527	496	48,0
340	10740	549	517	48,7
350	11520	571	539	49,3
360	12320	593	562	49,9
370	13160	616	584	50,6
380	14030	639	607	51,2
390	14930	662	630	51,8
400	15860	685	653	52,4
410	16830	709	677	53,1
420	17830	732	700	53,7
430	18870	756	724	54,3
440	19940	781	748	55,0
450	21050	805	773	55,6
460	22190	830	798	56,2
470	23370	855	822	56,8
480	24580	880	848	57,5
490	25830	905	873	58,1
500	27120	931	899	58,7
510	28440	957	924	59,3
520	29800	983	951	60,0
530	31200	1010	977	60,6
540	32640	1036	1003	61,2
550	34120	1063	1030	61,9
560	35640	1090	1057	62,5
570	37200	1117	1084	63,1
580	38790	1145	1112	63,7
590	40430	1173	1140	64,4
600	42110	1201	1168	65,0
610	43830	1229	1196	65,6
620	45590	1257	1224	66,3
630	47400	1286	1253	66,9
640	49240	1315	1282	67,5
650	51130	1344	1311	68,1
660	53070	1373	1340	68,8
670	55040	1403	1370	69,4
680	57070	1433	1399	70,0
690	59130	1463	1429	70,7
700	61240	1493	1460	71,3
710	63400	1524	1490	71,9
720	65600	1554	1521	72,5
730	67850	1585	1552	73,2
740	70140	1616	1583	73,8
750	72490	1648	1614	74,4
760	74880	1679	1646	75,0
770	77310	1711	1678	75,7
780	79800	1743	1710	76,3
790	82330	1776	1742	76,9
800	84920	1808	1775	77,6

Für die *y-y*-Achse

h	J_y	Wn_{Hy}	Wn_{Ky}	
300	311	45	33	
800	313	45	33	

⌶ L 65 · 65 · 9 Bl 8 ⌀ 20 ⌶				
h	J	Wn_H	Wn_K	g
300	9470	550	512	53,3
310	10240	574	536	53,9
320	11040	599	561	54,6
330	11880	625	586	55,2
340	12760	650	611	55,8
350	13670	676	637	56,5
360	14620	702	663	57,1
370	15600	728	689	57,7
380	16620	755	716	58,3
390	17680	782	742	59,0
400	18770	809	769	59,6
410	19910	836	796	60,2
420	21080	863	824	60,9
430	22290	891	851	61,5
440	23540	919	879	62,1
450	24820	947	907	62,7
460	26150	976	936	63,4
470	27520	1004	964	64,0
480	28930	1033	993	64,6
490	30380	1062	1022	65,3
500	31870	1092	1051	65,9
510	33410	1121	1081	66,5
520	34980	1151	1111	67,1
530	36600	1181	1141	67,8
540	38270	1212	1171	68,4
550	39970	1242	1201	69,0
560	41720	1273	1232	69,6
570	43520	1304	1263	70,3
580	45360	1335	1294	70,9
590	47240	1367	1326	71,5
600	49170	1398	1357	72,2
610	51150	1430	1389	72,8
620	53170	1463	1421	73,4
630	55240	1495	1454	74,0
640	57350	1528	1486	74,7
650	59520	1561	1519	75,3
660	61730	1594	1552	75,9
670	63990	1627	1586	76,6
680	66300	1660	1619	77,2
690	68660	1694	1653	77,8
700	71060	1728	1687	78,4
710	73520	1763	1721	79,1
720	76030	1797	1755	79,7
730	78590	1832	1790	80,3
740	81200	1867	1825	81,0
750	83860	1902	1860	81,6
760	86570	1937	1896	82,2
770	89340	1973	1931	82,8
780	92160	2010	1967	83,5
790	95030	2040	2000	84,1
800	97950	2080	2040	84,7

Für die *y-y*-Achse

h	J_y	Wn_{Hy}	Wn_{Ky}	
300	405	58	43	
800	407	58	43	

L 70 · 70 · 7
Bl 8 ⌀ 20

h	J	Wn_H	Wn_K	g
400	16660	730	693	54,6
410	17670	754	718	55,3
420	18730	779	743	55,9
430	19810	805	768	56,5
440	20930	830	794	57,2
450	22090	856	819	57,8
460	23290	882	845	58,4
470	24520	909	872	59,0
480	25790	935	898	59,7
490	27100	962	925	60,3
500	28450	989	952	60,9
510	29830	1016	979	61,5
520	31260	1044	1006	62,2
530	32720	1072	1034	62,8
540	34220	1100	1062	63,4
550	35770	1128	1090	64,1
560	37350	1156	1118	64,7
570	38980	1185	1147	65,3
580	40650	1214	1176	65,9
590	42360	1243	1205	66,6
600	44110	1272	1234	67,2
610	45910	1302	1264	67,8
620	47750	1332	1294	68,5
630	49630	1362	1324	69,1
640	51550	1392	1354	69,7
650	53520	1422	1384	70,3
660	55540	1453	1415	71,0
670	57600	1484	1446	71,6
680	59710	1515	1477	72,2
690	61860	1547	1508	72,9
700	64060	1578	1540	73,5
710	66300	1610	1572	74,1
720	68600	1642	1604	74,7
730	70940	1675	1636	75,4
740	73320	1707	1669	76,0
750	75760	1740	1702	76,6
760	78250	1773	1735	77,2
770	80780	1806	1768	77,9
780	83360	1840	1801	78,5
790	85000	1874	1835	79,1
800	88680	1908	1869	79,8
810	91420	1942	1903	80,4
820	94210	1976	1938	81,0
830	97040	2010	1972	81,6
840	99930	2050	2010	82,3
850	102880	2080	2040	82,9
860	105870	2120	2080	83,5
870	108920	2150	2110	84,2
880	112020	2190	2150	84,8
890	115180	2220	2180	85,4
900	118390	2260	2220	86,0

Für die y-y-Achse

h	J_y	Wn_{Hy}	Wn_{Ky}	
400	383	51	37	
900	385	51	37	

L 70 · 70 · 9
Bl 10 ⌀ 20

h	J	Wn_H	Wn_K	g
400	20880	912	866	68,8
410	22160	943	898	69,5
420	23480	975	929	70,3
430	24840	1007	961	71,1
440	26250	1039	993	71,9
450	27710	1071	1025	72,7
460	29210	1104	1058	73,5
470	30760	1137	1091	74,3
480	32360	1171	1124	75,0
490	34010	1204	1158	75,8
500	35700	1238	1192	76,6
510	37440	1273	1226	77,4
520	39230	1307	1261	78,2
530	41070	1342	1295	79,0
540	42960	1377	1330	79,8
550	44910	1413	1366	80,5
560	46900	1448	1401	81,3
570	48940	1484	1437	82,1
580	51040	1521	1474	82,9
590	53190	1557	1510	83,7
600	55400	1594	1547	84,5
610	57650	1631	1584	85,2
620	59960	1669	1621	86,0
630	62330	1707	1659	86,8
640	64750	1745	1697	87,6
650	67230	1783	1735	88,4
660	69760	1822	1774	89,2
670	72360	1861	1813	90,0
680	75000	1900	1852	90,7
690	77710	1939	1891	91,5
700	80470	1979	1931	92,3
710	83300	2020	1971	93,1
720	86180	2060	2010	93,9
730	89120	2100	2050	94,7
740	92120	2140	2090	95,5
750	95190	2180	2130	96,2
760	98310	2220	2180	97,0
770	101500	2270	2220	97,8
780	104740	2310	2260	98,6
790	108060	2350	2300	99,4
800	111430	2390	2340	100
810	114870	2440	2390	101
820	118370	2480	2430	102
830	121940	2520	2470	103
840	125570	2570	2520	103
850	129270	2610	2560	104
860	133040	2650	2610	105
870	135870	2700	2650	106
880	140770	2740	2700	106
890	144730	2790	2740	107
900	148770	2830	2790	108

Für die y-y-Achse

h	J_y	Wn_{Hy}	Wn_{Ky}	
400	523	69	50	
900	527	69	51	

∟ 80 · 80 · 8
Bl 8 Ø 20

h	J	Wn_H	Wn_K	g
300	10070	607	563	57,5
310	10900	634	590	58,1
320	11760	662	617	58,7
330	12660	690	645	59,4
340	13600	718	673	60,0
350	14570	747	701	60,6
360	15590	775	730	61,2
370	16640	804	759	61,9
380	17730	834	788	62,5
390	18870	863	817	63,1
400	20040	893	847	63,8
410	21250	923	877	64,4
420	22510	954	907	65,0
430	23800	984	938	65,6
440	25140	1015	968	66,3
450	26520	1046	999	66,9
460	27940	1077	1030	67,5
470	29410	1109	1062	68,2
480	30920	1141	1094	68,8
490	32470	1173	1125	69,4
500	34060	1205	1158	70,0
510	35710	1238	1190	70,7
520	37390	1270	1223	71,3
530	39120	1303	1256	71,9
540	40900	1337	1289	72,6
550	42720	1370	1322	73,2
560	44590	1404	1356	73,8
570	46510	1438	1390	74,4
580	48480	1472	1424	75,1
590	50490	1506	1458	75,7
600	52550	1541	1493	76,3
610	54660	1576	1528	76,9
620	56820	1611	1563	77,6
630	59020	1646	1598	78,2
640	61280	1682	1633	78,8
650	63590	1718	1668	79,5
660	65950	1754	1705	80,1
670	68360	1790	1741	80,7
680	70820	1827	1778	81,3
690	73330	1863	1815	82,0
700	75890	1900	1851	82,6
710	78510	1938	1889	83,2
720	81180	1975	1926	83,9
730	83900	2010	1964	84,5
740	86630	2050	2000	85,1
750	89510	2090	2040	85,7
760	92400	2130	2080	86,4
770	95340	2170	2120	87,0
780	98340	2200	2160	87,6
790	101390	2240	2190	88,3
800	104500	2280	2230	88,9
810	107660	2320	2270	89,5
820	110890	2360	2310	90,1
830	114170	2400	2350	90,8
840	117500	2440	2390	91,4
850	120900	2480	2430	92,0
860	124350	2520	2470	92,6
870	127870	2560	2510	93,3
880	131440	2610	2560	93,9
890	135070	2650	2600	94,5
900	138760	2690	2640	95,2
910	142520	2730	2680	95,8
920	146330	2770	2720	96,4
930	150210	2810	2760	97,0
940	154140	2860	2810	97,7
950	158140	2900	2850	98,3
960	162210	2940	2890	98,9
970	166330	2990	2940	99,6
980	170520	3030	2980	100
990	174770	3070	3020	101
1000	179090	3120	3070	101
1010	183470	3160	3110	102
1020	187920	3210	3160	103
1030	192430	3250	3200	103
1040	197000	3290	3240	104
1050	201650	3340	3290	105
1060	206360	3380	3330	105
1070	211140	3430	3380	106
1080	215980	3480	3430	106
1090	220890	3522	3470	107
1100	225870	3570	3520	108
1110	230920	3610	3560	108
1120	236040	3660	3610	109
1130	241230	3710	3660	110
1140	246490	3750	3700	110
1150	251810	3800	3750	111
1160	257210	3850	3800	111
1170	262680	3900	3850	112
1180	268220	3950	3900	113
1190	273830	3990	3940	113
1200	279520	4040	3990	114
1220	291110	4140	4090	115
1240	302990	4240	4190	117
1260	315160	4340	4290	118
1280	327640	4440	4390	119
1300	340420	4540	4490	120
1320	353510	4640	4590	122
1340	366910	4740	4690	123
1360	380620	4850	4800	124
1380	394640	4950	4900	125
1400	408990	5060	5010	127
1420	423650	5170	5110	128
1440	438650	5270	5220	129
1460	453970	5380	5330	130
1480	469620	5490	5440	132
1500	485610	5600	5550	133

Für die y-y-Achse

h	J_y	Wn_{Hy}	Wn_{Ky}
300	639	76	58
1500	644	76	58

L 80 · 80 · 10
Bl 10 Ø 20

h	J	Wn_H	Wn_K	g	h	J	Wn_H	Wn_K	g
300	12280	737	684	71,0	800	128680	2800	2740	110
310	13290	771	718	71,7	810	132590	2850	2790	111
320	14350	805	751	72,5	820	136570	2900	2840	112
330	15460	840	785	73,3	830	140620	2950	2890	113
340	16610	874	820	74,1	840	144750	3000	2940	113
350	17800	909	854	74,9	850	148940	3050	2990	114
360	19050	945	890	75,7	860	153210	3100	3040	115
370	20340	981	925	76,4	870	157550	3150	3090	116
380	21690	1017	961	77,2	880	161970	3200	3140	116
390	23080	1053	997	78,0	890	166460	3250	3190	117
400	24520	1090	1034	78,8	900	171020	3310	3250	118
410	26010	1127	1071	79,6	910	175660	3360	3300	119
420	27560	1164	1108	80,4	920	180380	3410	3350	120
430	29150	1202	1145	81,2	930	185170	3460	3400	120
440	30790	1240	1183	82,0	940	190030	3510	3450	121
450	32490	1278	1221	82,7	950	194980	3570	3510	122
460	34240	1317	1260	83,5	960	200000	3620	3560	123
470	36050	1356	1299	84,3	970	205100	3670	3610	124
480	37900	1395	1338	85,1	980	210280	3730	3670	124
490	39810	1434	1377	85,9	990	215540	3780	3720	125
500	41780	1474	1417	86,7	1000	220880	3840	3780	126
510	43800	1514	1457	87,4	1010	226300	3890	3830	127
520	45880	1555	1497	88,2	1020	231800	3950	3880	127
530	48010	1595	1538	89,0	1030	237380	4000	3940	128
540	50200	1636	1578	89,8	1040	243040	4060	4000	129
550	52450	1678	1620	90,6	1050	248790	4110	4050	130
560	54750	1719	1661	91,4	1060	254610	4170	4110	131
570	57120	1761	1703	92,1	1070	260520	4220	4160	131
580	59540	1803	1745	92,9	1080	266520	4280	4220	132
590	62020	1846	1787	93,7	1090	272600	4340	4280	133
600	64560	1889	1830	94,5	1100	278760	4390	4330	134
610	67160	1932	1873	95,3	1110	285010	4450	4390	135
620	69820	1975	1916	96,1	1120	291340	4510	4450	135
630	72550	2020	1960	96,9	1130	297760	4570	4510	136
640	75330	2060	2000	97,6	1140	304270	4630	4570	137
650	78180	2110	2050	98,4	1150	310860	4680	4620	138
660	81090	2150	2090	99,2	1160	317550	4740	4680	138
670	84060	2200	2140	100	1170	324320	4800	4740	139
680	87090	2240	2180	101	1180	331180	4860	4800	140
690	90200	2290	2230	102	1190	338120	4920	4860	141
700	93360	2330	2270	102	1200	345160	4980	4920	142
710	96590	2380	2320	103	1220	359510	5100	5040	143
720	99890	2420	2370	104	1240	374220	5220	5160	145
730	103250	2470	2410	105	1260	389300	5350	5290	146
740	106680	2520	2460	105	1280	404750	5470	5410	148
750	110170	2570	2510	106	1300	420580	5600	5540	149
760	113740	2610	2550	107	1320	436790	5720	5660	151
770	117370	2660	2600	108	1340	453390	5850	5790	153
780	121070	2710	2650	109	1360	470370	5980	5920	154
790	124840	2760	2700	109	1380	487750	6110	6050	156
					1400	505520	6240	6180	157
					1420	523700	6370	6310	159
					1440	542270	6510	6450	160
					1460	561260	6640	6580	162
					1480	580660	6780	6720	164
					1500	600480	6910	6850	165

Für die *y*-*y*-Achse

h	J_y	Wn_{Hy}	Wn_{Ky}	
300	840	98	75	
1500	850	99	76	

L 90 · 90 · 9
Bl 8 Ø 20

h	J	Wn_H	Wn_K	g	h	J	Wn_H	Wn_K	g
300	11890	727	673	67,5	800	121600	2690	2630	98,9
310	12860	759	705	68,1	810	125230	2740	2680	99,5
320	13880	793	738	68,8	820	128930	2780	2720	100
330	14940	826	771	69,4	830	132690	2830	2770	101
340	16050	860	805	70,0	840	136520	2870	2810	101
350	17200	894	839	70,7	850	140410	2920	2860	102
360	18390	928	873	71,3	860	144360	2970	2910	103
370	19630	963	907	71,9	870	148380	3010	2950	103
380	20920	998	942	72,5	880	152470	3060	3000	104
390	22250	1033	976	73,2	890	156620	3110	3050	105
400	23630	1069	1012	73,8	900	160840	3160	3090	105
410	25060	1104	1048	74,4	910	165130	3200	3140	106
420	26530	1140	1083	75,1	920	169480	3250	3190	106
430	28050	1177	1119	75,7	930	173900	3300	3240	107
440	29620	1213	1156	76,3	940	178390	3350	3290	108
450	31240	1250	1192	76,9	950	182950	3400	3340	108
460	32910	1287	1229	77,6	960	187580	3450	3380	109
470	34620	1324	1266	78,2	970	192270	3500	3430	110
480	36390	1362	1304	78,8	980	197040	3540	3480	110
490	38210	1400	1341	79,5	990	201880	3590	3530	111
500	40070	1438	1379	80,1	1000	206780	3640	3580	111
510	41990	1476	1418	80,7	1010	211760	3690	3630	112
520	43960	1515	1456	81,3	1020	216810	3740	3680	113
530	45980	1553	1495	82,0	1030	221930	3790	3730	113
540	48060	1592	1534	82,6	1040	227120	3850	3780	114
550	50180	1632	1573	83,2	1050	232390	3900	3830	115
560	52360	1671	1612	83,8	1060	237730	3950	3890	115
570	54590	1711	1652	84,5	1070	243140	4000	3940	116
580	56880	1751	1692	85,1	1080	248630	4050	3990	117
590	59220	1791	1732	85,7	1090	254190	4100	4040	117
600	61620	1832	1772	86,4	1100	259820	4150	4090	118
610	64070	1873	1813	87,0	1110	265530	4210	4140	118
620	66570	1914	1854	87,6	1120	271320	4260	4200	119
630	69130	1955	1895	88,2	1130	277180	4310	4250	120
640	71750	1996	1936	88,9	1140	283120	4370	4300	120
650	74420	2040	1978	89,5	1150	289130	4420	4360	121
660	77150	2080	2020	90,1	1160	295220	4470	4410	122
670	79940	2120	2060	90,8	1170	301390	4530	4460	122
680	82790	2160	2100	91,4	1180	307640	4580	4520	123
690	85690	2210	2150	92,0	1190	313960	4630	4570	123
700	88660	2250	2190	92,6	1200	320370	4690	4630	124
710	91680	2290	2230	93,3	1220	333410	4800	4740	125
720	94760	2340	2280	93,9	1240	346770	4910	4850	127
730	97900	2380	2320	94,5	1260	360460	5020	4960	128
740	101100	2420	2360	95,2	1280	374470	5130	5070	129
750	104370	2470	2410	95,8	1300	388810	5240	5180	130
760	107690	2510	2450	96,4	1320	403480	5360	5300	132
770	111070	2560	2500	97,0	1340	418490	5470	5410	133
780	114520	2600	2540	97,7	1360	433830	5590	5530	134
790	118030	2650	2590	98,3	1380	449520	5710	5640	135
					1400	465550	5820	5760	137
					1420	481930	5940	5880	138
					1440	498660	6060	6000	139
					1460	515740	6180	6120	140
					1480	533190	6300	6240	142
					1500	550990	6430	6360	143

Für die *y*-*y*-Achse

h	J_y	Wn_{Hy}	Wn_{Ky}	
300	1001	106	84	
1500	1006	106	85	

L 90 · 90 · 9
Bl 10   Ø 23

h	J	Wn_H	Wn_K	g	h	J	Wn_H	Wn_K	g
300	12340	745	683	72,2	800	130130	2840	2770	111
310	13360	779	717	73,0	810	134090	2890	2820	112
320	14430	813	751	73,8	820	138120	2940	2870	113
330	15540	848	785	74,6	830	142220	2990	2920	114
340	16700	883	820	75,4	840	146400	3040	2970	115
350	17910	919	855	76,2	850	150640	3090	3020	115
360	19170	955	891	76,9	860	154960	3140	3070	116
370	20480	991	927	77,7	870	159360	3190	3120	117
380	21830	1028	963	78,5	880	163830	3240	3170	118
390	23240	1065	1000	79,3	890	168370	3300	3220	119
400	24700	1102	1037	80,1	900	172990	3350	3280	119
410	26210	1139	1074	80,9	910	177690	3400	3330	120
420	27770	1177	1112	81,7	920	182460	3450	3380	121
430	29380	1215	1150	82,4	930	187310	3510	3430	122
440	31040	1254	1188	83,2	940	192230	3560	3490	122
450	32760	1293	1226	84,0	950	197240	3610	3540	123
460	34530	1332	1265	84,8	960	202320	3670	3590	124
470	36350	1371	1305	85,6	970	207480	3720	3650	125
480	38230	1411	1344	86,4	980	212730	3770	3700	126
490	40170	1451	1384	87,1	990	218050	3830	3760	126
500	42160	1491	1424	87,9	1000	223450	3880	3810	127
510	44200	1532	1465	88,7	1010	228930	3940	3870	128
520	46300	1573	1505	89,5	1020	234500	3990	3920	129
530	48460	1614	1547	90,3	1030	240140	4050	3980	130
540	50680	1656	1588	91,1	1040	245870	4110	4030	130
550	52950	1698	1630	91,9	1050	251690	4160	4090	131
560	55290	1740	1672	92,6	1060	257580	4220	4150	132
570	57680	1782	1714	93,4	1070	263560	4280	4200	133
580	60130	1825	1757	94,2	1080	269620	4330	4260	133
590	62640	1868	1800	95,0	1090	275770	4390	4320	134
600	65220	1911	1843	95,8	1100	282010	4450	4380	135
610	67850	1955	1886	96,6	1110	288330	4510	4440	136
620	70540	1999	1930	97,4	1120	294740	4560	4490	137
630	73300	2040	1974	98,1	1130	301230	4620	4550	137
640	76120	2090	2020	98,9	1140	307810	4680	4610	138
650	79000	2130	2060	99,7	1150	314480	4740	4670	139
660	81950	2180	2110	100	1160	321240	4800	4730	140
670	84960	2220	2150	101	1170	328090	4860	4790	141
680	88030	2270	2200	102	1180	335020	4920	4850	141
690	91170	2310	2250	103	1190	342050	4980	4910	142
700	94370	2360	2290	104	1200	349170	5040	4970	143
710	97640	2410	2340	104	1220	363670	5160	5090	144
720	100980	2450	2380	105	1240	378550	5290	5220	146
730	104390	2500	2430	106	1260	393800	5410	5340	148
740	107860	2550	2480	107	1280	409420	5540	5470	149
750	111400	2600	2530	108	1300	425420	5660	5590	151
760	115000	2640	2570	108	1320	441810	5790	5720	152
770	118680	2690	2620	109	1340	458590	5920	5850	154
780	122430	2740	2670	110	1360	475760	6050	5980	155
790	126250	2790	2720	111	1380	493320	6180	6110	157

h	J	Wn_H	Wn_K	g
1400	511280	6310	6240	159
1420	529650	6450	6380	160
1440	548430	6580	6510	162
1460	567610	6720	6650	163
1480	587220	6860	6780	165
1500	607240	6990	6920	166

Für die y-y-Achse

h	J_y	Wn_{Hy}	Wn_{Ky}	
300	1039	109	83	
1500	1049	109	84	

⌞ 90 · 90 · 11
Bl 10 ⌀ 23

h	J	Wn_H	Wn_K	g
300	14270	861	788	82,3
310	15440	900	826	83,1
320	16670	940	866	83,8
330	17960	980	905	84,6
340	19290	1020	945	85,4
350	20690	1061	985	86,2
360	22130	1102	1026	87,0
370	23640	1144	1067	87,8
380	25190	1185	1109	88,6
390	26810	1228	1150	89,3
400	28480	1270	1193	90,1
410	30210	1313	1235	90,9
420	32000	1356	1278	91,7
430	33840	1400	1321	92,5
440	35740	1443	1365	93,3
450	37710	1488	1409	94,0
460	39730	1532	1453	94,8
470	41810	1577	1497	95,6
480	43960	1622	1542	96,4
490	46170	1667	1587	97,2
500	48430	1713	1633	98,0
510	50760	1759	1679	98,8
520	53160	1805	1725	99,5
530	55610	1852	1771	100
540	58130	1899	1818	101
550	60720	1946	1865	102
560	63370	1994	1912	103
570	66080	2040	1960	103
580	68860	2090	2010	104
590	71710	2140	2060	105
600	74630	2190	2100	106
610	77610	2240	2150	107
620	80660	2290	2200	107
630	83780	2330	2250	108
640	86960	2380	2300	109
650	90220	2430	2350	110
660	93550	2490	2400	111
670	96940	2540	2450	111
680	100410	2590	2500	112
690	103950	2640	2560	113
700	107560	2690	2610	114
710	111240	2740	2660	114
720	115000	2790	2710	115
730	118830	2850	2760	116
740	122730	2900	2820	117
750	126710	2950	2870	118
760	130760	3010	2920	118
770	134890	3060	2980	119
780	139100	3110	3030	120
790	143380	3170	3090	121
800	147730	3220	3140	122
810	152170	3280	3190	122
820	156680	3330	3250	123
830	161270	3390	3300	124
840	165940	3440	3360	125
850	170690	3500	3420	125
860	175520	3560	3470	126
870	180430	3610	3530	127
880	185420	3670	3590	128
890	190490	3730	3640	129
900	195650	3790	3700	129
910	200880	3840	3760	130
920	206200	3900	3820	131
930	211610	3960	3870	132
940	217090	4020	3930	133
950	222660	4080	3990	133
960	228320	4140	4050	134
970	234060	4200	4110	135
980	239890	4260	4170	136
990	245800	4320	4230	136
1000	251800	4380	4290	137
1010	257890	4440	4350	138
1020	264060	4500	4410	139
1030	270330	4560	4470	140
1040	276680	4620	4540	140
1050	283120	4680	4600	141
1060	289660	4740	4660	142
1070	296280	4810	4720	143
1080	302990	4870	4780	144
1090	309800	4930	4850	144
1100	316700	5000	4910	145
1110	323680	5060	4970	146
1120	330770	5120	5040	147
1130	337940	5190	5100	147
1140	345210	5250	5170	148
1150	352580	5320	5230	149
1160	360030	5380	5300	150
1170	367590	5450	5360	151
1180	375240	5510	5430	151
1190	382990	5580	5490	152
1200	390830	5640	5560	153
1220	406810	5780	5690	154
1240	423180	5910	5820	156
1260	439950	6050	5960	158
1280	457120	6180	6100	159
1300	474700	6320	6230	161
1320	492690	6460	6370	162
1340	511090	6600	6510	164
1360	529910	6740	6650	165
1380	549150	6880	6800	167
1400	568820	7030	6940	169
1420	588910	7170	7080	170
1440	609440	7320	7230	172
1460	630410	7460	7380	173
1480	651820	7610	7520	175
1500	673670	7760	7670	176

Für die *y*-*y*-Achse

h	J_y	Wn_{Hy}	Wn_{Ky}	
300	1283	134	103	
1500	1293	135	104	

L 100 • 100 • 10
Bl 8 Ø 20

h	J	Wn_H	Wn_K	g	h	J	Wn_H	Wn_K	g
400	27640	1266	1198	85,4	1000	238330	4250	4170	123
410	29310	1308	1240	86,0	1020	249730	4360	4290	124
420	31030	1351	1282	86,7	1040	261450	4480	4400	126
430	32810	1394	1325	87,3	1060	273490	4590	4520	127
440	34640	1437	1368	87,9	1080	285860	4710	4640	128
450	36530	1480	1411	88,5	1100	298550	4830	4750	129
460	38470	1524	1454	89,2	1120	311570	4950	4870	131
470	40470	1568	1498	89,8	1140	324920	5070	4990	132
480	42530	1612	1542	90,4	1160	338610	5190	5110	133
490	44650	1657	1586	91,1	1180	352640	5310	5230	134
500	46820	1701	1631	91,7	1200	367010	5430	5360	136
510	49060	1746	1676	92,3	1220	381720	5560	5480	137
520	51350	1792	1721	92,9	1240	396790	5680	5600	138
530	53700	1837	1766	93,6	1260	412210	5810	5730	139
540	56110	1883	1812	94,2	1280	427980	5930	5860	141
550	58580	1929	1858	94,8	1300	444110	6060	5980	142
560	61110	1975	1904	95,4	1320	460600	6190	6110	143
570	63700	2020	1950	96,1	1340	477460	6320	6240	144
580	66350	2070	1997	96,7	1360	494680	6450	6370	146
590	69070	2120	2040	97,3	1380	512280	6580	6500	147
600	71840	2160	2090	98,0	1400	530250	6710	6630	148
610	74680	2210	2140	98,6	1420	548600	6840	6760	149
620	77580	2260	2190	99,2	1440	567330	6970	6900	151
630	80550	2310	2230	99,8	1460	586440	7110	7030	152
640	83580	2350	2280	100	1480	605940	7240	7170	153
650	86670	2400	2330	101	1500	625830	7380	7300	154
660	89830	2450	2380	102	1520	646120	7520	7440	156
670	93050	2500	2430	102	1540	666800	7650	7580	157
680	96330	2550	2480	103	1560	687880	7790	7720	158
690	99690	2600	2530	104	1580	709360	7930	7860	160
700	103100	2650	2580	104	1600	731250	8070	8000	161
710	106590	2700	2630	105	1620	753550	8220	8140	162
720	110140	2750	2680	105	1640	776270	8360	8280	163
730	113760	2800	2730	106	1660	799390	8500	8420	165
740	117440	2850	2780	107	1680	822940	8650	8570	166
750	121200	2900	2830	107	1700	846910	8790	8710	167
760	125020	2950	2880	108	1720	871310	8940	8860	168
770	128910	3000	2930	109	1740	896130	9080	9010	170
780	132870	3060	2980	109	1760	921390	9230	9150	171
790	136900	3110	3030	110	1780	947080	9380	9300	172
800	141000	3160	3090	111	1800	973210	9530	9450	173
810	145180	3210	3140	111	1820	999790	9680	9600	175
820	149420	3260	3190	112	1840	1026800	9830	9760	176
830	153730	3320	3240	112	1860	1054300	9990	9910	177
840	158110	3370	3300	113	1880	1082200	10140	10060	178
850	162570	3420	3350	114	1900	1110600	10290	10220	180
860	167100	3480	3400	114	1920	1139400	10450	10370	181
870	171700	3530	3460	115	1940	1168700	10600	10530	182
880	176370	3580	3510	116	1960	1198400	10760	10680	183
890	181120	3640	3560	116	1980	1228600	10920	10840	185
900	185950	3690	3620	117	2000	1259300	11080	11000	186
910	190840	3750	3670	117					
920	195820	3800	3730	118					
930	200860	3860	3780	119					
940	205980	3910	3840	119					
950	211180	3970	3890	120					
960	216460	4020	3950	121					
970	221810	4080	4010	121					
980	227240	4140	4060	122					
990	232740	4190	4120	122					

Für die *y-y*-Achse

h	J_y	Wn_{Hy}	Wn_{Ky}
400	1506	144	118
2000	1513	145	119

L 100 · 100 · 10
Bl 10 Ø 23

h	J	Wn_H	Wn_K	g	h	J	Wn_H	Wn_K	g
400	28710	1299	1221	91,7	1000	254990	4490	4400	139
410	30460	1343	1264	92,5	1020	267420	4610	4520	140
420	32270	1387	1308	93,3	1040	280200	4740	4650	142
430	34130	1432	1353	94,0	1060	293340	4860	4780	143
440	36060	1477	1397	94,8	1080	306850	4990	4900	145
450	38050	1522	1442	95,6	1100	320730	5120	5030	147
460	40090	1568	1488	96,4	1120	334980	5250	5160	148
470	42200	1614	1534	97,2	1140	349610	5380	5290	150
480	44380	1660	1580	98,0	1160	364630	5510	5430	151
490	46610	1707	1626	98,7	1180	380020	5650	5560	153
500	48910	1754	1673	99,5	1200	395810	5780	5690	154
510	51270	1801	1720	100	1220	411990	5920	5830	156
520	53690	1849	1767	101	1240	428570	6050	5970	158
530	56180	1897	1815	102	1260	445550	6190	6100	159
540	58730	1945	1863	103	1280	462930	6330	6240	161
550	61350	1993	1911	103	1300	480730	6470	6380	162
560	64040	2040	1960	104	1320	498940	6610	6530	164
570	66790	2090	2010	105	1340	517560	6760	6670	165
580	69610	2140	2060	106	1360	536610	6900	6810	167
590	72490	2190	2110	107	1380	556080	7050	6960	169
600	75440	2240	2160	107	1400	575990	7190	7100	170
610	78470	2290	2210	108	1420	596320	7340	7250	172
620	81560	2340	2260	109	1440	617100	7490	7400	173
630	84720	2390	2310	110	1460	638310	7640	7550	175
640	87950	2440	2360	111	1480	659970	7790	7700	176
650	91250	2500	2410	111	1500	682080	7940	7850	178
660	94620	2550	2460	112	1520	704650	8090	8000	180
670	98060	2600	2520	113	1540	727670	8250	8160	181
680	101580	2650	2570	114	1560	751150	8400	8310	183
690	105160	2700	2620	114	1580	775100	8560	8470	184
700	108820	2760	2670	115	1600	799520	8720	8630	186
710	112550	2810	2730	116	1620	824410	8870	8790	187
720	116360	2860	2780	117	1640	849780	9030	8950	189
730	120240	2920	2830	118	1660	857630	9200	9110	191
740	124200	2970	2890	118	1680	901970	9360	9270	192
750	128230	3030	2940	119	1700	928800	9520	9430	194
760	132340	3080	3000	120	1720	956120	9680	9600	195
770	136520	3140	3050	121	1740	983940	9850	9760	197
780	140780	3190	3110	122	1760	1012300	10020	9930	198
790	145120	3250	3160	122	1780	1041100	10180	10100	200
800	149540	3300	3220	123	1800	1070400	10350	10260	202
810	154030	3360	3280	124	1820	1100300	10520	10430	203
820	158610	3420	3330	125	1840	1130600	10690	10610	205
830	163260	3470	3390	125	1860	1161500	10870	10780	206
840	167990	3530	3450	126	1880	1192900	11040	10950	208
850	172810	3590	3500	127	1900	1224900	11220	11130	209
860	177700	3650	3560	128	1920	1257300	11390	11300	211
870	182680	3700	3620	129	1940	1290400	11570	11480	213
880	187730	3760	3680	129	1960	1323900	11750	11660	214
890	192870	3820	3740	130	1980	1358000	11920	11840	216
900	198100	3880	3790	131	2000	1392700	12110	12020	217
910	203400	3940	3850	132					
920	208790	4000	3910	133					
930	214270	4060	3970	133					
940	219830	4120	4030	134					
950	225470	4180	4090	135					
960	231200	4240	4150	136					
970	237020	4300	4210	136					
980	242920	4360	4280	137					
990	248920	4420	4340	138					

Für die *y*-*y*-Achse

h	J_y	Wn_{Hy}	Wn_{Ky}	
400	1558	147	117	
2000	1571	149	118	

└ 100 · 100 · 12
Bl 10 ⌀ 23

h	J	Wn_H	Wn_K	g
400	32710	1480	1388	103
410	34700	1529	1437	103
420	36750	1580	1487	104
430	38870	1630	1537	105
440	41050	1681	1588	106
450	43300	1732	1639	107
460	45620	1784	1690	107
470	48010	1836	1741	108
480	50470	1888	1793	109
490	53000	1940	1846	110
500	55590	1993	1898	111
510	58260	2050	1951	111
520	61000	2100	2000	112
530	63810	2150	2060	113
540	66690	2210	2110	114
550	69640	2260	2170	114
560	72670	2320	2220	115
570	75770	2370	2280	116
580	78940	2430	2330	117
590	82190	2480	2390	118
600	85510	2540	2440	118
610	88910	2600	2500	119
620	92390	2650	2550	120
630	95940	2710	2610	121
640	99560	2770	2670	122
650	103270	2820	2730	122
660	107050	2880	2780	123
670	110910	2940	2840	124
680	114850	3000	2900	125
690	118870	3060	2960	125
700	122970	3120	3020	126
710	127150	3180	3080	127
720	131410	3240	3140	128
730	135760	3300	3200	129
740	140180	3360	3260	129
750	144690	3420	3320	130
760	149280	3480	3380	131
770	153950	3540	3440	132
780	158710	3600	3500	133
790	163550	3660	3560	133
800	168470	3720	3620	134
810	173480	3790	3690	135
820	178580	3850	3750	136
830	183770	3910	3810	136
840	189040	3970	3870	137
850	194390	4040	3940	138
860	199840	4100	4000	139
870	205370	4170	4060	140
880	211000	4230	4130	140
890	216710	4290	4190	141
900	222510	4360	4260	142
910	228410	4420	4320	143
920	234390	4490	4390	144
930	240470	4560	4450	144
940	246630	4620	4520	145
950	252890	4690	4590	146
960	259240	4760	4650	147
970	265690	4820	4720	147
980	272230	4890	4790	148
990	278860	4960	4860	149

h	J	Wn_H	Wn_K	g
1000	285590	5020	4920	150
1020	299340	5160	5060	151
1040	313470	5300	5200	153
1060	327990	5440	5340	154
1080	342900	5580	5480	156
1100	358210	5720	5620	158
1120	373930	5860	5760	159
1140	390040	6000	5900	161
1160	406570	6150	6050	162
1180	423510	6290	6190	164
1200	440870	6440	6340	165
1220	458650	6590	6490	167
1240	476860	6740	6640	169
1260	495500	6890	6790	170
1280	514570	7040	6940	172
1300	534070	7190	7090	173
1320	554020	7350	7240	175
1340	574420	7500	7400	176
1360	595260	7660	7550	178
1380	616560	7810	7710	180
1400	638310	7970	7870	181
1420	660530	8130	8030	183
1440	683210	8290	8190	184
1460	706360	8450	8350	186
1480	729990	8620	8510	187
1500	754090	8780	8680	189
1520	778680	8950	8840	191
1540	803750	9110	9010	192
1560	829310	9280	9180	194
1580	855360	9450	9340	195
1600	881910	9620	9510	197
1620	908970	9790	9680	198
1640	936530	9960	9860	200
1660	964590	10130	10030	202
1680	993180	10310	10200	203
1700	1022300	10480	10380	205
1720	1051900	10660	10560	206
1740	1082000	10840	10730	208
1760	1112700	11020	10910	209
1780	1143900	11200	11090	211
1800	1175700	11380	11270	213
1820	1208000	11560	11450	214
1840	1240800	11740	11640	216
1860	1274200	11930	11820	217
1880	1308100	12110	12010	219
1900	1342600	12300	12190	220
1920	1377700	12490	12380	222
1940	1413300	12680	12570	224
1960	1449500	12870	12760	225
1980	1486300	13060	12950	227
2000	1523600	13250	13150	228

Für die y-y-Achse

h	J_y	$W_{n_{Hy}}$	$W_{n_{Ky}}$	
400	1881	178	141	
2000	1894	179	142	

∟ 110 • 110 • 10
Bl 8 ⌀ 23

h	J	Wn_H	Wn_K	g	h	J	Wn_H	Wn_K	g
400	29530	1354	1270	91,7	1000	254390	4530	4440	129
410	31310	1400	1314	92,3	1020	266510	4650	4560	131
420	33160	1445	1360	92,9	1040	278970	4770	4680	132
430	35060	1491	1405	93,6	1060	291760	4900	4800	133
440	37020	1537	1451	94,2	1080	304900	5020	4930	134
450	39040	1584	1497	94,8	1100	318370	5140	5050	136
460	41130	1630	1543	95,4	1120	332190	5270	5180	137
470	43270	1677	1590	96,1	1140	346360	5400	5300	138
480	45480	1725	1637	96,7	1160	360880	5520	5430	139
490	47740	1772	1684	97,3	1180	375760	5650	5560	141
500	50070	1820	1732	98,0	1200	390990	5780	5690	142
510	52460	1868	1780	98,6	1220	406590	5910	5820	143
520	54920	1917	1828	99,2	1240	422550	6040	5950	144
530	57430	1965	1876	99,8	1260	438880	6170	6080	146
540	60010	2010	1925	100	1280	455580	6310	6210	147
550	62660	2060	1974	101	1300	472660	6440	6340	148
560	65370	2110	2020	102	1320	490110	6580	6480	149
570	68140	2160	2070	102	1340	507940	6710	6610	151
580	70980	2210	2120	103	1360	526160	6850	6750	152
590	73880	2260	2170	104	1380	544770	6990	6890	153
600	76850	2310	2220	104	1400	563760	7120	7030	154
610	79890	2360	2270	105	1420	583150	7260	7170	156
620	83000	2410	2320	105	1440	602930	7400	7310	157
630	86170	2470	2380	106	1460	623120	7540	7450	158
640	89400	2520	2430	107	1480	643710	7690	7590	160
650	92710	2570	2480	107	1500	664700	7830	7730	161
660	96090	2620	2530	108	1520	686110	7970	7800	162
670	99530	2670	2580	109	1540	707930	8120	8020	163
680	103040	2730	2630	109	1560	730160	8260	8170	165
690	106630	2780	2690	110	1580	752810	8410	8310	166
700	110280	2830	2740	111	1600	775890	8560	8460	167
710	114000	2880	2790	111	1620	799390	8710	8610	168
720	117790	2940	2850	112	1640	823320	8850	8760	170
730	121660	2990	2900	112	1660	847680	9000	8910	171
740	125600	3050	2950	113	1680	872480	9160	9060	172
750	129600	3100	3010	114	1700	897710	9310	9210	173
760	133690	3150	3060	114	1720	923390	9460	9360	175
770	137840	3210	3120	115	1740	949510	9610	9520	176
780	142070	3260	3170	116	1760	976080	9770	9670	177
790	146370	3320	3230	116	1780	1003100	9930	9830	178
800	150740	3370	3280	117	1800	1030600	10080	9980	180
810	155190	3430	3340	117	1820	1058500	10240	10140	181
820	159710	3490	3390	118	1840	1086900	10400	10300	182
830	164310	3540	3450	119	1860	1115800	10560	10460	183
840	168990	3600	3510	119	1880	1145100	10720	10620	185
850	173740	3660	3560	120	1900	1174900	10880	10780	186
860	178570	3710	3620	121	1920	1205100	11040	10940	187
870	183470	3770	3680	121	1940	1235900	11200	11110	188
880	188450	3830	3730	122	1960	1267100	11370	11270	190
890	193510	3880	3790	122	1980	1298800	11530	11430	191
900	198640	3940	3850	123	2000	1331000	11700	11600	192
910	203860	4000	3910	124					
920	209150	4060	3960	124					
930	214530	4120	4020	125					
940	219980	4170	4080	126					
950	225510	4230	4140	126					
960	231120	4290	4200	127					
970	236820	4350	4260	127					
980	242590	4410	4320	128					
990	248450	4470	4380	129					

Für die *y*-*y*-Achse

h	J_y	Wn_{H_y}	Wn_{K_y}	
400	1979	173	141	
2000	1986	173	141	

L 110 • 110 • 10
Bl 10 Ø 23

h	J	Wn_H	Wn_K	g	h	J	Wn_H	Wn_K	g
400	30600	1400	1315	98,0	1000	271060	4810	4720	145
410	32460	1447	1362	98,7	1020	284200	4950	4850	147
420	34390	1495	1410	99,5	1040	297720	5080	4990	148
430	36390	1543	1457	100	1060	311620	5220	5120	150
440	38440	1592	1506	101	1080	325890	5350	5260	151
450	40560	1641	1554	102	1100	340560	5490	5390	153
460	42750	1690	1603	103	1120	355610	5630	5530	154
470	45000	1740	1653	103	1140	371050	5770	5670	156
480	47320	1790	1702	104	1160	386900	5910	5810	158
490	49700	1840	1752	105	1180	403140	6050	5950	159
500	52160	1891	1803	106	1200	419800	6190	6090	161
510	54670	1942	1854	107	1220	436860	6330	6240	162
520	57260	1993	1905	107	1240	454330	6480	6380	164
530	59910	2040	1956	108	1260	472220	6620	6530	165
540	62640	2100	2010	109	1280	490540	6770	6680	167
550	65430	2150	2060	110	1300	509280	6920	6820	169
560	68290	2200	2110	111	1320	528440	7070	6970	170
570	71230	2250	2160	111	1340	548050	7220	7120	172
580	74230	2310	2220	112	1360	568090	7370	7280	173
590	77310	2360	2270	113	1380	588570	7520	7430	175
600	80460	2420	2320	114	1400	609500	7680	7580	176
610	83680	2470	2380	114	1420	630870	7830	7740	178
620	86970	2520	2430	115	1440	652700	7990	7890	180
630	90330	2580	2490	116	1460	674990	8150	8050	181
640	93770	2630	2540	117	1480	697740	8310	8210	183
650	97290	2690	2600	118	1500	720950	8470	8370	184
660	100880	2740	2650	118	1520	744640	8630	8530	186
670	104540	2800	2710	119	1540	768800	8790	8690	187
680	108280	2860	2770	120	1560	793430	8950	8860	189
690	112100	2910	2820	121	1580	818550	9120	9020	191
700	116000	2970	2880	122	1600	844160	9280	9190	192
710	119970	3030	2940	122	1620	870250	9450	9350	194
720	124020	3090	2990	123	1640	896830	9620	9520	195
730	128140	3140	3050	124	1660	923920	9790	9690	197
740	132350	3200	3110	125	1680	951500	9960	9860	198
750	136640	3260	3170	125	1700	979600	10130	10030	200
760	141000	3320	3230	126	1720	1008200	10300	10200	202
770	145450	3380	3280	127	1740	1037300	10470	10380	203
780	149980	3440	3340	128	1760	1066900	10650	10550	205
790	154580	3500	3400	129	1780	1097100	10820	10730	206
800	159280	3560	3460	129	1800	1127800	11000	10900	208
810	164050	3620	3520	130	1820	1159000	11180	11080	209
820	168900	3680	3580	131	1840	1190700	11360	11260	211
830	173840	3740	3640	132	1860	1223000	11540	11440	213
840	178870	3800	3710	133	1880	1255800	11720	11620	214
850	183970	3860	3770	133	1900	1289200	11900	11800	216
860	189170	3920	3830	134	1920	1323100	12080	11990	217
870	194440	3980	3890	135	1940	1357600	12270	12170	219
880	199810	4050	3950	136	1960	1392600	12460	12360	220
890	205260	4110	4010	136	1980	1428200	12640	12540	222
900	210800	4170	4080	137	2000	1464400	12830	12730	224
910	216420	4230	4140	138					
920	222130	4300	4200	139					
930	227930	4360	4270	140					
940	233820	4420	4330	140					
950	239800	4490	4390	141					
960	245870	4550	4460	142					
970	252030	4620	4520	143					
980	258280	4680	4590	143					
990	264620	4750	4650	144					

Für die *y*-*y*-Achse

h	J_y	Wn_{Hy}	Wn_{Ky}	
400	2040	177	144	
2000	2053	178	145	

L 110 · 110 · 12
Bl 10 Ø 23

h	J	Wn_H	Wn_K	g	h	J	Wn_H	Wn_K	g
400	34960	1600	1500	110	1000	304820	5420	5310	157
410	37090	1654	1554	111	1020	319430	5560	5450	159
420	39280	1708	1608	112	1040	334450	5710	5600	160
430	41550	1763	1662	113	1060	349870	5860	5750	162
440	43890	1818	1717	113	1080	365700	6010	5900	164
450	46310	1874	1772	114	1100	381950	6160	6050	165
460	48790	1930	1828	115	1120	398630	6310	6200	167
470	51350	1986	1884	116	1140	415720	6460	6350	168
480	53980	2040	1940	116	1160	433250	6620	6510	170
490	56690	2100	1996	117	1180	451210	6770	6660	171
500	59470	2160	2050	118	1200	469610	6930	6820	173
510	62330	2210	2110	119	1220	488440	7090	6970	175
520	65260	2270	2170	120	1240	507720	7250	7130	176
530	68270	2330	2230	120	1260	527450	7410	7290	178
540	71350	2390	2280	121	1280	547640	7570	7450	179
550	74510	2450	2340	122	1300	568280	7730	7620	181
560	77750	2510	2400	123	1320	589380	7890	7780	182
570	81070	2570	2460	124	1340	610940	8060	7940	184
580	84470	2630	2520	124	1360	632980	8220	8110	186
590	87940	2690	2580	125	1380	655480	8390	8280	187
600	91500	2750	2640	126	1400	678470	8560	8440	189
610	95140	2810	2700	127	1420	701930	8730	8610	190
620	98850	2870	2760	127	1440	725880	8900	8780	192
630	102650	2930	2820	128	1460	750320	9070	8950	193
640	106530	2990	2890	129	1480	775250	9240	9120	195
650	110490	3060	2950	130	1500	800680	9410	9300	197
660	114540	3120	3010	131	1520	826610	9590	9470	198
670	118660	3180	3070	131	1540	853040	9760	9650	200
680	122880	3240	3140	132	1560	879980	9940	9830	201
690	127170	3310	3200	133	1580	907440	10120	10000	203
700	131550	3370	3260	134	1600	935410	10300	10180	204
710	136020	3430	3330	135	1620	963900	10480	10360	206
720	140570	3500	3390	135	1640	992920	10660	10540	208
730	145210	3560	3460	136	1660	1022500	10840	10730	209
740	149930	3630	3520	137	1680	1052500	11030	10910	211
750	154740	3690	3580	138	1700	1083200	11210	11100	212
760	159640	3760	3650	138	1720	1114300	11400	11280	214
770	164630	3820	3720	139	1740	1146000	11580	11470	215
780	169700	3890	3780	140	1760	1178300	11770	11660	217
790	174870	3960	3850	141	1780	1211100	11960	11850	219
800	180120	4020	3910	142	1800	1244400	12150	12040	220
810	185470	4090	3980	142	1820	1278400	12340	12230	222
820	190900	4160	4050	143	1840	1312800	12540	12420	223
830	196430	4230	4120	144	1860	1347900	12730	12620	225
840	202050	4290	4180	145	1880	1383500	12930	12810	226
850	207760	4360	4250	146	1900	1419700	13120	13010	228
860	213560	4440	4320	146	1920	1456500	13320	13200	230
870	219460	4500	4390	147	1940	1493900	13520	13400	231
880	225450	4570	4460	148	1960	1531800	13720	13600	233
890	231530	4640	4530	149	1980	1570400	13920	13800	234
900	237710	4710	4600	149	2000	1609500	14120	14000	236
910	243990	4780	4670	150					
920	250360	4850	4740	151					
930	256820	4920	4810	152					
940	263390	4990	4880	153					
950	270050	5060	4950	153					
960	276800	5130	5020	154					
970	283660	5200	5090	155					
980	290620	5270	5160	156					
990	297670	5350	5240	157					

Für die *y-y*-Achse

h	J_y	Wn_{Hy}	Wn_{Ky}
400	2461	213	173
2000	2474	214	174

L 120 · 120 · 11
Bl 8 ⌀ 23

h	J	Wn_H	Wn_K	g	h	J	Wn_H	Wn_K	g
400	33760	1542	1465	105	1000	289040	5170	5090	143
410	35810	1594	1517	106	1020	302700	5310	5220	144
420	37920	1647	1569	106	1040	316720	5440	5360	145
430	40100	1700	1621	107	1060	331120	5580	5500	146
440	42340	1753	1674	107	1080	345890	5720	5640	148
450	44660	1807	1728	108	1100	361030	5860	5780	149
460	47040	1860	1781	109	1120	376560	6000	5920	150
470	49500	1915	1835	109	1140	392460	6150	6060	151
480	52020	1969	1890	110	1160	408750	6290	6200	153
490	54610	2020	1944	111	1180	425430	6430	6350	154
500	57280	2080	1999	111	1200	442510	6580	6490	155
510	60010	2130	2050	112	1220	459970	6720	6640	156
520	62810	2190	2110	112	1240	477840	6870	6780	158
530	65690	2250	2170	113	1260	496110	7020	6930	159
540	68640	2300	2220	114	1280	514780	7170	7080	160
550	71660	2360	2280	114	1300	533860	7310	7230	161
560	74760	2420	2330	115	1320	553350	7470	7380	163
570	77920	2470	2390	116	1340	573260	7620	7530	164
580	81160	2530	2450	116	1360	593580	7770	7680	165
590	84480	2590	2510	117	1380	614320	7920	7840	166
600	87870	2650	2560	117	1400	635490	8080	7990	168
610	91330	2700	2620	118	1420	657090	8230	8140	169
620	94870	2760	2680	119	1440	679110	8390	8300	170
630	98490	2820	2740	119	1460	701570	8540	8460	171
640	102180	2880	2800	120	1480	724470	8700	8610	173
650	105940	2940	2860	121	1500	747800	8860	8770	174
660	109790	3000	2920	121	1520	771580	9020	8930	175
670	113710	3060	2980	122	1540	795810	9180	9090	176
680	117710	3120	3040	122	1560	820480	9340	9250	178
690	121790	3180	3100	123	1580	845610	9500	9420	179
700	125940	3240	3160	124	1600	871200	9670	9580	180
710	130180	3300	3220	124	1620	897240	9830	9740	181
720	134490	3360	3280	125	1640	923750	10000	9910	183
730	138880	3420	3340	125	1660	950720	10160	10070	184
740	143350	3480	3400	126	1680	978160	10330	10240	185
750	147910	3550	3460	127	1700	1006100	10500	10410	187
760	152540	3610	3530	127	1720	1034500	10660	10580	188
770	157260	3670	3590	128	1740	1063300	10830	10750	189
780	162050	3730	3650	129	1760	1092700	11000	10920	190
790	166930	3800	3710	129	1780	1122500	11180	11090	192
800	171890	3860	3780	130	1800	1152800	11350	11260	193
810	176940	3920	3840	131	1820	1183600	11520	11430	194
820	182070	3990	3900	131	1840	1214900	11700	11610	195
830	187280	4050	3970	132	1860	1246700	11870	11780	197
840	192570	4110	4030	133	1880	1279000	12050	11960	198
850	197950	4180	4090	133	1900	1311900	12220	12140	199
860	203410	4240	4160	134	1920	1345200	12400	12310	200
870	208960	4310	4220	134	1940	1379000	12580	12490	202
880	214600	4370	4290	135	1960	1413300	12760	12670	203
890	220320	4440	4350	136	1980	1448200	12940	12850	204
900	226130	4500	4420	136	2000	1483600	13120	13030	205
910	232020	4570	4480	137					
920	238000	4630	4550	138					
930	244070	4700	4620	138					
940	250230	4770	4680	139					
950	256470	4830	4750	139					
960	262810	4900	4820	140					
970	269230	4970	4880	141					
980	275740	5040	4950	141					
990	282350	5100	5020	142					

Für die *y*-*y*-Achse

h	J_y	$Wn_{H'}$	$Wn_{K'}$	
400	2802	225	168	
2000	2809	226	169	

L 120 • 120 • 11

Bl 10 Ø 23

h	J	Wn_H	Wn_K	g	h	J	Wn_H	Wn_K	g
400	34830	1588	1510	111	1000	305710	5450	5370	158
410	36960	1642	1564	112	1020	320390	5600	5520	160
420	39150	1697	1619	113	1040	335470	5750	5670	161
430	41420	1752	1674	114	1060	350970	5900	5820	163
440	43760	1808	1729	114	1080	366890	6050	5970	165
450	46180	1864	1785	115	1100	383220	6210	6120	166
460	48670	1920	1841	116	1120	399970	6360	6270	168
470	51230	1977	1898	117	1140	417150	6510	6430	169
480	53860	2030	1955	117	1160	434770	6670	6580	171
490	56570	2090	2010	118	1180	452820	6830	6740	172
500	59360	2150	2070	119	1200	471310	6980	6900	174
510	62220	2210	2130	120	1220	490240	7140	7060	176
520	65160	2270	2190	121	1240	509620	7300	7220	177
530	68170	2330	2250	121	1260	529450	7470	7380	179
540	71270	2390	2300	122	1280	549730	7630	7540	180
550	74430	2440	2360	123	1300	570480	7790	7710	182
560	77680	2500	2420	124	1320	591680	7960	7870	183
570	81010	2570	2480	125	1340	613360	8130	8040	185
580	84420	2630	2540	125	1360	635500	8290	8210	187
590	87900	2690	2610	126	1380	658120	8460	8370	188
600	91470	2740	2670	127	1400	681230	8630	8540	190
610	95120	2810	2730	128	1420	704810	8800	8720	191
620	98840	2870	2790	128	1440	728880	8970	8890	193
630	102650	2930	2850	129	1460	753440	9150	9060	194
640	106550	3000	2910	130	1480	778500	9320	9230	196
650	110520	3060	2980	131	1500	804050	9500	9410	198
660	114580	3120	3040	132	1520	830110	9670	9590	199
670	118720	3190	3100	132	1540	856680	9850	9760	201
680	122950	3250	3170	133	1560	883760	10030	9940	202
690	127260	3310	3230	134	1580	911350	10210	10120	204
700	131660	3380	3300	135	1600	939460	10390	10300	205
710	136140	3440	3360	135	1620	968100	10570	10490	207
720	140710	3510	3430	136	1640	997260	10760	10670	209
730	145370	3570	3490	137	1660	1027000	10940	10860	210
740	150110	3640	3560	138	1680	1057200	11130	11040	212
750	154940	3710	3620	139	1700	1088000	11310	11230	213
760	159860	3770	3690	139	1720	1119300	11500	11420	215
770	164870	3840	3760	140	1740	1151100	11690	11610	216
780	169960	3910	3820	141	1760	1183500	11880	11800	218
790	175150	3970	3890	142	1780	1216500	12070	11990	219
800	180430	4040	3960	143	1800	1250000	12270	12180	221
810	185800	4110	4020	143	1820	1284100	12460	12370	223
820	191260	4180	4090	144	1840	1318800	12660	12570	224
830	196810	4250	4160	145	1860	1354000	12850	12760	226
840	202450	4310	4230	146	1880	1389800	13050	12960	227
850	208190	4380	4300	146	1900	1426200	13250	13160	229
860	214020	4450	4370	147	1920	1463100	13450	13360	230
870	219940	4520	4440	148	1940	1500700	13650	13560	232
880	225960	4590	4510	149	1960	1538800	13850	13760	234
890	232070	4660	4580	150	1980	1577600	14050	13960	235
900	238280	4730	4650	150	2000	1616900	14260	14170	237
910	244580	4800	4720	151					
920	250980	4870	4790	152					
930	257480	4950	4860	153					
940	264070	5020	4930	154					
950	270760	5090	5010	154					
960	277550	5160	5080	155					
970	284440	5230	5150	156					
980	291430	5310	5220	157					
990	298520	5380	5300	157					

Für die y-y-Achse

h	J_y	Wn_{Hy}	Wn_{Ky}	
400	2881	230	172	
2000	2894	230	173	

∟ 120 · 120 · 13
Bl 10 ⌀ 23

h	J	Wn_H	Wn_K	g	h	J	Wn_H	Wn_K	g
400	39490	1800	1711	125	1000	342450	6110	6020	172
410	41900	1861	1772	125	1020	358730	6280	6180	173
420	44380	1924	1833	126	1040	375450	6440	6340	175
430	46950	1986	1896	127	1060	392620	6610	6510	176
440	49600	2050	1958	128	1080	410240	6770	6680	178
450	52330	2110	2020	129	1100	428310	6940	6840	180
460	55140	2180	2080	129	1120	446840	7110	7010	181
470	58030	2240	2150	130	1140	465840	7280	7180	183
480	61010	2300	2210	131	1160	485290	7450	7350	184
490	64070	2370	2280	132	1180	505220	7620	7520	186
500	67210	2430	2340	132	1200	525620	7800	7700	187
510	70440	2500	2410	133	1220	546500	7970	7870	189
520	73760	2570	2470	134	1240	567860	8150	8050	191
530	77160	2630	2540	135	1260	589700	8320	8230	192
540	80640	2700	2610	136	1280	612040	8500	8400	194
550	84210	2770	2670	136	1300	634870	8680	8580	195
560	87870	2830	2740	137	1320	658190	8860	8760	197
570	91620	2900	2810	138	1340	682020	9040	8940	198
580	95450	2970	2880	139	1360	706360	9230	9130	200
590	99370	3040	2940	140	1380	731200	9410	9310	202
600	103380	3110	3010	140	1400	756560	9600	9500	203
610	107480	3180	3080	141	1420	782430	9780	9680	205
620	111670	3250	3150	142	1440	808820	9970	9870	206
630	115950	3320	3220	143	1460	835750	10160	10060	208
640	120320	3390	3290	143	1480	863200	10350	10250	209
650	124790	3460	3360	144	1500	891180	10540	10440	211
660	129340	3530	3430	145	1520	919700	10730	10630	213
670	133990	3600	3500	146	1540	948770	10920	10820	214
680	138730	3670	3570	147	1560	978380	11120	11020	216
690	143560	3740	3640	147	1580	1008500	11310	11210	217
700	148490	3810	3720	148	1600	1039200	11510	11410	219
710	153510	3880	3790	149	1620	1070500	11710	11610	220
720	158630	3960	3860	150	1640	1102300	11910	11810	222
730	163840	4030	3930	151	1660	1134700	12110	12010	224
740	169150	4100	4010	151	1680	1167700	12310	12210	225
750	174550	4180	4080	152	1700	1201300	12510	12410	227
760	180050	4250	4150	153	1720	1235400	12710	12610	228
770	185650	4330	4230	154	1740	1270100	12920	12820	230
780	191350	4400	4300	154	1760	1305400	13120	13020	231
790	197140	4470	4380	155	1780	1341200	13330	13230	233
800	203030	4550	4450	156	1800	1377700	13540	13440	235
810	209030	4620	4530	157	1820	1414800	13750	13650	236
820	215120	4700	4600	158	1840	1452400	13960	13860	238
830	221310	4780	4680	158	1860	1490700	14170	14070	239
840	227610	4850	4760	159	1880	1529600	14380	14280	241
850	234000	4930	4830	160	1900	1569100	14590	14490	242
860	240500	5010	4910	161	1920	1609200	14810	14710	244
870	247100	5080	4990	162	1940	1649900	15030	14920	246
880	253800	5160	5060	162	1960	1691300	15240	15140	247
890	260610	5240	5140	163	1980	1733300	15460	15360	249
900	267520	5320	5220	164	2000	1775900	15680	15580	250
910	274540	5400	5300	165					
920	281660	5470	5380	165					
930	288880	5550	5460	166					
940	296210	5630	5530	167					
950	303650	5710	5610	168					
960	311190	5790	5690	169					
970	318840	5870	5770	169					
980	326600	5950	5850	170					
990	334470	6030	5940	171					

Für die y-y-Achse

h	J_y	Wn_{Hy}	Wn_{Ky}	
400	3424	273	205	
2000	3437	274	206	

⌊ 130 · 130 · 12

Bl 10 Ø 23

h	J	Wn_H	Wn_K	g	h	J	Wn_H	Wn_K	g
400	39340	1803	1719	126	1000	343130	6170	6070	173
410	41740	1865	1781	126	1020	359480	6330	6240	174
420	44230	1927	1843	127	1040	376270	6500	6400	176
430	46790	1990	1906	128	1060	393510	6660	6570	177
440	49440	2050	1969	129	1080	411200	6830	6740	179
450	52170	2120	2030	130	1100	429350	7000	6910	181
460	54980	2180	2100	130	1120	447950	7170	7080	182
470	57870	2250	2160	131	1140	467030	7340	7250	184
480	60850	2310	2230	132	1160	486560	7520	7430	185
490	63910	2380	2290	133	1180	506580	7690	7600	187
500	67050	2440	2360	133	1200	527060	7870	7780	188
510	70290	2510	2420	134	1220	548030	8040	7950	190
520	73600	2580	2490	135	1240	569480	8220	8130	192
530	77000	2640	2560	136	1260	591420	8400	8310	193
540	80490	2710	2620	137	1280	613850	8580	8490	195
550	84070	2780	2690	137	1300	636780	8760	8670	196
560	87730	2850	2760	138	1320	660200	8950	8850	198
570	91480	2910	2830	139	1340	684140	9130	9040	199
580	95320	2980	2900	140	1360	708570	9310	9220	201
590	99250	3050	2960	141	1380	733530	9500	9410	203
600	103270	3120	3030	141	1400	758990	9690	9590	204
610	107380	3190	3100	142	1420	784980	9870	9780	206
620	111580	3260	3170	143	1440	811490	10060	9970	207
630	115870	3330	3240	144	1460	838530	10250	10160	209
640	120250	3400	3320	144	1480	866100	10450	10350	210
650	124720	3480	3390	145	1500	894210	10640	10550	212
660	129290	3550	3460	146	1520	922860	10830	10740	214
670	133950	3620	3530	147	1540	952050	11030	10930	215
680	138700	3690	3600	148	1560	981790	11220	11130	217
690	143540	3760	3670	148	1580	1012100	11420	11330	218
700	148490	3840	3750	149	1600	1042900	11620	11530	220
710	153520	3910	3820	150	1620	1074300	11820	11730	221
720	158650	3980	3890	151	1640	1106300	12020	11930	223
730	163880	4060	3970	152	1660	1138800	12220	12130	225
740	169200	4130	4040	152	1680	1172000	12430	12330	226
750	174620	4210	4120	153	1700	1205600	12630	12540	228
760	180140	4280	4190	154	1720	1239900	12840	12740	229
770	185760	4350	4260	155	1740	1274800	13040	12950	231
780	191470	4430	4340	155	1760	1310200	13250	13160	232
790	197290	4510	4420	156	1780	1346200	13460	13360	234
800	203200	4580	4490	157	1800	1382900	13670	13570	236
810	209210	4660	4570	158	1820	1420100	13880	13790	237
820	215330	4730	4640	159	1840	1457900	14090	14000	239
830	221540	4810	4720	159	1860	1496400	14310	14210	240
840	227860	4890	4800	160	1880	1535400	14520	14430	242
850	234280	4970	4880	161	1900	1575100	14740	14640	243
860	240800	5040	4950	162	1920	1615400	14950	14860	245
870	247420	5120	5030	162	1940	1656300	15170	15080	246
880	254150	5200	5110	163	1960	1697800	15390	15300	248
890	260980	5280	5190	164	1980	1740000	15610	15520	250
900	267920	5360	5270	165	2000	1782800	15830	15740	251
910	274960	5440	5350	166					
920	282100	5520	5430	166					
930	289360	5600	5510	167					
940	296710	5680	5590	168					
950	304180	5760	5670	169					
960	311750	5840	5750	170					
970	319430	5920	5830	170					
980	327220	6000	5910	171					
990	335120	6080	5990	172					

Für die *y*-*y*-Achse

h	J_y	Wn_{Hy}	Wn_{Ky}	
400	3948	291	219	
2000	3961	292	219	

L 140 · 140 · 13
Bl 12 Ø 23

h	J	Wn_H	Wn_K	g	h	J	Wn_H	Wn_K	g
400	45150	2080	1986	148	900	311710	6270	6160	195
410	47930	2160	2060	149	910	319950	6360	6250	196
420	50800	2230	2130	149	920	328320	6460	6350	197
430	53770	2300	2200	150	930	336820	6550	6440	198
440	56830	2380	2280	151	940	345430	6650	6540	198
450	59990	2450	2350	152	950	354180	6740	6630	199
460	63250	2530	2430	153	960	363050	6840	6730	200
470	66610	2600	2500	154	970	372050	6930	6820	201
480	70060	2680	2580	155	980	381180	7030	6920	202
490	73610	2760	2650	156	990	390440	7130	7020	203
500	77260	2830	2730	157	1000	399820	7220	7110	204
510	81010	2910	2810	158	1020	418990	7420	7310	206
520	84870	2990	2890	159	1040	438680	7610	7510	208
530	88820	3070	2970	160	1060	458890	7810	7700	210
540	92870	3150	3040	161	1080	479640	8010	7900	212
550	97030	3230	3120	162	1100	500940	8210	8100	214
560	101290	3310	3200	163	1120	522770	8410	8300	215
570	105660	3390	3280	164	1140	545160	8620	8510	217
580	110120	3470	3360	165	1160	568090	8820	8710	219
590	114700	3550	3450	165	1180	591590	9030	8920	221
600	119380	3630	3530	166	1200	615650	9240	9130	223
610	124160	3710	3610	167	1220	640280	9450	9340	225
620	129050	3800	3690	168	1240	665480	9660	9550	227
630	134050	3880	3780	169	1260	691250	9870	9760	229
640	139150	3960	3860	170	1280	717610	10080	9970	230
650	144370	4050	3940	171	1300	744560	10300	10190	232
660	149690	4130	4030	172	1320	772100	10510	10400	234
670	155130	4220	4110	173	1340	800240	10730	10620	236
680	160670	4300	4200	174	1360	828970	10950	10840	238
690	166320	4390	4280	175	1380	858320	11170	11060	240
700	172090	4470	4370	176	1400	888270	11390	11280	242
710	177960	4560	4450	177	1420	918840	11620	11500	244
720	183950	4650	4540	178	1440	950040	11840	11730	246
730	190060	4730	4630	179	1460	981850	12060	11950	247
740	196270	4820	4710	180	1480	1014300	12290	12180	249
750	202610	4910	4800	181	1500	1047400	12520	12410	251
760	209050	5000	4890	182	1520	1081100	12750	12640	253
770	215610	5080	4980	182	1540	1115500	12980	12870	255
780	222290	5170	5070	183	1560	1150500	13210	13100	257
790	229090	5260	5160	184	1580	1186200	13450	13340	259
800	236000	5350	5250	185	1600	1222500	13680	13570	261
810	243030	5440	5330	186	1620	1259500	13920	13810	263
820	250180	5530	5430	187	1640	1297200	14160	14050	264
830	257450	5620	5520	188	1660	1335500	14400	14290	266
840	264830	5710	5610	189	1680	1374500	14640	14530	268
850	272340	5810	5700	190	1700	1414200	14880	14770	270
860	279970	5900	5790	191	1720	1454600	15130	15010	272
870	287720	5990	5880	192	1740	1495700	15370	15260	274
880	295600	6080	5970	193	1760	1537500	15620	15500	276
890	303590	6180	6070	194	1780	1579900	15860	15750	278

Fortsetzung dieser Tabelle auf S. 20

L 140 · 140 · 13
Bl 12 ⌀ 23

h	J	Wn_H	Wn_K	g	h	J	Wn_H	Wn_K	g
1800	1623100	16110	16000	279	2000	2094900	18680	18570	298
1820	1667000	16360	16250	281	2050	2224600	19340	19230	303
1840	1711600	16620	16500	283	2100	2359100	20020	19900	308
1860	1757000	16870	16760	285	2150	2498400	20700	20580	312
1880	1803000	17120	17010	287	2200	2642800	21390	21270	317
1900	1849800	17380	17270	289	2250	2792200	22080	21970	322
1920	1897400	17640	17530	291	2300	2946700	22790	22680	327
1940	1945600	17900	17780	293	2350	3106400	23500	23390	331
1960	1994700	18160	18040	295	2400	3271400	24230	24110	336
1980	2044400	18420	18310	296	2450	3441700	24960	24850	341
					2500	3617500	25700	25590	345

Für die y-y-Achse

h	J_y	Wn_{Hy}	Wn_{Ky}	
400	5418	370	279	
2500	5448	372	281	

∟ 150 · 150 · 14
Bl 12 Ø 23

h	J	Wn_H	Wn_K	g
600	132200	4040	3930	183
620	142910	4220	4110	185
640	154090	4410	4300	187
660	165740	4600	4480	189
680	177880	4790	4670	191
700	190500	4980	4860	193
720	203610	5170	5050	194
740	217220	5360	5250	196
760	231330	5560	5440	198
780	245940	5750	5640	200
800	261060	5950	5840	202
820	276700	6150	6040	204
840	292860	6350	6240	206
860	309540	6560	6440	208
880	326750	6760	6640	209
900	344490	6970	6850	211
920	362770	7170	7060	213
940	381590	7380	7270	215
960	400960	7590	7480	217
980	420890	7800	7690	219
1000	441370	8020	7900	221
1020	462420	8230	8120	223
1040	484030	8450	8330	225
1060	506210	8670	8550	226
1080	528970	8880	8770	228
1100	552320	9110	8990	230
1120	576240	9330	9210	232
1140	600760	9550	9430	234
1160	625880	9780	9660	236
1180	651600	10000	9880	238
1200	677920	10230	10110	240
1220	704850	10460	10340	241
1240	732400	10690	10570	243
1260	760570	10920	10800	245
1280	789360	11150	11040	247
1300	818780	11390	11270	249
1320	848840	11620	11510	251
1340	879530	11860	11740	253
1360	910870	12100	11980	255
1380	942860	12340	12220	257
1400	975510	12580	12460	258
1420	1008800	12830	12710	260
1440	1042800	13070	12950	262
1460	1077400	13320	13200	264
1480	1112700	13560	13440	266
1500	1148700	13810	13690	268
1520	1185400	14060	13940	270
1540	1222700	14310	14190	272
1560	1260700	14570	14450	274
1580	1299500	14820	14700	275
1600	1338900	15080	14960	277
1620	1379100	15330	15210	279
1640	1419900	15590	15470	281
1660	1461500	15850	15730	283
1680	1503800	16110	15990	285
1700	1546800	16370	16250	287
1720	1590600	16640	16520	289
1740	1635100	16900	16780	290
1760	1680300	17170	17050	292
1780	1726300	17440	17320	294
1800	1773000	17710	17590	296
1820	1820500	17980	17860	298
1840	1868700	18250	18130	300
1860	1917700	18520	18400	302
1880	1967500	18800	18680	304
1900	2018000	19070	18950	306
1920	2069300	19350	19230	307
1940	2121400	19630	19510	309
1960	2174300	19910	19790	311
1980	2228000	20190	20070	313
2000	2282500	20470	20360	315
2050	2422200	21190	21070	320
2100	2567100	21910	21790	324
2150	2717000	22640	22520	329
2200	2872300	23380	23260	334
2250	3032800	24130	24010	339
2300	3198700	24890	24760	343
2350	3370100	25650	25530	348
2400	3547000	26420	26300	353
2450	3729600	27210	27090	357
2500	3917800	28000	27880	362

Für die y-y-Achse

h	J_y	Wn_{Hy}	Wn_{Ky}
600	7118	455	345
2500	7146	456	347

L 160 · 160 · 15
Bl 12 ⌀ 23

h	J	Wn_H	Wn_K	g	h	J	Wn_H	Wn_K	g
800	288120	6610	6480	220	1800	1935900	19460	19320	314
820	305330	6830	6700	222	1820	1987300	19750	19610	316
840	323120	7060	6920	224	1840	2039500	20040	19900	318
860	341470	7280	7150	226	1860	2092500	20340	20200	320
880	360400	7510	7370	228	1880	2146300	20640	20500	322
900	379910	7730	7600	230	1900	2200900	20930	20790	324
920	400000	7960	7830	231	1920	2256400	21230	21090	326
940	420680	8190	8060	233	1940	2312600	21530	21390	328
960	441960	8420	8290	235	1960	2369800	21840	21700	329
980	463840	8660	8520	237	1980	2427700	22140	22000	331
1000	486320	8890	8760	239	2000	2486500	22450	22310	333
1020	509410	9130	8990	241	2050	2637200	23210	23070	338
1040	533110	9370	9230	243	2100	2793400	23990	23850	343
1060	557430	9610	9470	245	2150	2954900	24780	24640	347
1080	582380	9850	9710	246	2200	3122000	25570	25430	352
1100	607950	10090	9950	248	2250	3294700	26380	26240	357
1120	634150	10330	10200	250	2300	3473100	27190	27050	361
1140	661000	10580	10440	252	2350	3657200	28010	27870	366
1160	688480	10820	10690	254	2400	3847200	28840	28700	371
1180	716610	11070	10930	256	2450	4043000	29670	29530	376
1200	745400	11320	11180	258	2500	4244900	30520	30380	380
1220	774840	11570	11430	260	2550	4452800	31380	31230	385
1240	804940	11820	11690	262	2600	4666800	32240	32100	390
1260	835710	12080	11940	263	2650	4887000	33110	32970	394
1280	867150	12330	12200	265	2700	5113600	33990	33850	399
1300	899270	12590	12450	267	2750	5346400	34880	34740	404
1320	932070	12850	12710	269	2800	5585700	35780	35630	409
1340	965550	13110	12970	271	2850	5831500	36680	36540	413
1360	999720	13370	13230	273	2900	6083900	37600	37450	418
1380	1034600	13630	13490	275	2950	6343000	38520	38380	423
1400	1070200	13890	13750	277	3000	6608700	39450	39310	427
1420	1106400	14160	14020	279	3100	7160800	41340	41200	437
1440	1143400	14420	14290	280	3200	7740600	43260	43120	446
1460	1181100	14690	14550	282	3300	8348900	45220	45080	456
1480	1219500	14960	14820	284	3400	8986200	47210	47070	465
1500	1258700	15230	15090	286	3500	9653100	49230	49090	474
1520	1298500	15500	15360	288	3600	10350000	51290	51150	484
1540	1339100	15780	15640	290	3700	11078000	53380	53240	493
1560	1380500	16050	15910	292	3800	11838000	55510	55370	503
1580	1422600	16330	16190	294	3900	12629000	57670	57530	512
1600	1465400	16600	16470	295	4000	13453000	59870	59730	522
1620	1509000	16880	16740	297					
1640	1553300	17160	17030	299					
1660	1598400	17450	17310	301					
1680	1644300	17730	17590	303					
1700	1691000	18010	17870	305					
1720	1738400	18300	18160	307					
1740	1786600	18590	18450	309					
1760	1835600	18870	18740	311					
1780	1885300	19160	19030	312					

Für die *y-y*-Achse

h	J_y	Wn_{Hy}	Wn_{Ky}
800	9185	552	431
4000	9231	554	434

L 160 · 160 · 17
Bl 14 ⌀ 26

h	J	Wn_H	Wn_K	g	h	J	Wn_H	Wn_K	g
800	324730	7380	7220	251	1800	2197500	21900	21720	360
820	344210	7630	7470	253	1820	2256100	22230	22050	363
840	364340	7880	7720	255	1840	2315500	22560	22390	365
860	385120	8130	7970	257	1860	2375900	22900	22720	367
880	406550	8390	8220	259	1880	2437200	23230	23060	369
900	428640	8640	8480	262	1900	2499500	23570	23400	371
920	451400	8900	8730	264	1920	2562700	23910	23740	374
940	474830	9160	8990	266	1940	2626900	24250	24080	376
960	498940	9420	9250	268	1960	2692000	24600	24420	378
980	523730	9690	9520	270	1980	2758100	24940	24770	380
1000	549210	9950	9780	273	2000	2825200	25290	25110	382
1020	575380	10220	10050	275	2050	2997100	26160	25990	388
1040	602260	10480	10310	277	2100	3175200	27050	26870	393
1060	629840	10750	10580	279	2150	3359600	27940	27760	399
1080	658130	11020	10850	281	2200	3550300	28840	28670	404
1100	687140	11300	11130	284	2250	3747500	29760	29580	410
1120	716870	11570	11400	286	2300	3951100	30680	30500	415
1140	747320	11850	11680	288	2350	4161400	31610	31440	421
1160	778520	12130	11960	290	2400	4378500	32560	32380	426
1180	810450	12410	12240	292	2450	4602200	33510	33330	432
1200	843120	12690	12520	295	2500	4832900	34470	34300	437
1220	876550	12970	12800	297	2550	5070600	35450	35270	443
1240	910730	13260	13080	299	2600	5315200	36430	36250	448
1260	945680	13540	13370	301	2650	5567100	37420	37250	454
1280	981390	13830	13660	303	2700	5826100	38430	38250	459
1300	1017900	14120	13950	306	2750	6092500	39440	39260	465
1320	1055100	14410	14240	308	2800	6366300	40460	40280	470
1340	1093200	14710	14530	310	2850	6647500	41490	41320	476
1360	1132000	15000	14830	312	2900	6936400	42540	42360	481
1380	1171600	15300	15120	314	2950	7232900	43590	43410	487
1400	1212100	15590	15420	317	3000	7537200	44650	44480	492
1420	1253300	15890	15720	319	3100	8169300	46810	46630	503
1440	1295400	16200	16020	321	3200	8833500	49000	48830	514
1460	1338200	16500	16330	323	3300	9530400	51240	51060	525
1480	1381900	16800	16630	325	3400	10261000	53510	53340	536
1500	1426400	17110	16940	327	3500	11025000	55830	55650	547
1520	1471800	17420	17240	330	3600	11825000	58180	58010	558
1540	1518000	17730	17550	332	3700	12660000	60580	60400	569
1560	1565000	18040	17860	334	3800	13531000	63010	62830	580
1580	1612900	18350	18180	336	3900	14439000	65490	65310	591
1600	1661700	18660	18490	338	4000	15385000	68000	67820	602
1620	1711300	18980	18810	341					
1640	1761800	19300	19120	343					
1660	1813100	19620	19440	345					
1680	1865300	19940	19760	347					
1700	1918500	20260	20090	349					
1720	1972500	20580	20410	352					
1740	2027400	20910	20740	354					
1760	2083200	21240	21060	356					
1780	2139900	21570	21390	358					

Für die *y*-*y*-Achse

h	J_y	Wn_{Hy}	Wn_{Ky}
800	10680	637	482
4000	10750	640	485

∟ 160 · 160 · 19

Bl 14 ⌀ 26

h	J	Wn_H	Wn_K	g
800	352540	8020	7840	268
820	373620	8390	8100	271
840	395400	8560	8370	273
860	417860	8830	8650	275
880	441030	9100	8920	277
900	464910	9380	9200	279
920	489500	9660	9470	282
940	514800	9940	9750	284
960	540830	10220	10030	286
980	567590	10500	10320	288
1000	595080	10790	10600	290
1020	623310	11070	10890	293
1040	652290	11360	11180	295
1060	682020	11650	11460	297
1080	712510	11940	11760	299
1100	743750	12240	12050	301
1120	775770	12530	12340	304
1140	808560	12830	12640	306
1160	842130	13130	12940	308
1180	876480	13430	13240	310
1200	911630	13730	13540	312
1220	947570	14030	13840	315
1240	984310	14340	14150	317
1260	1021900	14650	14460	319
1280	1060200	14950	14770	321
1300	1099400	15260	15080	323
1320	1139400	15580	15390	326
1340	1180200	15890	15700	328
1360	1221900	16200	16020	330
1380	1264400	16520	16330	332
1400	1307800	16840	16650	334
1420	1352000	17160	16970	337
1440	1397000	17480	17290	339
1460	1443000	17810	17620	341
1480	1489800	18130	17940	343
1500	1537400	18460	18270	345
1520	1586000	18790	18600	348
1540	1635400	19120	18930	350
1560	1685800	19450	19260	352
1580	1737000	19780	19590	354
1600	1789100	20120	19920	356
1620	1842100	20450	20260	359
1640	1896100	20790	20600	361
1660	1951000	21130	20940	363
1680	2006800	21470	21280	365
1700	2063500	21810	21620	367
1720	2121100	22160	21970	370
1740	2179700	22500	22310	372
1760	2239300	22850	22660	374
1780	2299800	23200	23010	376
1800	2361300	23550	23360	378
1820	2423700	23910	23710	381
1840	2487100	24260	24070	383
1860	2551400	24620	24420	385
1880	2616800	24970	24780	387
1900	2683100	25330	25140	389
1920	2750500	25690	25500	392
1940	2818800	26060	25860	394
1960	2888100	26420	26230	396
1980	2958400	26780	26590	398
2000	3029800	27150	26960	400
2050	3212700	28080	27880	406
2100	3402000	29010	28820	411
2150	3597800	29960	29760	417
2200	3800300	30910	30720	422
2250	4009600	31880	31680	428
2300	4225600	32850	32660	433
2350	4448600	33840	33640	439
2400	4678500	34830	34640	444
2450	4915500	35840	35640	450
2500	5159700	36850	36660	455
2550	5411100	37880	37680	461
2600	5669800	38910	38720	466
2650	5936000	39960	39760	472
2700	6209700	41010	40820	477
2750	6491000	42080	41880	483
2800	6780000	43150	42960	488
2850	7076700	44230	44040	494
2900	7381300	45330	45130	499
2950	7693900	46430	46240	505
3000	8014500	47550	47350	510
3100	8680200	49810	49610	521
3200	9379100	52110	51910	532
3300	10112000	54440	54250	543
3400	10879000	56820	56630	554
3500	11682000	59240	59050	565
3600	12521000	61700	61500	576
3700	13396000	64200	64000	587
3800	14309000	66730	66540	598
3900	15260000	69310	69110	609
4000	16249000	71930	71730	620

Für die *y-y*-Achse

h	J_y	Wn_{Hy}	Wn_{Ky}
800	11990	715	542
4000	12070	719	546

L 180 · 180 · 16
Bl 14 ⌀ 26

h	J	Wn_H	Wn_K	g
1500	1485700	17970	17800	339
1520	1532900	18290	18120	341
1540	1581000	18610	18450	343
1560	1629900	18940	18770	345
1580	1679700	19270	19100	348
1600	1730400	19600	19430	350
1620	1782000	19930	19760	352
1640	1834500	20260	20090	354
1660	1887900	20590	20430	356
1680	1942200	20930	20760	359
1700	1997400	21270	21100	361
1720	2053600	21600	21440	363
1740	2110600	21950	21780	365
1760	2168600	22290	22120	367
1780	2227600	22630	22470	370
1800	2287400	22980	22810	372
1820	2348200	23320	23160	374
1840	2410000	23670	23510	376
1860	2472700	24020	23860	378
1880	2536400	24380	24210	381
1900	2601100	24730	24560	383
1920	2666700	25080	24920	385
1940	2733400	25440	25270	387
1960	2801000	25800	25630	389
1980	2869600	26160	25990	392
2000	2939200	26520	26350	394
2050	3117500	27430	27270	399
2100	3302300	28350	28190	405
2150	3493500	29280	29120	410
2200	3691200	30230	30060	416
2250	3895500	31180	31010	421
2300	4106600	32140	31970	427
2350	4324400	33110	32940	432
2400	4549200	34090	33920	438
2450	4780900	35080	34910	443
2500	5019600	36080	35920	449
2550	5265500	37100	36930	454
2600	5518600	38120	37950	460
2650	5779100	39150	38980	465
2700	6047000	40190	40020	471
2750	6322300	41240	41070	476
2800	6605300	42300	42130	482
2850	6895900	43370	43200	487
2900	7194200	44450	44290	493
2950	7500400	45550	45380	498
3000	7814600	46650	46480	504
3100	8467000	48880	48710	515
3200	9152200	51150	50980	526
3300	9870900	53460	53290	537
3400	10624000	55810	55640	548
3500	11412000	58210	58040	559
3600	12235000	60640	60470	570
3700	13094000	63110	62940	581
3800	13991000	65620	65450	592
3900	14925000	68170	68000	603
4000	15898000	70760	70590	614
4100	16910000	73390	73220	625
4200	17961000	76060	75890	636
4300	19053000	78770	78600	647
4400	20186000	81520	81350	658
4500	21361000	84310	84130	669

Für die y-y-Achse

h	J_y	Wn_{Hy}	Wn_{Ky}
1500	14000	747	569
4500	14070	750	572

$\llcorner$ 180 · 180 · 20
Bl 14 ⌀ 26

h	J	Wn_H	Wn_K	g
1500	1735700	21030	20840	380
1520	1790100	21400	21210	382
1540	1845500	21780	21580	384
1560	1901900	22150	21950	386
1580	1959300	22520	22330	388
1600	2017600	22900	22700	391
1620	2077000	23280	23080	393
1640	2137400	23660	23460	395
1660	2198700	24040	23840	397
1680	2261100	24420	24220	399
1700	2324500	24810	24610	402
1720	2388900	25190	25000	404
1740	2454400	25580	25380	406
1760	2520900	25970	25770	408
1780	2588400	26360	26160	410
1800	2657000	26760	26560	413
1820	2726600	27150	26950	415
1840	2797300	27550	27350	417
1860	2869000	27950	27750	419
1880	2941800	28350	28140	421
1900	3015700	28750	28550	424
1920	3090600	29150	28950	426
1940	3166700	29550	29350	428
1960	3243800	29960	29760	430
1980	3322100	30370	30170	432
2000	3401400	30780	30580	435
2050	3604600	31810	31610	440
2100	3814800	32850	32650	446
2150	4032100	33900	33690	451
2200	4256500	34960	34760	457
2250	4488300	36030	35830	462
2300	4727400	37110	36910	468
2350	4973900	38200	38000	473
2400	5228000	39300	39100	479
2450	5489700	40410	40210	484
2500	5759100	41530	41330	490
2550	6036300	42660	42460	495
2600	6321400	43800	43600	501
2650	6614400	44950	44750	506
2700	6915600	46110	45910	512
2750	7224800	47280	47080	517
2800	7542300	48460	48260	523
2850	7868100	49650	49450	528
2900	8202300	50850	50650	534
2950	8545000	52060	51860	539
3000	8896300	53280	53080	545
3100	9625000	55750	55550	555
3200	10389000	58260	58060	566
3300	11189000	60810	60610	577
3400	12026000	63410	63200	588
3500	12901000	66040	65830	599
3600	13813000	68710	68500	610
3700	14765000	71410	71210	621
3800	15756000	74160	73960	632
3900	16787000	76950	76750	643
4000	17859000	79780	79580	654
4100	18973000	82650	82450	665
4200	20130000	85560	85350	676
4300	21329000	88510	88300	687
4400	22572000	91500	91290	698
4500	23860000	94520	94320	709

Für die *y*-*y*-Achse

h	J_y	Wn_{Hy}	Wn_{Ky}
1500	17650	941	720
4500	17720	944	723

∟ 200 · 200 · 16
Bl 14 ⌀ 26

h	J	Wn_H	Wn_K	g
1500	1596500	19440	19280	359
1520	1647000	19790	19630	361
1540	1698500	20140	19970	363
1560	1750900	20490	20320	365
1580	1804200	20840	20680	368
1600	1858500	21200	21030	370
1620	1913700	21550	21390	372
1640	1969900	21910	21740	374
1660	2027000	22270	22100	376
1680	2085100	22630	22460	379
1700	2144100	22990	22830	381
1720	2204100	23360	23190	383
1740	2265100	23720	23560	385
1760	2327100	24090	23920	387
1780	2390000	24460	24290	390
1800	2454000	24830	24660	392
1820	2518900	25200	25030	394
1840	2584900	25570	25410	396
1860	2651900	25950	25780	398
1880	2719800	26330	26160	401
1900	2788800	26710	26540	403
1920	2858800	27090	26920	405
1940	2929900	27470	27300	407
1960	3002000	27850	27680	409
1980	3075100	28240	28070	412
2000	3149300	28620	28460	414
2050	3339400	29600	29430	419
2100	3536200	30580	30410	425
2150	3739700	31580	31410	430
2200	3950100	32580	32410	436
2250	4167400	33590	33430	441
2300	4391800	34620	34450	447
2350	4623200	35650	35480	452
2400	4861900	36700	36530	458
2450	5107800	37750	37580	463
2500	5361200	38820	38650	469
2550	5622000	39890	39720	474
2600	5890300	40980	40810	480
2650	6166300	42070	41900	485
2700	6450000	43180	43010	491
2750	6741600	44290	44120	496
2800	7041000	45410	45250	502
2850	7348400	46550	46380	507
2900	7663900	47690	47530	513
2950	7987600	48850	48680	518
3000	8319500	50010	49840	524
3100	9008500	52370	52200	535
3200	9731500	54770	54600	546
3300	10489000	57210	57040	557
3400	11282000	59690	59520	568
3500	12112000	62210	62040	579
3600	12978000	64770	64600	590
3700	13882000	67360	67190	601
3800	14824000	70000	69830	612
3900	15805000	72680	72510	623
4000	16826000	75400	75230	634
4100	17887000	78150	77980	645
4200	18989000	80950	80780	656
4300	20133000	83790	83620	667
4400	21319000	86670	86500	678
4500	22549000	89580	89410	689

Für die y-y-Achse

h	J_y	Wn_{Hy}	Wn_{Ky}	
1500	18960	914	717	
4500	19030	917	720	

L 200 · 200 · 20
Bl 14 Ø 26

h	J	Wn_H	Wn_K	g
1500	1873600	22870	22680	404
1520	1932300	23270	23080	407
1540	1991900	23680	23480	409
1560	2052700	24080	23880	411
1580	2114400	24490	24290	413
1600	2177200	24900	24700	415
1620	2241100	25310	25110	418
1640	2306100	25720	25520	420
1660	2372100	26130	25930	422
1680	2439100	26540	26340	424
1700	2507300	26960	26760	426
1720	2576600	27380	27180	429
1740	2646900	27800	27600	431
1760	2718400	28220	28020	433
1780	2790900	28640	28440	435
1800	2864600	29060	28860	437
1820	2939300	29490	29290	440
1840	3015200	29920	29720	442
1860	3092300	30350	30150	444
1880	3170400	30780	30580	446
1900	3249700	31210	31010	448
1920	3330100	31640	31440	451
1940	3411700	32080	31880	453
1960	3494500	32520	32320	455
1980	3578400	32960	32760	457
2000	3663400	33400	33200	459
2050	3881200	34510	34300	465
2100	4106400	35620	35420	470
2150	4339100	36750	36550	476
2200	4579400	37890	37690	481
2250	4827400	39040	38840	487
2300	5083100	40200	40000	492
2350	5346600	41370	41170	498
2400	5618100	42550	42350	503
2450	5897600	43740	43540	509
2500	6185200	44940	44740	514
2550	6481000	46150	45940	520
2600	6785100	47370	47160	525
2650	7097600	48600	48390	531
2700	7418500	49840	49630	536
2750	7748000	51090	50880	542
2800	8086100	52350	52140	547
2850	8432900	53620	53410	553
2900	8788500	54900	54690	558
2950	9153000	56190	55980	564
3000	9526500	57480	57280	569
3100	10301000	60110	59910	580
3200	11112000	62780	62580	591
3300	11961000	65490	65290	602
3400	12848000	68240	68040	613
3500	13775000	71030	70830	624
3600	14741000	73860	73660	635
3700	15748000	76730	76520	646
3800	16796000	79640	79430	657
3900	17885000	82590	82380	668
4000	19018000	85570	85370	679
4100	20193000	88600	88400	690
4200	21413000	91670	91470	701
4300	22677000	94780	94570	712
4400	23987000	97920	97720	723
4500	25342000	101100	100900	734

Für die *y-y*-Achse

h	J_y	Wn_{Hy}	Wn_{Ky}	
1500	23870	1150	905	
4500	23940	1153	908	

L 65 · 100 · 9 Bl 8 Ø 20					L 65 · 100 · 11 Bl 10 Ø 20				
h	J	Wn_H	Wn_K	g	h	J	Wn_H	Wn_K	g
400	23700	1055	1015	69,7	400	28540	1267	1220	85,1
410	25090	1089	1049	70,3	410	30220	1308	1261	85,9
420	26520	1123	1083	71,0	420	31950	1349	1302	86,7
430	28000	1157	1117	71,6	430	33740	1391	1344	87,4
440	29520	1191	1151	72,2	440	35590	1432	1385	88,2
450	31090	1226	1186	72,9	450	37490	1475	1427	89,0
460	32710	1261	1221	73,5	460	39450	1517	1470	89,8
470	34370	1296	1256	74,1	470	41470	1560	1512	90,6
480	36080	1331	1291	74,7	480	43540	1603	1555	91,4
490	37840	1367	1326	75,4	490	45680	1646	1598	92,1
500	39650	1403	1362	76,0	500	47870	1689	1642	92,9
510	41500	1439	1398	76,6	510	50120	1733	1686	93,7
520	43400	1475	1434	77,3	520	52430	1777	1730	94,5
530	45350	1512	1471	77,9	530	54800	1822	1774	95,3
540	47360	1548	1508	78,5	540	57230	1867	1819	96,1
550	49410	1585	1545	79,1	550	59720	1912	1864	96,9
560	51510	1623	1582	79,8	560	62270	1957	1909	97,6
570	53660	1660	1619	80,4	570	64890	2000	1954	98,4
580	55870	1698	1657	81,0	580	67570	2050	2000	99,2
590	58120	1736	1695	81,7	590	70310	2090	2050	100
600	60430	1774	1733	82,3	600	73120	2140	2090	101
610	62790	1812	1771	82,9	610	75990	2190	2140	102
620	65200	1851	1810	83,5	620	78920	2240	2190	102
630	67670	1890	1848	84,2	630	81920	2280	2230	103
640	70190	1929	1887	84,8	640	84990	2330	2280	104
650	72760	1968	1927	85,4	650	88120	2380	2330	105
660	75390	2010	1966	86,0	660	91320	2430	2380	105
670	78070	2050	2010	86,7	670	94580	2470	2430	106
680	80810	2090	2050	87,3	680	97920	2520	2470	107
690	83600	2130	2090	87,9	690	101320	2570	2520	108
700	86450	2170	2130	88,6	700	104790	2620	2570	109
710	89360	2210	2170	89,2	710	108330	2670	2620	109
720	92320	2250	2210	89,8	720	111940	2720	2670	110
730	95340	2290	2250	90,4	730	115620	2770	2720	111
740	98420	2330	2290	91,1	740	119370	2820	2770	112
750	101550	2370	2330	91,7	750	123190	2870	2820	113
760	104750	2420	2370	92,3	760	127080	2920	2880	113
770	108000	2460	2420	93,0	770	131050	2980	2930	114
780	111310	2500	2460	93,6	780	135080	3030	2980	115
790	114680	2540	2500	94,2	790	139190	3080	3030	116
800	118120	2590	2540	94,8	800	143380	3130	3080	116
810	121610	2630	2590	95,5	810	147640	3180	3130	117
820	125160	2670	2630	96,1	820	151970	3240	3190	118
830	128770	2710	2670	96,7	830	156380	3290	3240	119
840	132450	2760	2720	97,4	840	160870	3340	3290	120
850	136190	2800	2760	98,0	850	165430	3400	3350	120
860	139990	2850	2800	98,6	860	170060	3450	3400	121
870	143850	2890	2850	99,2	870	174780	3500	3460	122
880	147780	2940	2890	99,9	880	179570	3560	3510	123
890	151770	2980	2940	100	890	184440	3610	3560	124
900	155820	3030	2980	101	900	189390	3670	3620	124

Für die *y*-*y*-Achse					Für die *y*-*y*-Achse				
h	J_y	Wn_{Hy}	Wn_{Ky}		h	J_y	Wn_{Hy}	Wn_{Ky}	
400	1352	129	106		400	1712	162	133	
900	1354	130	106		900	1716	163	133	

L 80 · 120 · 10
Bl 10 Ø 20

h	J	Wn_H	Wn_K	g	h	J	Wn_H	Wn_K	g
300	15650	962	909	83,5	800	153670	3430	3370	123
310	16900	1004	950	84,3	810	158220	3490	3430	124
320	18200	1046	992	85,1	820	162840	3540	3480	124
330	19560	1089	1034	85,9	830	167550	3600	3540	125
340	20970	1131	1077	86,7	840	172330	3660	3600	126
350	22440	1174	1120	87,4	850	177190	3720	3660	127
360	23960	1218	1163	88,2	860	182140	3780	3710	127
370	25540	1262	1206	89,0	870	187170	3830	3770	128
380	27180	1306	1250	89,8	880	192270	3890	3830	129
390	28870	1350	1294	90,6	890	197460	3950	3890	130
400	30620	1395	1339	91,4	900	202740	4010	3950	131
410	32430	1440	1384	92,1	910	208090	4070	4010	131
420	34290	1485	1429	92,9	920	213530	4130	4070	132
430	36220	1531	1474	93,7	930	219050	4190	4130	133
440	38200	1577	1520	94,5	940	224660	4250	4190	134
450	40250	1623	1566	95,3	950	230360	4310	4250	135
460	42360	1670	1613	96,1	960	236140	4370	4310	135
470	44530	1717	1659	96,9	970	242000	4440	4370	136
480	46750	1764	1706	97,6	980	247950	4500	4440	137
490	49050	1811	1754	98,4	990	253990	4560	4500	138
500	51400	1859	1801	99,2	1000	260120	4620	4560	138
510	53820	1907	1849	100	1020	272640	4750	4690	140
520	56300	1956	1898	101	1040	285510	4870	4810	142
530	58850	2000	1946	102	1060	298750	5000	4940	143
540	61460	2050	1995	102	1080	312350	5130	5070	145
550	64130	2100	2040	103	1100	326320	5260	5200	146
560	66870	2150	2090	104	1120	340670	5390	5330	148
570	69680	2200	2140	105	1140	355390	5520	5460	149
580	72550	2250	2190	105	1160	370490	5660	5600	151
590	75500	2300	2240	106	1180	385970	5790	5730	153
600	78500	2350	2290	107	1200	401850	5930	5870	154
610	81580	2400	2350	108	1220	418110	6060	6000	156
620	84730	2460	2400	109	1240	434780	6200	6140	157
630	87940	2510	2450	109	1260	451840	6340	6280	159
640	91230	2560	2500	110	1280	469310	6480	6420	160
650	94580	2610	2550	111	1300	487190	6620	6560	162
660	98010	2660	2600	112	1320	505480	6760	6700	164
670	101510	2720	2660	113	1340	524190	6910	6850	165
680	105070	2770	2710	113	1360	543320	7050	6990	167
690	108710	2820	2760	114	1380	562870	7200	7140	168
700	112430	2880	2820	115	1400	582850	7350	7280	170
710	116210	2930	2870	116	1420	603270	7490	7430	171
720	120080	2990	2930	116	1440	624120	7640	7580	173
730	124010	3040	2980	117	1460	645410	7790	7730	175
740	128020	3090	3040	118	1480	667150	7950	7880	176
750	132100	3150	3090	119	1500	689340	8100	8040	178
760	136260	3210	3150	120					
770	140500	3260	3200	120					
780	144810	3320	3260	121					
790	149200	3370	3310	122					

Für die *y*-*y*-Achse

h	J_y	Wn_{Hy}	Wn_{Ky}	
300	2599	207	162	
1500	2609	208	162	

$\llcorner$ 80 · 120 · 12

Bl 10 Ø 20

h	J	Wn_H	Wn_K	g	h	J	Wn_H	Wn_K	g
300	17980	1106	1044	94,8	800	174040	3890	3820	134
310	19420	1154	1091	95,6	810	179130	3950	3880	135
320	20910	1202	1139	96,4	820	184300	4020	3940	136
330	22470	1251	1187	97,2	830	189560	4080	4010	136
340	24080	1300	1236	98,0	840	194910	4140	4070	137
350	25760	1349	1285	98,8	850	200350	4210	4140	138
360	27510	1399	1334	99,5	860	205880	4270	4200	139
370	29310	1448	1384	100	870	211490	4340	4270	140
380	31180	1499	1434	101	880	217190	4400	4330	140
390	33120	1549	1484	102	890	222980	4470	4400	141
400	35110	1600	1535	103	900	228870	4530	4460	142
410	37180	1652	1586	104	910	234840	4600	4530	143
420	39310	1703	1638	104	920	240900	4670	4600	144
430	41510	1755	1689	105	930	247050	4730	4660	144
440	43770	1808	1741	106	940	253300	4800	4730	145
450	46100	1860	1794	107	950	259640	4870	4800	146
460	48500	1913	1846	107	960	266070	4930	4860	147
470	50970	1966	1899	108	970	272600	5000	4930	147
480	53500	2020	1953	109	980	279210	5070	5000	148
490	56110	2070	2010	110	990	285930	5140	5070	149
500	58780	2130	2060	111	1000	292740	5210	5140	150
510	61530	2180	2110	111	1020	306640	5350	5270	151
520	64350	2240	2170	112	1040	320930	5480	5410	153
530	67240	2290	2220	113	1060	335600	5630	5550	154
540	70200	2350	2280	114	1080	350680	5770	5700	156
550	73230	2400	2330	114	1100	366150	5910	5840	158
560	76330	2460	2390	115	1120	382020	6050	5980	159
570	79510	2510	2450	116	1140	398290	6200	6130	161
580	82770	2570	2500	117	1160	414980	6340	6270	162
590	86090	2630	2560	118	1180	432080	6490	6420	164
600	89490	2690	2620	118	1200	449600	6640	6570	165
610	92970	2740	2670	119	1220	467530	6790	6720	167
620	96530	2800	2730	120	1240	485900	6940	6870	169
630	100160	2860	2790	121	1260	504690	7090	7020	170
640	103860	2920	2850	122	1280	523920	7250	7170	172
650	107650	2970	2910	122	1300	543590	7400	7330	173
660	111510	3030	2960	123	1320	563690	7560	7480	175
670	115450	3090	3020	124	1340	584240	7710	7640	176
680	119470	3150	3080	125	1360	605250	7870	7800	178
690	123570	3210	3140	125	1380	626700	8030	7960	180
700	127740	3270	3200	126	1400	648620	8190	8120	181
710	132000	3330	3260	127	1420	670990	8350	8280	183
720	136340	3390	3320	128	1440	693830	8510	8440	184
730	140760	3450	3380	129	1460	717140	8670	8600	186
740	145270	3520	3450	129	1480	740920	8840	8770	187
750	149850	3580	3510	130	1500	765190	9000	8930	189
760	154520	3640	3570	131					
770	159270	3700	3630	132					
780	164110	3760	3690	133					
790	169030	3830	3760	133					

Für die y-y-Achse

h	J_y	Wn_{Hy}	Wn_{Ky}	
300	3133	250	195	
1500	3143	250	196	

$\llcorner$ 100 · 150 · 12

Bl 10 ⌀ 23

h	J	Wn_H	Wn_K	g
400	41740	1931	1839	122
410	44200	1992	1901	122
420	46730	2050	1962	123
430	49350	2120	2020	124
440	52040	2180	2090	125
450	54810	2240	2150	125
460	57660	2310	2210	126
470	60590	2370	2280	127
480	63610	2440	2340	128
490	66700	2500	2410	129
500	69880	2560	2470	129
510	73130	2630	2530	130
520	76480	2700	2600	131
530	79900	2760	2670	132
540	83410	2830	2730	133
550	87000	2890	2800	133
560	90680	2960	2860	134
570	94440	3030	2930	135
580	98290	3100	3000	136
590	102230	3160	3070	136
600	106250	3230	3130	137
610	110360	3300	3200	138
620	114560	3370	3270	139
630	118850	3440	3340	140
640	123220	3510	3410	140
650	127690	3580	3480	141
660	132240	3650	3550	142
670	136880	3720	3620	143
680	141620	3790	3690	144
690	146450	3860	3760	144
700	151370	3930	3830	145
710	156380	4000	3900	146
720	161480	4070	3970	147
730	166680	4140	4040	147
740	171970	4210	4120	148
750	177360	4290	4190	149
760	182840	4360	4260	150
770	188420	4430	4330	151
780	194090	4510	4410	151
790	199860	4580	4480	152
800	205720	4650	4550	153
810	211680	4730	4630	154
820	217750	4800	4700	154
830	223900	4880	4780	155
840	230160	4950	4850	156
850	236520	5030	4930	157
860	242980	5100	5000	158
870	249540	5180	5080	158
880	256190	5260	5160	159
890	262950	5330	5230	160
900	269820	5410	5310	161
910	276780	5490	5390	162
920	283850	5570	5460	162
930	291020	5640	5540	163
940	298290	5720	5620	164
950	305670	5800	5700	165
960	313160	5880	5780	165
970	320750	5960	5860	166
980	328440	6040	5940	167
990	336240	6120	6010	168

h	J	Wn_H	Wn_K	g
1000	344150	6200	6090	169
1020	360290	6360	6250	170
1040	376870	6520	6420	172
1060	393880	6680	6580	173
1080	411330	6840	6740	175
1100	429230	7010	6910	176
1120	447580	7180	7070	178
1140	466380	7340	7240	180
1160	485640	7510	7410	181
1180	505360	7680	7580	183
1200	525540	7850	7750	184
1220	546200	8020	7920	186
1240	567330	8200	8090	187
1260	588940	8370	8270	189
1280	611020	8550	8440	191
1300	633600	8720	8620	192
1320	656660	8900	8800	194
1340	680220	9080	8980	195
1360	704270	9260	9160	197
1380	728830	9440	9340	198
1400	753890	9620	9520	200
1420	779460	9810	9700	202
1440	805550	9990	9890	203
1460	832150	10180	10070	205
1480	859280	10360	10260	206
1500	886930	10550	10450	208
1520	915110	10740	10640	209
1540	943820	10930	10830	211
1560	973070	11120	11020	213
1580	1002900	11320	11210	214
1600	1033200	11510	11410	216
1620	1064100	11700	11600	217
1640	1095500	11900	11800	219
1660	1127500	12100	11990	220
1680	1160100	12300	12190	222
1700	1193200	12500	12390	224
1720	1226900	12690	12590	225
1740	1261200	12900	12790	227
1760	1296000	13100	12990	228
1780	1331500	13300	13200	230
1800	1367500	13510	13400	231
1820	1404100	13710	13610	233
1840	1441300	13920	13820	235
1860	1479100	14130	14030	236
1880	1517500	14340	14240	238
1900	1556500	14550	14450	239
1920	1596100	14760	14660	241
1940	1636300	14980	14870	242
1960	1677100	15190	15080	244
1980	1718600	15400	15300	246
2000	1760700	15620	15520	247

Für die y-y-Achse

h	J_y	Wn_{Hy}	Wn_{Ky}
400	5939	382	289
2000	5952	383	290

L 100 · 150 · 14
Bl 12 Ø 23

h	J	Wn_H	Wn_K	g	h	J	Wn_H	Wn_K	g
600	123090	3740	3630	161	1400	880530	11230	11110	236
610	127870	3820	3710	162	1420	910520	11440	11320	238
620	132760	3900	3790	163	1440	941110	11660	11540	240
630	137750	3980	3870	164	1460	972320	11880	11760	242
640	142840	4060	3950	165	1480	1004100	12100	11980	244
650	148040	4140	4030	165	1500	1036600	12320	12200	246
660	153340	4220	4110	166	1520	1069700	12540	12420	247
670	158750	4300	4190	167	1540	1103400	12760	12640	249
680	164270	4380	4270	168	1560	1137700	12990	12870	251
690	169890	4470	4360	169	1580	1172700	13210	13100	253
700	175630	4550	4440	170	1600	1208300	13440	13320	255
710	181470	4630	4520	171	1620	1244600	13670	13550	257
720	187420	4720	4600	172	1640	1281500	13900	13780	259
730	193470	4800	4690	173	1660	1319100	14130	14010	261
740	199640	4890	4770	174	1680	1357300	14370	14250	262
750	205920	4970	4860	175	1700	1396200	14600	14480	264
760	212310	5060	4940	176	1720	1435800	14840	14720	266
770	218820	5140	5030	177	1740	1476100	15070	14960	268
780	225430	5230	5110	178	1760	1517000	15310	15190	270
790	232160	5310	5200	179	1780	1558700	15550	15430	272
800	239010	5400	5290	180	1800	1601000	15800	15680	274
810	245960	5490	5370	181	1820	1644000	16040	15920	276
820	253040	5570	5460	181	1840	1687800	16280	16160	278
830	260220	5660	5550	182	1860	1732200	16530	16410	279
840	267530	5750	5630	183	1880	1777400	16770	16660	281
850	274950	5840	5720	184	1900	1823200	17020	16900	283
860	282490	5930	5810	185	1920	1869800	17270	17150	285
870	290140	6020	5900	186	1940	1917100	17520	17400	287
880	297920	6100	5990	187	1960	1965200	17780	17660	289
890	305810	6190	6080	188	1980	2014000	18030	17910	291
900	313830	6280	6170	189	2000	2063500	18280	18160	293
910	321960	6370	6260	190	2050	2190600	18930	18810	297
920	330220	6470	6350	191	2100	2322400	19580	19460	302
930	338590	6560	6440	192	2150	2459000	20240	20120	307
940	347090	6650	6530	193	2200	2600500	20910	20790	311
950	355710	6740	6620	194	2250	2747000	21590	21470	316
960	364460	6830	6720	195	2300	2898500	22270	22150	321
970	373330	6920	6810	196	2350	3055100	22970	22850	326
980	382320	7020	6900	197	2400	3216900	23670	23550	330
990	391440	7110	6990	197	2450	3384000	24380	24260	335
1000	400690	7200	7090	198	2500	3556400	25100	24980	340
1020	419560	7390	7280	200					
1040	438940	7580	7460	202					
1060	458830	7770	7660	204					
1080	479250	7960	7850	206					
1100	500190	8160	8040	208					
1120	521660	8350	8240	210					
1140	543660	8550	8430	212					
1160	566200	8750	8630	214					
1180	589290	8950	8830	215					
1200	612930	9150	9030	217					
1220	637120	9350	9230	219					
1240	661860	9550	9430	221					
1260	687180	9760	9640	223					
1280	713060	9960	9840	225					
1300	739510	10170	10050	227					
1320	766540	10380	10260	229					
1340	794150	10590	10470	230					
1360	822350	10800	10680	232					
1380	851140	11010	10890	234					

Für die y-y-Achse

h	J_y	Wn_{Hy}	Wn_{Ky}	
600	7105	454	344	
2500	7132	455	346	

∟ 100 · 200 · 14
Bl 12 ⌀ 23

h	J	Wn_H	Wn_K	g	h	J	Wn_H	Wn_K	g
800	282910	6500	6380	202	1600	1387000	15680	15560	277
810	290990	6600	6480	203	1620	1427800	15930	15810	279
820	299200	6700	6590	204	1640	1469300	16190	16070	281
830	307540	6800	6690	205	1660	1511500	16450	16330	283
840	316010	6900	6790	206	1680	1554500	16710	16590	285
850	324610	7010	6890	207	1700	1598100	16980	16860	287
860	333340	7110	6990	208	1720	1642500	17240	17120	289
870	342210	7210	7100	209	1740	1687700	17510	17390	290
880	351200	7320	7200	209	1760	1733600	17770	17650	292
890	360340	7420	7300	210	1780	1780200	18040	17920	294
900	369600	7520	7410	211	1800	1827600	18310	18190	296
910	379000	7630	7510	212	1820	1875700	18580	18460	298
920	388540	7730	7620	213	1840	1924600	18860	18740	300
930	398210	7840	7720	214	1860	1974200	19130	19010	302
940	408010	7940	7830	215	1880	2024700	19410	19290	304
950	417960	8050	7930	216	1900	2075900	19680	19560	306
960	428040	8160	8040	217	1920	2127800	19960	19840	307
970	438260	8260	8150	218	1940	2180600	20240	20120	309
980	448620	8370	8250	219	1960	2234100	20520	20400	311
990	459120	8480	8360	220	1980	2288500	20800	20680	313
1000	469760	8590	8470	221	2000	2343600	21090	20970	315
1020	491460	8800	8690	223	2050	2485000	21800	21680	320
1040	513720	9020	8900	225	2100	2631400	22520	22400	324
1060	536560	9240	9120	226	2150	2783100	23260	23140	329
1080	559980	9460	9340	228	2200	2939900	24000	23880	334
1100	583970	9680	9560	230	2250	3102100	24740	24620	339
1120	608560	9900	9790	232	2300	3269600	25500	25380	343
1140	633730	10130	10010	234	2350	3442700	26270	26150	348
1160	659500	10350	10240	236	2400	3621200	27040	26920	353
1180	685870	10580	10470	238	2450	3805400	27820	27700	357
1200	712850	10810	10690	240	2500	3995300	28620	28500	362
1220	740440	11040	10920	241	2550	4190900	29420	29300	367
1240	768640	11270	11160	243	2600	4392400	30220	30100	371
1260	797460	11510	11390	245	2650	4599800	31040	30920	376
1280	826910	11740	11620	247	2700	4813200	31870	31750	381
1300	856990	11980	11860	249	2750	5032600	32700	32580	386
1320	887700	12210	12100	251	2800	5258200	33540	33420	390
1340	919050	12450	12330	253	2850	5490000	34390	34270	395
1360	951040	12690	12570	255	2900	5728100	35250	35130	400
1380	983680	12930	12810	257	2950	5972600	36120	36000	404
1400	1017000	13170	13060	258	3000	6223500	37000	36880	409
1420	1050900	13420	13300	260					
1440	1085600	13660	13550	262					
1460	1120800	13910	13790	264					
1480	1156800	14160	14040	266					
1500	1193400	14410	14290	268					
1520	1230800	14660	14540	270					
1540	1268800	14910	14790	272					
1560	1307500	15160	15050	274					
1580	1346900	15420	15300	275					

Für die *y*-*y*-Achse

h	J_y	Wn_{Hy}	Wn_{Ky}	
800	16230	787	636	
3000	16260	788	637	

L 100 · 200 · 16
Bl 12 ⌀ 23

h	J	Wn_H	Wn_K	g	h	J	Wn_H	Wn_K	g
800	312830	7190	7060	219	1600	1515600	17160	17020	294
810	321720	7300	7170	220	1620	1559800	17430	17300	296
820	330740	7410	7290	221	1640	1604700	17710	17580	298
830	339910	7520	7400	222	1660	1650400	17990	17860	300
840	349220	7640	7510	223	1680	1696800	18270	18140	302
850	358680	7750	7620	224	1700	1744000	18560	18420	304
860	368270	7860	7730	224	1720	1792000	18840	18710	306
870	378010	7970	7850	225	1740	1840700	19130	18990	307
880	387890	8090	7960	226	1760	1890300	19410	19280	309
890	397920	8200	8070	227	1780	1940600	19700	19570	311
900	408090	8320	8190	228	1800	1991700	19990	19860	313
910	418400	8430	8300	229	1820	2043600	20280	20150	315
920	428860	8540	8420	230	1840	2096400	20570	20440	317
930	439470	8660	8530	231	1860	2149900	20870	20730	319
940	450230	8770	8650	232	1880	2204200	21160	21030	321
950	461130	8890	8760	233	1900	2259400	21460	21320	322
960	472180	9010	8880	234	1920	2315400	21760	21620	324
970	483380	9120	8990	235	1940	2372200	22060	21920	326
980	494730	9240	9110	236	1960	2429800	22360	22220	328
990	506230	9360	9230	237	1980	2488300	22660	22520	330
1000	517890	9470	9350	238	2000	2547600	22960	22830	332
1020	541640	9710	9580	240	2050	2699600	23730	23590	337
1040	566010	9950	9820	241	2100	2856900	24500	24360	341
1060	590990	10190	10060	243	2150	3019700	25280	25140	346
1080	616600	10430	10300	245	2200	3188000	26070	25930	351
1100	642820	10670	10540	247	2250	3361900	26870	26730	355
1120	669680	10910	10780	249	2300	3541400	27670	27540	360
1140	697170	11160	11030	251	2350	3726700	28490	28350	365
1160	725300	11400	11270	253	2400	3917800	29310	29180	370
1180	754080	11650	11520	255	2450	4114700	30140	30010	374
1200	783500	11900	11770	257	2500	4317700	30980	30850	379
1220	813580	12150	12020	258	2550	4526600	31830	31700	384
1240	844320	12400	12270	260	2600	4741700	32690	32560	388
1260	875720	12650	12520	262	2650	4963000	33560	33420	393
1280	907780	12910	12770	264	2700	5190500	34430	34300	398
1300	940520	13160	13030	266	2750	5424300	35320	35180	403
1320	973940	13420	13290	268	2800	5664600	36210	36070	407
1340	1008000	13680	13540	270	2850	5911400	37110	36970	412
1360	1042800	13940	13800	272	2900	6164700	38020	37880	417
1380	1078300	14200	14060	273	2950	6424600	38930	38800	421
1400	1114500	14460	14330	275	3000	6691300	39860	39720	426
1420	1151400	14720	14590	277					
1440	1188900	14990	14850	279					
1460	1227200	15250	15120	281					
1480	1266200	15520	15390	283					
1500	1306000	15790	15660	285					
1520	1346400	16050	15920	287					
1540	1387600	16330	16200	289					
1560	1429500	16610	16470	290					
1580	1472200	16880	16750	292					

Für die y-y-Achse

h	J_y	Wn_{Hy}	Wn_{Ky}
800	18580	901	728
3000	18610	902	729

L 100 · 200 · 18
Bl 14 ⌀ 26

h	J	Wn_H	Wn_K	g
1200	881220	13260	13090	292
1220	915200	13540	13370	294
1240	949930	13820	13660	296
1260	985410	14100	13940	298
1280	1021700	14390	14230	301
1300	1058700	14680	14510	303
1320	1096400	14960	14800	305
1340	1135000	15260	15090	307
1360	1174300	15550	15380	309
1380	1214500	15840	15680	312
1400	1255400	16140	15970	314
1420	1297100	16430	16270	316
1440	1339700	16730	16570	318
1460	1383000	17030	16870	320
1480	1427200	17330	17170	323
1500	1472200	17640	17470	325
1520	1518000	17940	17780	327
1540	1564600	18250	18080	329
1560	1612100	18550	18390	331
1580	1660400	18860	18700	334
1600	1709600	19180	19010	336
1620	1759600	19490	19320	338
1640	1810500	19800	19640	340
1660	1862300	20120	19950	342
1680	1914900	20440	20270	345
1700	1968400	20750	20590	347
1720	2022800	21080	20910	349
1740	2078100	21400	21230	351
1760	2134300	21720	21560	353
1780	2191400	22050	21880	356
1800	2249400	22370	22210	358
1820	2308300	22700	22540	360
1840	2368100	23030	22870	362
1860	2428800	23360	23200	364
1880	2490500	23700	23530	367
1900	2553100	24030	23870	369
1920	2616700	24370	24200	371
1940	2681200	24710	24540	373
1960	2746600	25050	24880	375
1980	2813000	25390	25220	378
2000	2880400	25730	25570	380
2050	3053000	26600	26430	385
2100	3231800	27470	27300	391
2150	3416800	28350	28190	396
2200	3608200	29250	29080	402
2250	3805900	30150	29990	407
2300	4010100	31070	30900	413
2350	4220900	31990	31820	418
2400	4438300	32920	32760	424
2450	4662500	33870	33700	429
2500	4893600	34820	34650	435
2550	5131500	35790	35620	440
2600	5376500	36760	36590	446
2650	5628600	37740	37580	451
2700	5887900	38740	38570	457
2750	6154400	39740	39570	462
2800	6428300	40750	40590	468
2850	6709700	41780	41610	473
2900	6998600	42810	42640	479
2950	7295100	43850	43680	484
3000	7599300	44910	44740	490

Für die y-y-Achse

h	J_y	Wn_{Hy}	Wn_{Ky}	
1200	21290	1026	805	
3000	21330	1028	807	

Zweiter Teil

Träger mit Gurtplatten

L 80 · 80 · 8

Bl 8 ⌀ 20 t = 8

h	Gurtplattenbreite 180	200	220	240	g_1	h	Gurtplattenbreite 180	200	220	240	g_1
300	16910 871	17670 919	18430 967	19180 1015	57,5	1000	252250 4140	260380 4300	268500 4460	276630 4620	101
320	947	998	1049	1101	58,7	1020	4250	4410	4580	4740	103
340	1024	1078	1133	1187	60,0	1040	4360	4530	4690	4860	104
360	1103	1160	1218	1275	61,2	1060	4470	4640	4810	4980	105
380	1182	1243	1304	1365	62,5	1080	4590	4760	4930	5100	106
400	32030 1263	33360 1327	34690 1391	36020 1455	63,8	1100	314270 4700	324090 4880	333910 5050	343730 5230	108
420	1345	1412	1479	1546	65,0	1120	4810	4990	5170	5350	109
440	1427	1498	1568	1639	66,3	1140	4930	5110	5300	5480	110
460	1511	1585	1659	1732	67,5	1160	5050	5230	5420	5600	111
480	1596	1673	1750	1827	68,8	1180	5160	5350	5540	5730	113
500	52650 1682	54710 1763	56780 1842	58840 1922	70,0	1200	384590 5280	396260 5480	407940 5670	419610 5860	114
520	1769	1852	1935	2020	71,3	1220	5400	5600	5790	5990	115
540	1857	1943	2030	2120	72,6	1240	5520	5720	5980	6120	117
560	1946	2040	2120	2210	73,8	1260	5640	5850	6050	6250	118
580	2040	2130	2220	2310	75,1	1280	5770	5970	6180	6380	119
600	79170 2130	82120 2220	85080 2320	88040 2410	76,3	1300	463610 5890	477290 6100	490980 6310	504670 6510	120
620	2220	2320	2420	2520	77,6	1320	6010	6230	6440	6650	122
640	2310	2410	2520	2620	78,8	1340	6140	6350	6570	6780	123
660	2400	2510	2620	2720	80,1	1360	6260	6480	6700	6920	124
680	2500	2610	2720	2830	81,3	1380	6390	6610	6830	7050	125
700	111990 2590	116000 2710	120010 2820	124020 2930	82,6	1400	551730 6520	567590 6740	583450 6970	599310 7190	127
720	2690	2810	2920	3040	83,9	1420	6650	6880	7100	7330	128
740	2790	2910	3020	3140	85,1	1440	6780	7010	7240	7470	129
760	2890	3010	3130	3250	86,4	1460	6910	7140	7380	7610	130
780	2990	3110	3240	3360	87,6	1480	7040	7280	7510	7750	132
800	151510 3090	156730 3210	161950 3340	167180 3470	88,9	1500	649350 7170	667540 7410	685730 7650	703920 7890	133
820	3190	3320	3450	3580	90,1						
840	3290	3420	3560	3690	91,4						
860	3390	3530	3670	3800	92,6						
880	3500	3640	3780	3920	93,9						
900	198130 3600	204720 3740	211320 3890	217910 4030	95,2						
920	3710	3850	4000	4150	96,4						
940	3810	3960	4110	4260	97,7						
960	3920	4070	4230	4380	98,9	g_2	22,6	25,1	27,6	30,1	
980	4030	4190	4340	4500	100						

L 80 · 80 · 8

Bl 8 ⌀ 20 t = 10

h	Gurtplattenbreite 180	200	220	240	g_1	h	Gurtplattenbreite 180	200	220	240	g_1
300	18730 948	19690 1008	20650 1069	21610 1129	57,5	1000	270900 4410	281100 4610	291300 4810	301500 5010	101
320	1030	1094	1158	1222	58,7	1020	4520	4730	4930	5130	103
340	1112	1180	1249	1317	60,0	1040	4640	4850	5060	5260	104
360	1196	1268	1340	1412	61,2	1060	4760	4970	5180	5390	105
380	1281	1357	1433	1509	62,5	1080	4880	5090	5310	5520	106
400	35170 1367	36850 1447	38530 1527	40220 1608	63,8	1100	336760 5000	349090 5220	361410 5440	373730 5660	108
420	1454	1539	1623	1707	65,0	1120	5120	5340	5560	5790	109
440	1543	1631	1718	1807	66,3	1140	5240	5470	5690	5920	110
460	1632	1724	1816	1908	67,5	1160	5360	5590	5820	6060	111
480	1722	1818	1914	2010	68,8	1180	5480	5720	5950	6190	113
500	57480 1814	60080 1914	62680 2010	65280 2110	70,0	1200	411290 5610	425930 5850	440570 6090	455210 6330	114
520	1906	2010	2110	2220	71,3	1220	5730	5980	6220	6460	115
540	1999	2110	2220	2320	72,6	1240	5860	6110	6350	6600	117
560	2090	2210	2320	2430	73,8	1260	5980	6240	6490	6740	118
580	2190	2300	2420	2540	75,1	1280	6110	6370	6620	6880	119
600	86040 2290	89760 2410	93480 2530	97200 2650	76,3	1300	494870 6240	512040 6500	529200 6760	546360 7020	120
620	2380	2510	2630	2750	77,6	1320	6370	6630	6900	7160	122
640	2480	2610	2740	2860	78,8	1340	6500	6770	7040	7310	123
660	2580	2710	2840	2980	80,1	1360	6630	6900	7180	7450	124
680	2680	2820	2950	3090	81,3	1380	6760	7040	7320	7590	125
700	121270 2780	126310 2920	131350 3060	136390 3200	82,6	1400	587920 6900	607800 7180	627680 7460	647560 7740	127
720	2880	3030	3170	3310	83,9	1420	7030	7320	7600	7880	128
740	2990	3130	3280	3430	85,1	1440	7170	7450	7740	8030	129
760	3090	3240	3390	3550	86,4	1460	7300	7590	7890	8180	130
780	3190	3350	3510	3660	87,6	1480	7440	7740	8030	8330	132
800	163550 3300	170110 3460	176670 3620	183230 3780	88,9	1500	690820 7580	713630 7880	736430 8180	759230 8480	133
820	3410	3570	3730	3900	90,1						
840	3510	3680	3850	4020	91,4						
860	3620	3790	3970	4140	92,6						
880	3730	3910	4080	4260	93,9						
900	213300 3840	221580 4020	229860 4200	238140 4380	95,2						
920	3950	4140	4320	4500	96,4						
940	4070	4250	4440	4630	97,7						
960	4180	4370	4560	4750	98,9						
980	4290	4490	4680	4880	100	g_2	28,3	31,4	34,5	37,7	

L 80 · 80 · 8

Bl 8 Ø 20 t = 16

h	Gurtplattenbreite 180	200	220	240	g_1
300	24470 1183	26070 1280	27660 1376	29260 1472	57,5
320	1281	1383	1486	1589	58,7
340	1379	1488	1598	1707	60,0
360	1479	1595	1710	1826	61,2
380	1580	1702	1824	1946	62,5
400	44970 1682	47740 1811	50510 1939	53280 2070	63,8
420	1786	1920	2060	2190	65,0
440	1890	2030	2170	2310	66,3
460	1996	2140	2290	2440	67,5
480	2100	2260	2410	2560	68,8
500	72420 2210	76680 2370	80940 2530	85200 2690	70,0
520	2320	2480	2650	2820	71,3
540	2430	2600	2770	2950	72,6
560	2540	2720	2900	3080	73,8
580	2650	2840	3020	3210	75,1
600	107200 2760	113280 2950	119350 3150	125420 3340	76,3
620	2880	3070	3270	3470	77,6
640	2990	3200	3400	3610	78,8
660	3110	3320	3530	3740	80,1
680	3220	3440	3660	3880	81,3
700	149730 3340	157930 3560	166140 3790	174340 4010	82,6
720	3460	3690	3920	4150	83,9
740	3580	3810	4050	4290	85,1
760	3700	3940	4180	4430	86,4
780	3820	4070	4320	4570	87,6
800	200390 3940	211050 4200	221700 4450	232360 4710	88,9
820	4060	4330	4590	4850	90,1
840	4190	4460	4730	4990	91,4
860	4310	4590	4860	5140	92,6
880	4440	4720	5000	5280	93,9
900	259600 4570	273030 4850	286450 5140	299880 5430	95,2
920	4690	4990	5280	5580	96,4
940	4820	5120	5420	5720	97,7
960	4950	5260	5570	5870	98,9
980	5080	5400	5710	6020	100

h	Gurtplattenbreite 180	200	220	240	g_1
1000	327750 5210	344260 5530	360780 5850	377300 6170	101
1020	5340	5670	6000	6320	103
1040	5480	5810	6140	6480	104
1060	5610	5950	6290	6630	105
1080	5750	6090	6440	6780	106
1100	405230 5880	425160 6240	445090 6590	465020 6940	108
1120	6020	6380	6740	7100	109
1140	6160	6520	6890	7250	110
1160	6300	6670	7040	7410	111
1180	6440	6810	7190	7570	113
1200	492460 6580	516120 6960	539780 7350	563440 7730	114
1220	6720	7110	7500	7890	115
1240	6860	7260	7650	8050	117
1260	7000	7410	7810	8210	118
1280	7150	7560	7970	8380	119
1300	589820 7290	617530 7710	645240 8130	672960 8540	120
1320	7440	7860	8280	8710	122
1340	7590	8020	8440	8870	123
1360	7730	8170	8600	9040	124
1380	7880	8320	8770	9210	125
1400	697730 8030	729810 8480	761890 8930	793970 9380	127
1420	8180	8640	9090	9550	128
1440	8330	8800	9260	9720	129
1460	8490	8950	9420	9890	130
1480	8640	9110	9590	10060	132
1500	816570 8790	853350 9270	890120 9750	926890 10230	133
g_2	45,2	50,2	55,3	60,3	

L 80 · 80 · 8

Bl 8 ⌀ 20 t = 20

h	Gurtplattenbreite 180	200	220	240	g_1	h	Gurtplattenbreite 180	200	220	240	g_1
300	28 530 1342	30 580 1462	32 630 1583	34 680 1704	57,5	1000	366 380 5750	387 190 6150	408 010 6550	428 820 6950	101
320	1450	1578	1707	1835	58,7	1020	5890	6300	6710	7120	103
340	1559	1695	1832	1969	60,0	1040	6040	6450	6870	7290	104
360	1669	1814	1959	2100	61,2	1060	6180	6610	7030	7460	105
380	1781	1934	2010	2240	62,5	1080	6330	6760	7190	7630	106
400	51 820 1894	55 350 2050	58 880 2220	62 410 2380	63,8	1100	451 690 6480	476 780 6920	501 870 7360	526 960 7800	108
420	2010	2180	2350	2510	65,0	1120	6620	7070	7520	7970	109
440	2120	2300	2480	2650	66,3	1140	6770	7230	7680	8140	110
460	2240	2420	2610	2790	67,5	1160	6920	7390	7850	8310	111
480	2360	2550	2740	2930	68,8	1180	7070	7550	8020	8490	113
500	82 760 2480	88 170 2680	93 580 2880	98 990 3080	70,0	1200	547 450 7220	577 220 7700	606 990 8180	636 770 8660	114
520	2590	2800	3010	3220	71,3	1220	7380	7860	8350	8840	115
540	2710	2930	3150	3360	72,6	1240	7530	8030	8520	9020	117
560	2840	3060	3290	3510	73,8	1260	7680	8190	8690	9200	118
580	2960	3190	3420	3660	75,1	1280	7840	8350	8860	9380	119
600	121 760 3080	129 460 3320	137 150 3560	144 840 3800	76,3	1300	654 080 8000	688 930 8520	723 780 9040	758 630 9560	120
620	3210	3450	3700	3950	77,6	1320	8150	8680	9210	9740	122
640	3330	3590	3840	4100	78,8	1340	8310	8850	9380	9920	123
660	3460	3720	3990	4250	80,1	1360	8470	9010	9560	10 100	124
680	3590	3860	4130	4400	81,3	1380	8630	9180	9730	10 290	125
700	169 230 3710	179 600 3990	189 970 4270	200 340 4550	82,6	1400	771 960 8790	812 290 9350	852 620 9910	892 960 10 470	127
720	3840	4130	4420	4710	83,9	1420	8950	9520	10 090	10 660	128
740	3970	4270	4570	4860	85,1	1440	9110	9690	10 270	10 840	129
760	4100	4410	4710	5020	86,4	1460	9280	9860	10 450	11 030	130
780	4240	4550	4860	5170	87,6	1480	9440	10 030	10 630	11 220	132
800	225 550 4370	239 010 4690	252 460 5010	265 910 5330	88,9	1500	901 510 9610	947 720 10 210	993 930 10 810	1 040 100 11 410	133
820	4500	4830	5160	5490	90,1						
840	4640	4970	5310	5650	91,4						
860	4770	5120	5460	5810	92,6						
880	4920	5270	5620	5980	93,9						
900	291 140 5050	308 070 5410	325 000 5770	341 930 6130	95,2						
920	5190	5560	5920	6290	96,4						
940	5330	5700	6080	6460	97,7						
960	5470	5850	6240	6620	98,9						
980	5610	6000	6390	6780	100	g_2	56,5	62,8	69,1	75,4	

∟ 90 · 90 · 9

Bl 8 Ø 20 t = 8

h	Gurtplattenbreite				g_1	*h*	Gurtplattenbreite				g_1
	200	220	240	260			200	220	240	260	
300	19480 1023	20240 1072	21000 1120	21760 1168	67,5	1000	288070 4810	296200 4970	304330 5130	312460 5290	111
320	1113	1164	1216	1267	68,8	1020	4930	5090	5260	5420	113
340	1204	1259	1313	1368	70,0	1040	5060	5220	5390	5560	114
360	1297	1354	1412	1470	71,3	1060	5180	5350	5520	5690	115
380	1391	1451	1512	1573	72,5	1080	5310	5490	5660	5830	117
400	36950 1485	38280 1549	39610 1614	40950 1678	73,8	1100	358040 5440	367860 5620	377680 5790	387500 5970	118
420	1582	1649	1716	1783	75,1	1120	5570	5750	5930	6110	119
440	1679	1749	1820	1890	76,3	1140	5700	5890	6070	6250	120
460	1777	1851	1924	1998	77,6	1160	5830	6020	6210	6390	122
480	1876	1953	2030	2110	78,8	1180	5970	6160	6350	6530	123
500	60720 1977	62780 2060	64850 2140	66910 2220	80,1	1200	437110 6100	448780 6290	460460 6490	472130 6680	124
520	2080	2160	2240	2330	81,3	1220	6240	6430	6630	6820	125
540	2180	2270	2350	2440	82,6	1240	6370	6570	6770	6970	127
560	2280	2370	2460	2550	83,8	1260	6510	6710	6910	7110	128
580	2390	2480	2570	2670	85,1	1280	6640	6850	7050	7260	129
600	91190 2490	94150 2590	97100 2690	100060 2780	86,4	1300	525680 6780	539370 6990	553050 7200	566740 7410	130
620	2600	2700	2800	2900	87,6	1320	6920	7130	7340	7560	132
640	2710	2810	2910	3020	88,9	1340	7060	7280	7490	7710	133
660	2820	2920	3030	3130	90,1	1360	7200	7420	7640	7860	134
680	2930	3040	3140	3250	91,4	1380	7350	7570	7790	8010	135
700	128760 3040	132770 3150	136780 3260	140790 3370	92,6	1400	624150 7490	640010 7710	655870 7940	671730 8160	137
720	3150	3260	3380	3490	93,9	1420	7630	7860	8090	8310	138
740	3260	3380	3500	3620	95,2	1440	7780	8010	8240	8470	139
760	3370	3500	3620	3740	96,4	1460	7920	8160	8390	8620	140
780	3490	3610	3740	3860	97,7	1480	8070	8310	8540	8780	142
800	173830 3600	179050 3730	184280 3860	189500 3990	98,9	1500	732920 8220	751110 8460	769300 8700	787500 8940	143
820	3720	3850	3980	4110	100						
840	3840	3970	4100	4240	101						
860	3950	4090	4230	4370	103						
880	4070	4210	4350	4490	104						
900	226800 4190	233400 4340	239990 4480	246590 4620	105						
920	4310	4460	4610	4760	106						
940	4440	4590	4740	4890	108						
960	4560	4710	4870	5020	109						
980	4680	4840	5000	5150	110	g_2	25,1	27,6	30,1	32,7	

L 90 · 90 · 9

Bl 8 Ø 20 t = 16

h	Gurtplattenbreite 200	220	240	260	g_1	*h*	Gurtplattenbreite 200	220	240	260	g_1
300	27880 1379	29480 1476	31080 1572	32680 1668	67,5	1000	371960 6030	388470 6350	404990 6670	421510 6990	111
320	1493	1596	1699	1802	68,8	1020	6180	6510	6840	7160	113
340	1609	1718	1827	1936	70,0	1040	6330	6670	7000	7330	114
360	1726	1841	1957	2070	71,3	1060	6490	6830	7160	7500	115
380	1844	1966	2090	2210	72,5	1080	6640	6990	7330	7680	117
400	51330 1963	54100 2090	56870 2220	59640 2350	73,8	1100	459110 6790	479040 7150	498970 7500	518900 7850	118
420	2080	2220	2350	2490	75,1	1120	6950	7310	7670	8020	119
440	2210	2350	2490	2630	76,3	1140	7100	7470	7830	8200	120
460	2330	2480	2620	2770	77,6	1160	7260	7630	8000	8380	122
480	2450	2610	2760	2910	78,8	1180	7420	7800	8180	8550	123
500	82690 2580	86950 2740	91210 2900	95470 3060	80,1	1200	556960 7580	580620 7960	604280 8350	627940 8730	124
520	2700	2870	3040	3200	81,3	1220	7740	8130	8520	8910	125
540	2830	3010	3180	3350	82,6	1240	7900	8300	8690	9090	127
560	2960	3140	3320	3500	83,8	1260	8060	8460	8870	9270	128
580	3090	3280	3460	3650	85,1	1280	8220	8630	9040	9450	129
600	122340 3220	128410 3410	134490 3600	140560 3800	86,4	1300	665920 8390	693630 8800	721340 9220	749050 9630	130
620	3350	3550	3750	3950	87,6	1320	8550	8970	9400	9820	132
640	3480	3690	3890	4100	88,9	1340	8720	9140	9570	10000	133
660	3620	3830	4040	4250	90,1	1360	8880	9320	9750	10190	134
680	3750	3970	4190	4410	91,4	1380	9050	9490	9930	10370	135
700	170700 3890	178900 4110	187100 4340	195310 4560	92,6	1400	786370 9220	818450 9670	850540 10110	882620 10560	137
720	4020	4250	4480	4720	93,9	1420	9390	9840	10300	10750	138
740	4160	4400	4630	4870	95,2	1440	9560	10020	10480	10940	139
760	4300	4540	4790	5030	96,4	1460	9730	10190	10660	11130	140
780	4440	4690	4940	5190	97,7	1480	9900	10370	10850	11320	142
800	228150 4580	238800 4840	249460 5090	260110 5350	98,9	1500	918730 10070	955500 10550	992270 11030	1029000 11510	143
820	4720	4980	5240	5510	100						
840	4860	5130	5400	5670	101						
860	5000	5280	5560	5830	103						
880	5150	5430	5710	5990	104						
900	295100 5290	308530 5580	321960 5870	335380 6160	105						
920	5440	5730	6030	6320	106						
940	5590	5890	6190	6490	108						
960	5730	6040	6350	6660	109						
980	5880	6200	6510	6820	110	g_2	50,2	55,3	60,3	65,3	

∟ 90 • 90 • 9

Bl 10 ⌀ 23 t = 10

h	Gurtplattenbreite 200	220	240	260	g_1
300	21950 1104	22910 1164	23880 1224	24840 1284	72,2
320	1200	1265	1329	1393	73,8
340	1299	1367	1435	1503	75,4
360	1399	1471	1543	1615	76,9
380	1501	1577	1653	1729	78,5
400	41510 1604	43190 1684	44870 1764	46560 1844	80,1
420	1709	1793	1877	1961	81,7
440	1814	1902	1991	2080	83,2
460	1922	2010	2110	2200	84,8
480	2030	2130	2220	2320	86,4
500	68170 2140	70770 2240	73370 2340	75970 2440	87,9
520	2250	2360	2460	2560	89,5
540	2360	2470	2580	2690	91,1
560	2480	2590	2700	2810	92,6
580	2590	2710	2820	2940	94,2
600	102430 2710	106150 2830	109870 2950	113590 3070	95,8
620	2830	2950	3070	3200	97,4
640	2940	3070	3200	3330	98,9
660	3060	3200	3330	3460	100
680	3180	3320	3460	3590	102
700	144790 3310	149830 3450	154870 3590	159910 3730	104
720	3430	3570	3720	3860	105
740	3550	3700	3850	4000	107
760	3680	3830	3980	4140	108
780	3810	3960	4120	4270	110
800	195750 3930	202310 4090	208870 4250	215430 4410	111
820	4060	4230	4390	4560	113
840	4190	4360	4530	4700	115
860	4330	4500	4670	4840	116
880	4460	4630	4810	4990	118
900	255800 4590	264090 4770	272370 4950	280650 5130	119
920	4730	4910	5090	5280	121
940	4860	5050	5240	5430	122
960	5000	5190	5380	5580	124
980	5140	5330	5530	5730	126

h	Gurtplattenbreite 200	220	240	260	g_1
1000	325460 5280	335660 5480	345870 5680	356070 5880	127
1020	5420	5620	5830	6030	129
1040	5560	5770	5980	6180	130
1060	5700	5920	6130	6340	132
1080	5850	6060	6280	6500	133
1100	405220 5990	417540 6210	429860 6430	442190 6650	135
1120	6140	6360	6590	6810	137
1140	6290	6520	6740	6970	138
1160	6440	6670	6900	7130	140
1180	6590	6820	7060	7290	141
1200	495580 6740	510220 6980	524860 7220	539500 7460	143
1220	6890	7130	7380	7620	144
1240	7040	7290	7540	7790	146
1260	7200	7450	7700	7950	148
1280	7350	7610	7860	8120	149
1300	597040 7510	614200 7770	631360 8030	648520 8290	151
1320	7670	7930	8200	8460	152
1340	7830	8090	8360	8630	154
1360	7990	8260	8530	8800	155
1380	8150	8420	8700	8980	157
1400	710100 8310	729980 8590	749860 8870	769740 9150	159
1420	8470	8760	9040	9330	160
1440	8640	8930	9210	9500	162
1460	8800	9100	9390	9680	163
1480	8970	9270	9560	9860	165
1500	835260 9140	858060 9440	880860 9740	903660 10040	166
g_2	31,4	34,5	37,7	40,8	

∟ 90 · 90 · 9

Bl 10 ⌀ 23 t = 20

h	Gurtplattenbreite 200	220	240	260	g_1
300	32850 1533	34900 1653	36950 1774	39000 1895	72,2
320	1659	1787	1916	2040	73,8
340	1786	1923	2060	2200	75,4
360	1916	2060	2200	2350	76,9
380	2050	2200	2350	2500	78,5
400	60010 2180	63540 2340	67070 2500	70600 2660	80,1
420	2310	2480	2650	2820	81,7
440	2450	2620	2800	2980	83,2
460	2580	2770	2950	3140	84,8
480	2720	2920	3110	3300	86,4
500	96260 2860	101670 3070	107090 3260	112500 3460	87,9
520	3000	3210	3420	3630	89,5
540	3150	3360	3580	3790	91,1
560	3290	3510	3740	3960	92,6
580	3430	3670	3900	4130	94,2
600	142120 3580	149810 3820	157500 4060	165190 4300	95,8
620	3730	3970	4220	4470	97,4
640	3870	4130	4390	4640	98,9
660	4020	4290	4550	4820	100
680	4170	4450	4720	4990	102
700	198080 4330	208450 4610	218820 4890	229190 5170	104
720	4480	4770	5060	5340	105
740	4630	4930	5230	5520	107
760	4790	5090	5400	5700	108
780	4950	5260	5570	5880	110
800	264640 5100	278090 5430	291540 5740	304990 6060	111
820	5260	5590	5920	6250	113
840	5420	5760	6100	6430	115
860	5580	5930	6270	6620	116
880	5750	6100	6450	6800	118
900	342300 5910	359230 6270	376160 6630	393090 6990	119
920	6080	6440	6810	7180	121
940	6240	6620	6990	7370	122
960	6410	6790	7180	7560	124
980	6580	6970	7360	7750	126

h	Gurtplattenbreite 200	220	240	260	g_1
1000	431560 6750	452370 7150	473180 7550	493990 7950	127
1020	6920	7330	7730	8140	129
1040	7090	7510	7920	8340	130
1060	7260	7690	8110	8540	132
1080	7440	7870	8300	8730	133
1100	532920 7610	558010 8050	583100 8490	608190 8930	135
1120	7790	8240	8690	9130	137
1140	7970	8420	8880	9340	138
1160	8150	8610	9070	9540	140
1180	8330	8800	9270	9740	141
1200	646870 8510	676640 8990	706420 9470	736190 9950	143
1220	8690	9180	9670	10150	144
1240	8870	9370	9870	10360	146
1260	9060	9560	10070	10570	148
1280	9240	9760	10270	10780	149
1300	773930 9430	808780 9950	843630 10470	878480 10990	151
1320	9620	10150	10670	11200	152
1340	9810	10340	10880	11420	154
1360	10000	10540	11090	11630	155
1380	10190	10740	11290	11850	157
1400	914590 10380	954920 10940	995250 11500	1035600 12060	159
1420	10580	11140	11710	12280	160
1440	10770	11350	11920	12500	162
1460	10970	11550	12130	12720	163
1480	11160	11760	12350	12940	165
1500	1069300 11360	1115600 11960	1161800 12560	1208000 13160	166
g_2	62,8	69,1	75,4	81,6	

L 100 · 100 · 10

Bl 8 Ø 20 t = 8

h	Gurtplattenbreite 220	240	260	280	g_1	h	Gurtplattenbreite 220	240	260	280	g_1
400	42 290 1728	43 620 1792	44 960 1856	46 290 1920	85,4	1200	495 430 7010	507 100 7210	518 770 7400	530 450 7590	136
420	1840	1908	1975	2040	86,7	1220	7170	7360	7560	7750	137
440	1954	2020	2090	2170	87,9	1240	7320	7520	7720	7910	138
460	2070	2140	2220	2290	89,2	1260	7470	7670	7880	8080	139
480	2180	2260	2340	2410	90,4	1280	7630	7830	8040	8240	141
500	69 530 2300	71 600 2480	73 660 2560	75 730 2640	91,7	1300	594 660 7780	608 350 7990	622 040 8200	635 730 8410	142
520	2420	2500	2580	2670	92,9	1320	7940	8150	8360	8570	143
540	2540	2620	2710	2800	94,2	1340	8100	8310	8520	8730	144
560	2660	2750	2840	2930	95,4	1360	8250	8470	8690	8910	146
580	2780	2870	2960	3060	96,7	1380	8410	8630	8850	9070	147
600	104 380 2900	107 330 3000	110 290 3090	113 250 3190	98,0	1400	704 710 8570	720 570 8800	736 430 9020	752 290 9240	148
620	3020	3120	3220	3320	99,2	1420	8730	8960	9190	9410	149
640	3150	3250	3350	3460	100	1440	8890	9130	9360	9590	151
660	3270	3380	3480	3590	102	1460	9060	9290	9520	9760	152
680	3400	3510	3620	3730	103	1480	9220	9460	9690	9930	153
700	147 220 3530	151 230 3640	155 240 3750	159 250 3860	104	1500	825 950 9390	844 140 9630	862 340 9870	880 530 10110	154
720	3650	3770	3890	4000	105	1520	9550	9790	10040	10280	156
740	3780	3900	4020	4140	107	1540	9720	9960	10210	10460	157
760	3910	4040	4160	4280	108	1560	9880	10130	10380	10630	158
780	4040	4170	4290	4420	109	1580	10050	10310	10560	10810	160
800	198 460 4180	203 680 4300	208 900 4430	214 130 4560	111	1600	958 790 10220	979 480 10480	1 000 200 10730	1 020 800 10990	161
820	4310	4440	4570	4700	112	1620	10390	10650	10910	11170	162
840	4440	4580	4710	4850	113	1640	10560	10820	11090	11350	163
860	4580	4720	4850	4990	114	1660	10730	11000	11270	11530	165
880	4710	4860	5000	5140	116	1680	10910	11180	11440	11710	166
900	258 500 4850	265 100 5000	271 690 5140	278 290 5280	117	1700	1 103 600 11080	1 127 000 11350	1 150 300 11620	1 173 600 11900	167
920	4990	5140	5280	5430	118	1720	11260	11530	11810	12080	168
940	5130	5280	5430	5580	119	1740	11430	11710	11990	12270	170
960	5270	5420	5570	5730	121	1760	11610	11890	12170	12450	171
980	5410	5560	5720	5880	122	1780	11780	12070	12350	12640	172
1000	327 740 5550	335 870 5710	344 000 5870	352 130 6030	123	1800	1 260 900 11960	1 287 000 12250	1 313 200 12540	1 339 300 12830	173
1020	5690	5850	6020	6180	124	1820	12140	12430	12720	13010	175
1040	5830	6000	6170	6330	126	1840	12320	12620	12910	13200	176
1060	5980	6150	6320	6490	127	1860	12500	12800	13100	13400	177
1080	6120	6300	6470	6640	128	1880	12680	12980	13290	13590	178
1100	406 580 6270	416 410 6450	426 230 6620	436 050 6800	129	1900	1 430 900 12870	1 460 000 13170	1 489 200 13470	1 518 300 13780	180
1120	6420	6600	6780	6950	131	1920	13050	13360	13660	13970	181
1140	6570	6750	6930	7110	132	1940	13230	13550	13860	14170	182
1160	6710	6900	7090	7270	133	1960	13420	13730	14050	14360	183
1180	6860	7050	7240	7430	134	1980	13610	13920	14240	14560	185
g_2	27,6	30,1	32,7	35,2		2000	1 614 200 13790	1 646 400 14110	1 678 700 14430	1 710 900 14750	186

L 100 · 100 · 10

Bl 8 ⌀ 20 t = 16

h	Gurtplattenbreite 220	240	260	280	g_1	h	Gurtplattenbreite 220	240	260	280	g_1
400	58 120 2260	60 890 2390	63 660 2520	66 430 2650	85,4	1200	627 270 8670	650 930 9060	674 590 9440	698 250 9830	136
420	2400	2540	2670	2810	86,7	1220	8850	9250	9640	10030	137
440	2540	2690	2830	2970	87,9	1240	9040	9430	9830	10230	138
460	2690	2830	2980	3130	89,2	1260	9220	9620	10020	10430	139
480	2830	2980	3140	3290	90,4	1280	9400	9810	10220	10630	141
500	93 700 2980	97 960 3140	102 220 3300	106 480 3460	91,7	1300	748 930 9580	776 640 10000	804 350 10420	832 060 10830	142
520	3120	3290	3450	3620	92,9	1320	9770	10190	10610	11040	143
540	3270	3440	3610	3790	94,2	1340	9950	10380	10810	11240	144
560	3420	3590	3770	3950	95,4	1360	10140	10580	11010	11450	146
580	3560	3750	3940	4120	96,7	1380	10330	10770	11210	11650	147
600	138 640 3710	144 710 3910	150 790 4100	156 860 4290	98,0	1400	883 150 10520	915 240 10960	947 320 11410	979 400 11860	148
620	3870	4060	4260	4460	99,2	1420	10700	11160	11610	12070	149
640	4020	4220	4430	4630	100	1440	10890	11360	11820	12280	151
660	4170	4380	4590	4810	102	1460	11090	11550	12020	12490	152
680	4330	4540	4760	4980	103	1480	11280	11750	12230	12700	153
700	193 350 4480	201 550 4700	209 750 4930	217 960 5150	104	1500	1 030 300 11470	1 067 100 11950	1 103 900 12430	1 140 700 12910	154
720	4640	4870	5100	5330	105	1520	11660	12150	12640	13120	156
740	4790	5030	5270	5510	107	1540	11860	12350	12840	13340	157
760	4950	5200	5440	5680	108	1560	12050	12550	13050	13550	158
780	5110	5360	3610	5860	109	1580	12250	12760	13260	13770	160
800	258 210 5270	268 870 5530	279 520 5780	290 180 6040	111	1600	1 190 900 12450	1 232 700 12960	1 274 500 13470	1 316 200 13980	161
820	5430	5700	5960	6220	112	1620	12650	13170	13680	14200	162
840	5600	5860	6130	6400	113	1640	12850	13370	13900	14420	163
860	5760	6030	6310	6580	114	1660	13050	13580	14110	14640	165
880	5920	6200	6490	6770	116	1680	13250	13780	14320	14860	166
900	333 630 6090	347 060 6380	360 490 6660	373 910 6950	117	1700	1 365 200 13450	1 412 300 13990	1 459 400 14540	1 506 500 15080	167
920	6250	6550	6840	7140	118	1720	13650	14200	14750	15300	168
940	6420	6720	7020	7320	119	1740	13860	14410	14970	15530	170
960	6590	6900	7200	7510	121	1760	14060	14620	15190	15750	171
980	6760	7070	7380	7700	122	1780	14270	14840	15410	15980	172
1000	420 020 6930	436 540 7250	453 050 7570	469 570 7890	123	1800	1 553 700 14470	1 606 400 15050	1 659 200 15630	1 712 000 16200	173
1020	7100	7420	7750	8080	124	1820	14680	15260	15850	16430	175
1040	7270	7600	7930	8270	126	1840	14890	15480	16070	16660	176
1060	7440	7780	8120	8460	127	1860	15100	15690	16290	16880	177
1080	7610	7960	8310	8650	128	1880	15310	15910	16510	17110	178
1100	517 760 7790	537 690 8140	557 620 8490	577 550 8850	129	1900	1 756 700 15520	1 815 400 16130	1 874 200 16740	1 932 900 17340	180
1120	7960	8320	8680	9040	131	1920	15730	16350	16960	17570	181
1140	8140	8510	8870	9230	132	1940	15940	16570	17190	17810	182
1160	8320	8690	9060	9430	133	1960	16160	16790	17410	18040	183
1180	8500	8870	9250	9630	134	1980	16370	17010	17640	18270	185
g_2	55,3	60,3	65,3	70,3		2000	1 974 700 16590	2 039 700 17230	2 104 700 17870	2 169 700 18510	186

L 100 · 100 · 10

Bl 10 Ø 23 t = 10

h	Gurtplattenbreite 220	240	260	280	g_1	*h*	Gurtplattenbreite 220	240	260	280	g_1
400	47 200 1859	48 890 1939	50 570 2020	52 250 2100	91,7	1200	556 860 7690	571 510 7930	586 150 8170	600 790 8410	154
420	1980	2060	2150	2230	93,3	1220	7860	8100	8350	8590	156
440	2100	2190	2280	2370	94,8	1240	8030	8280	8530	8770	158
460	2230	2320	2410	2500	96,4	1260	8200	8450	8710	8960	159
480	2350	2450	2540	2640	98,0	1280	8380	8630	8890	9140	161
500	77 520 2480	80 120 2580	82 720 2680	85 330 2780	99,5	1300	669 500 8550	686 660 8810	703 820 9070	720 990 9330	162
520	2610	2710	2820	2920	101	1320	8730	8990	9250	9520	164
540	2740	2840	2950	3060	103	1340	8900	9170	9440	9710	165
560	2870	2980	3090	3200	104	1360	9080	9350	9620	9900	167
580	3000	3120	3230	3350	106	1380	9260	9540	9810	10090	169
600	116 380 3130	120 100 3250	123 820 3370	127 540 3490	107	1400	794 680 9440	814 560 9720	834 440 10000	854 320 10280	170
620	3270	3390	3520	3640	109	1420	9620	9910	10190	10470	172
640	3400	3530	3660	3790	111	1440	9800	10090	10380	10670	173
660	3540	3670	3800	3940	112	1460	9990	10280	10570	10860	175
680	3680	3810	3950	4090	114	1480	10170	10470	10760	11060	176
700	164 280 3820	169 320 3960	174 360 4100	179 400 4240	115	1500	932 900 10360	955 700 10660	978 500 10960	1 001 300 11260	178
720	3960	4100	4250	4390	117	1520	10540	10850	11150	11460	180
740	4100	4250	4400	4540	118	1540	10730	11040	11350	11660	181
760	4240	4400	4550	4700	120	1560	10920	11230	11550	11860	183
780	4390	4540	4700	4860	122	1580	11110	11430	11750	12060	184
800	221 710 4530	228 280 4690	234 840 4850	241 400 5010	123	1600	1 084 700 11300	1 110 600 11620	1 136 500 11940	1 162 400 12260	186
820	4680	4840	5010	5170	125	1620	11500	11820	12150	12470	187
840	4830	5000	5160	5330	126	1640	11690	12020	12350	12680	189
860	4980	5150	5320	5490	128	1660	11890	12220	12550	12880	191
880	5130	5300	5480	5660	129	1680	12080	12420	12750	13090	192
900	289 190 5280	297 470 5460	305 750 5640	314 040 5820	131	1700	1 250 500 12280	1 279 700 12620	1 308 900 12960	1 338 200 13300	194
920	5430	5620	5800	5980	133	1720	12480	12820	13170	13510	195
940	5580	5770	5960	6150	134	1740	12680	13030	13370	13720	197
960	5740	5930	6120	6320	136	1760	12880	13230	13580	13940	198
980	5900	6090	6290	6480	137	1780	13080	13440	13790	14150	200
1000	367 210 6050	377 410 6250	387 610 6450	397 810 6650	139	1800	1 430 800 13280	1 463 600 13640	1 496 300 14000	1 529 100 14360	202
1020	6210	6420	6620	6820	140	1820	13490	13850	14220	14580	203
1040	6370	6580	6790	7000	142	1840	13690	14060	14430	14800	205
1060	6530	6740	6960	7170	143	1860	13900	14270	14640	15020	206
1080	6690	6910	7130	7340	145	1880	14110	14480	14860	15240	208
1100	456 270 6860	468 590 7080	480 910 7300	493 230 7520	147	1900	1 626 200 14320	1 662 600 14700	1 699 100 15080	1 735 600 15460	209
1120	7020	7240	7470	7690	148	1920	14530	14910	15290	15680	211
1140	7190	7410	7640	7870	150	1940	14740	15130	15510	15900	213
1160	7350	7580	7820	8050	151	1960	14950	15340	15730	16130	214
1180	7520	7760	7990	8230	153	1980	15160	15560	15950	16350	216
g_2	34,5	37,7	40,8	44,0		2000	1 837 100 15380	1 877 500 15780	1 917 900 16180	1 958 300 16580	217

⌊ 100 · 100 · 10

Bl 10 ⌀ 23 t = 12

h	Gurtplattenbreite 220	240	260	280	g_1	h	Gurtplattenbreite 220	240	260	280	g_1
400	51 120 1988	53 160 2080	55 200 2180	57 230 2280	91,7	1200	589 720 8090	607 340 8380	624 970 8660	642 600 8950	154
420	2120	2220	2320	2420	93,3	1220	8270	8560	8850	9140	156
440	2240	2350	2460	2570	94,8	1240	8440	8740	9040	9340	158
460	2380	2490	2600	2710	96,4	1260	8620	8920	9230	9530	159
480	2510	2620	2740	2850	98,0	1280	8800	9110	9420	9720	161
500	83 520 2640	86 660 2760	89 810 2880	92 950 3000	99,5	1300	707 950 8980	728 610 9300	749 260 9610	769 920 9920	162
520	2780	2900	3030	3150	101	1320	9170	9480	9800	10120	164
540	2910	3040	3170	3300	103	1340	9350	9670	9990	10310	165
560	3050	3180	3320	3450	104	1360	9530	9860	10190	10510	167
580	3190	3330	3470	3610	106	1380	9720	10050	10380	10710	169
600	124 890 3330	129 390 3470	133 880 3620	138 380 3760	107	1400	839 170 9910	863 090 10240	887 020 10580	910 940 10920	170
620	3470	3620	3770	3920	109	1420	10100	10440	10780	11120	172
640	3610	3770	3920	4070	111	1440	10280	10630	10980	11320	173
660	3760	3910	4070	4230	112	1460	10480	10830	11180	11530	175
680	3900	4060	4230	4390	114	1480	10670	11020	11380	11730	176
700	175 740 4050	181 830 4220	187 910 4380	194 000 4550	115	1500	983 860 10860	1 011 300 11220	1 038 700 11580	1 066 200 11940	178
720	4200	4370	4540	4710	117	1520	11050	11420	11780	12150	180
740	4340	4520	4700	4880	118	1540	11250	11620	11990	12360	181
760	4490	4680	4860	5040	120	1560	11450	11820	12190	12570	183
780	4640	4830	5020	5210	122	1580	11640	12020	12400	12780	184
800	236 580 4800	244 490 4990	252 400 5180	260 320 5370	123	1600	1 142 500 11840	1 173 700 12220	1 204 900 12610	1 236 100 12990	186
820	4950	5150	5340	5540	125	1620	12040	12430	12820	13210	187
840	5110	5310	5510	5710	126	1640	12240	12630	13030	13420	189
860	5260	5470	5670	5880	128	1660	12440	12840	13240	13640	191
880	5420	5630	5840	6050	129	1680	12650	13050	13450	13860	192
900	307 890 5580	317 880 5790	327 860 6010	337 840 6220	131	1700	1 315 700 12850	1 350 900 13260	1 386 000 13670	1 421 200 14070	194
920	5740	5960	6180	6400	133	1720	13060	13470	13880	14290	195
940	5900	6120	6350	6570	134	1740	13260	13680	14100	14520	197
960	6060	6290	6520	6750	136	1760	13470	13890	14310	14740	198
980	6220	6460	6690	6930	137	1780	13680	14110	14530	14960	200
1000	390 190 6380	402 480 6620	414 770 6860	427 060 7100	139	1800	1 503 800 13890	1 543 200 14320	1 582 600 14750	1 622 000 15180	202
1020	6550	6790	7040	7280	140	1820	14100	14540	14970	15410	203
1040	6720	6970	7220	7460	142	1840	14310	14750	15190	15640	205
1060	6880	7140	7390	7650	143	1860	14520	14970	15420	15860	206
1080	7050	7310	7570	7830	145	1880	14740	15190	15640	16090	208
1100	483 960 7220	498 800 7490	513 640 7750	528 480 8010	147	1900	1 707 400 14950	1 751 300 15410	1 795 200 15870	1 839 000 16320	209
1120	7390	7660	7930	8200	148	1920	15170	15630	16090	16550	211
1140	7570	7840	8110	8390	150	1940	15390	15850	16320	16790	213
1160	7740	8020	8300	8570	151	1960	15610	16080	16550	17020	214
1180	7910	8200	8480	8760	153	1980	15830	16300	16780	17250	216
g_2	41,4	45,2	49,0	52,8		2000	1 927 000 16050	1 975 600 16530	2 024 200 17010	2 072 800 17490	217

∟ 100 · 100 · 10

Bl 10   Ø 23   t = 20

h	Gurtplattenbreite 220	240	260	280	g_1	h	Gurtplattenbreite 220	240	260	280	g_1
400	67 550 2510	71 080 2670	74 610 2830	78 140 2990	91,7	1200	723 290 9690	753 060 10 170	782 830 10 650	812 600 11 130	154
420	2660	2830	3000	3170	93,3	1220	9890	10 380	10 870	11 360	156
440	2820	2990	3170	3350	94,8	1240	10 100	10 590	11 090	11 590	158
460	2970	3160	3340	3530	96,4	1260	10 300	10 810	11 310	11 820	159
480	3130	3330	3520	3710	98,0	1280	10 510	11 020	11 540	12 050	161
500	108 420 3290	113 830 3490	119 250 3690	124 660 3890	99,5	1300	864 080 10 720	898 940 11 240	933 790 11 760	868 640 12 280	162
520	3450	3660	3870	4080	101	1320	10 930	11 460	11 990	12 510	164
540	3620	3830	4050	4270	103	1340	11 140	11 680	12 210	12 750	165
560	3780	4010	4230	4460	104	1360	11 350	11 900	12 440	12 980	167
580	3950	4180	4410	4640	106	1380	11 570	12 120	12 670	13 220	169
600	160 040 4110	167 730 4350	175 420 4600	183 110 4840	107	1400	1 019 600 11 780	1 060 000 12 340	1 100 300 12 900	1 140 600 13 460	170
620	4280	4530	4780	5030	109	1420	12 000	12 560	13 130	13 700	172
640	4450	4710	4960	5220	111	1440	12 210	12 790	13 360	13 940	173
660	4620	4890	5150	5420	112	1460	12 430	13 010	13 600	14 180	175
680	4800	5070	5340	5610	114	1480	12 650	13 240	13 830	14 430	176
700	222 900 4970	233 270 5250	243 640 5530	254 010 5810	115	1500	1 190 400 12 870	1 236 600 13 470	1 282 800 14 070	1 329 000 14 670	178
720	5140	5430	5720	6010	117	1520	13 090	13 700	14 310	14 910	180
740	5320	5610	5910	6210	118	1540	13 310	13 930	14 540	15 160	181
760	5500	5800	6100	6410	120	1560	13 540	14 150	14 780	15 410	183
780	5670	5990	6300	6610	122	1580	13 760	14 390	15 020	15 660	184
800	297 500 5850	310 900 6170	324 400 6490	337 800 6810	123	1600	1 376 900 13 990	1 429 400 14 630	1 481 900 15 270	1 534 400 15 910	186
820	6030	6360	6690	7020	125	1620	14 210	14 860	15 510	16 160	187
840	6220	6550	6890	7220	126	1640	14 440	15 100	15 750	16 410	189
860	6400	6740	7090	7430	128	1660	14 670	15 330	16 000	16 660	191
880	6580	6930	7290	7640	129	1680	14 900	15 570	16 240	16 920	192
900	384 330 6770	401 260 7130	418 200 7490	435 130 7850	131	1700	1 579 700 15 130	1 638 800 15 810	1 698 000 16 490	1 757 200 17 170	194
920	6950	7320	7690	8060	133	1720	15 360	16 050	16 740	17 430	195
940	7140	7520	7890	8270	134	1740	15 600	16 290	16 990	17 690	197
960	7330	7710	8100	8480	136	1760	15 830	16 540	17 240	17 950	198
980	7520	7910	8310	8700	137	1780	16 070	16 780	17 490	18 210	200
1000	483 910 7710	504 720 8110	525 530 8510	546 340 8910	139	1800	1 799 200 16 310	1 865 400 17 030	1 931 700 17 750	1 997 900 18 470	202
1020	7900	8310	8720	9130	140	1820	16 550	17 270	18 000	18 730	203
1040	8100	8510	8930	9350	142	1840	16 780	17 520	18 260	18 990	205
1060	8290	8720	9140	9570	143	1860	17 030	17 770	18 510	19 260	206
1080	8490	8920	9350	9790	145	1880	17 270	18 020	18 770	19 520	208
1100	596 730 8690	621 820 9130	646 910 9570	672 000 10 010	147	1900	2 035 900 17 510	2 109 600 18 270	2 183 400 19 030	2 257 100 19 790	209
1120	8880	9330	9780	10 230	148	1920	17 750	18 520	19 290	20 060	211
1140	9080	9540	10 000	10 450	150	1940	18 000	18 780	19 550	20 330	213
1160	9280	9750	10 210	10 680	151	1960	18 250	19 030	19 810	20 600	214
1180	9490	9960	10 430	10 900	153	1980	18 490	19 280	20 080	20 870	216
g_2	69,1	75,4	81,6	87,9		2000	2 290 400 18 740	2 372 000 19 540	2 453 600 20 340	2 535 200 21 140	217

∟ 100 · 100 · 10

Bl 10 Ø 23 t = 24

h	Gurtplattenbreite 220	240	260	280	g_1	h	Gurtplattenbreite 220	240	260	280	g_1
400	76 220 2770	80 540 2960	84 860 3150	89 180 3350	91,7	1200	791 380 10490	827 340 11070	863 300 11640	899 260 12220	154
420	2940	3140	3340	3540	93,3	1220	10710	11290	11880	12460	156
440	3110	3320	3530	3740	94,8	1240	10930	11520	12120	12710	158
460	3280	3500	3720	3940	96,4	1260	11150	11750	12360	12960	159
480	3450	3680	3910	4140	98,0	1280	11370	11980	12600	13210	161
500	121 450 3620	128 040 3860	134 630 4100	141 230 4340	99,5	1300	943 560 11590	985 640 12210	1 027 700 12840	1 069 800 13460	162
520	3800	4050	4300	4550	101	1320	11810	12450	13080	13710	164
540	3970	4230	4490	4750	103	1340	12040	12680	13320	13970	165
560	4150	4420	4690	4960	104	1360	12260	12920	13570	14220	167
580	4330	4610	4890	5170	106	1380	12490	13150	13810	14480	169
600	178 290 4510	187 640 4800	196 990 5090	206 340 5380	107	1400	1 111 400 12720	1 160 000 13390	1 208 700 14060	1 257 400 14730	170
620	4690	4990	5290	5590	109	1420	12950	13630	14310	14990	172
640	4870	5180	5490	5800	111	1440	13180	13870	14560	15250	173
660	5060	5380	5690	6010	112	1460	13410	14110	14810	15510	175
680	5240	5570	5900	6230	114	1480	13640	14350	15060	15770	176
700	247 250 5430	259 840 5770	272 420 6100	285 010 6440	115	1500	1 295 300 13870	1 351 000 14590	1 406 800 15310	1 462 500 16030	178
720	5620	5960	6310	6660	117	1520	14110	14840	15570	16300	180
740	5810	6160	6520	6870	118	1540	14340	15080	15820	16560	181
760	6000	6360	6730	7090	120	1560	14580	15330	16080	16830	183
780	6190	6560	6940	7310	122	1580	14820	15580	16340	17100	184
800	328 840 6380	345 140 6770	361 440 7150	377 740 7540	123	1600	1 495 800 15060	1 559 100 15830	1 622 400 16600	1 685 700 17360	186
820	6580	6970	7360	7760	125	1620	15300	16080	16860	17630	187
840	6770	7180	7580	7980	126	1640	15540	16330	17120	17900	189
860	6970	7380	7790	8210	128	1660	15780	16580	17380	18180	191
880	7170	7590	8010	8430	129	1680	16030	16840	17640	18450	192
900	423 540 7370	444 040 7800	464 540 8230	485 030 8660	131	1700	1 713 500 16270	1 784 800 17090	1 856 200 17910	1 927 500 18720	194
920	7570	8010	8450	8890	133	1720	16520	17350	18170	19000	195
940	7770	8220	8670	9120	134	1740	16770	17600	18440	19270	197
960	7970	8430	8890	9350	136	1760	17020	17860	18710	19550	198
980	8170	8640	9110	9580	137	1780	17270	18120	18980	19830	200
1000	531 870 8380	557 040 8860	582 210 9340	607 380 9820	139	1800	1 948 800 17520	2 028 600 18380	2 108 500 19250	2 188 300 20110	202
1020	8580	9070	9560	10050	140	1820	17770	18640	19520	20390	203
1040	8790	9290	9790	10290	142	1840	18020	18910	19790	20670	205
1060	9000	9510	10020	10530	143	1860	18280	19170	20060	20960	206
1080	9210	9730	10250	10760	145	1880	18530	19430	20340	21240	208
1100	654 310 9420	684 640 9950	714 970 10480	745 290 11000	147	1900	2 102 200 18790	2 291 000 19700	2 379 900 20610	2 468 700 21520	209
1120	9630	10170	10710	11240	148	1920	19050	19970	20890	21810	211
1140	9840	10390	10940	11490	150	1940	19300	20240	21170	22100	213
1160	10060	10610	11170	11730	151	1960	19560	20510	21450	22390	214
1180	10270	10840	11410	11970	153	1980	19830	20780	21730	22680	216
g_2	82,9	90,4	98,0	106		2000	2 474 200 20090	2 572 500 21050	2 670 900 22010	2 769 200 22970	217

L 100 · 100 · 10

Bl 10 Ø 23 t = 30

h	Gurtplattenbreite 220	240	260	280	g_1	h	Gurtplattenbreite 220	240	260	280	g_1
400	89830 3170	95380 3410	100940 3650	106490 3890	91,7	1200	895170 11690	940560 12410	985960 13130	1031400 13850	154
420	3350	3610	3860	4110	93,3	1220	11930	12660	13400	14130	156
440	3540	3810	4070	4340	94,8	1240	12170	12910	13660	14400	158
460	3730	4010	4290	4560	96,4	1260	12410	14170	13920	14680	159
480	3920	4210	4500	4790	98,0	1280	12650	13420	14190	14960	161
500	141700 4120	150140 4420	158570 4720	167010 5020	99,5	1300	1064600 12890	1117600 13670	1170700 14460	1223800 15240	162
520	4310	4620	4940	5250	101	1320	13140	13930	14720	15520	164
540	4510	4830	5160	5480	103	1340	13380	14190	14990	15800	165
560	4710	5040	5380	5720	104	1360	13630	14450	15260	16080	167
580	4900	5250	5600	5950	106	1380	13880	14700	15530	16360	169
600	206520 5100	218440 5470	230350 5830	242270 6190	107	1400	1250900 14120	1312300 14970	1373600 15810	1435000 16650	170
620	5310	5680	6050	6430	109	1420	14370	15230	16080	16930	172
640	5510	5890	6280	6660	111	1440	14620	15490	16350	17220	173
660	5710	6110	6510	6900	112	1460	14880	15750	16630	17510	175
680	5920	6330	6740	7150	114	1480	15130	16020	16910	17800	176
700	284780 6130	300770 6550	316770 6970	332770 7390	115	1500	1454700 15380	1524900 16280	1595200 17180	1665400 18090	178
720	6330	6770	7200	7630	117	1520	15640	16550	17460	18380	180
740	6540	6990	7430	7880	118	1540	15900	16820	17740	18670	181
760	6750	7210	7670	8130	120	1560	16150	17090	18030	18960	183
780	6970	7440	7900	8370	122	1580	16410	17360	18310	19260	184
800	376980 7180	397650 7660	418330 8140	439000 8620	123	1600	1676400 16670	1756100 17630	1835800 18590	1915500 19550	186
820	7390	7890	8380	8870	125	1620	16930	17910	18880	19850	187
840	7610	8110	8620	9120	126	1640	17190	18180	19160	20150	189
860	7830	8340	8860	9380	128	1660	17460	18450	19450	20450	191
880	8040	8570	9100	9630	129	1680	17720	18730	19740	20750	192
900	483610 8260	509570 8800	535520 9340	561480 9890	131	1700	1916600 17990	2006300 19010	2096100 20030	2185900 21050	194
920	8480	9040	9590	10140	133	1720	18260	19290	20320	21350	195
940	8710	9270	9830	10400	134	1740	18520	19570	20610	21660	197
960	8930	9500	10080	10660	136	1760	18790	19850	20900	21960	198
980	9150	9740	10330	10920	137	1780	19060	20130	21200	22300	200
1000	605190 9380	637030 9980	668860 10580	700700 11180	139	1800	2175700 19330	2276100 20410	2376600 21490	2477100 22570	202
1020	9600	10220	10830	11440	140	1820	19610	20700	21790	22880	203
1040	9830	10460	11080	11700	142	1840	19880	20980	22090	23190	205
1060	10060	10700	11330	11970	143	1860	20150	21270	22390	23500	206
1080	10290	10940	11590	12240	145	1880	20430	21560	22690	23820	208
1100	742210 10520	780520 11180	818840 11840	857160 12500	147	1900	2454200 20710	2565900 21850	2677700 22990	2789500 24130	209
1120	10750	11420	12100	12770	148	1920	20990	22140	23290	24440	211
1140	10990	11670	12350	13040	150	1940	21260	22430	23590	24760	213
1160	11220	11920	12610	13310	151	1960	21550	22720	23900	25070	214
1180	11460	12160	12870	13580	153	1980	21830	23010	24200	25390	216
g_2	104	113	122	132		2000	2752700 22110	2876300 23310	2999900 24510	3123600 25710	217

⌞ 110 · 110 · 10

Bl 10 ⌀ 23 t = 10

h	Gurtplattenbreite 240	260	280	300	g_1	h	Gurtplattenbreite 240	260	280	300	g_1
400	50770 2030	52450 2110	54130 2190	55810 2270	98,0	1200	595 490 8320	610 130 8560	624 770 8800	639 420 9040	161
420	2160	2250	2330	2410	99,5	1220	8500	8750	8990	9240	162
440	2290	2380	2470	2560	101	1240	8690	8930	9180	9430	164
460	2430	2520	2610	2710	103	1260	8870	9120	9370	9630	165
480	2570	2660	2760	2850	104	1280	9060	9310	9570	9820	167
500	83370 2700	85970 2800	88570 2900	91170 3000	106	1300	715 210 9240	732 370 9500	749 530 9760	766 700 10020	169
520	2840	2950	3050	3160	107	1320	9430	9690	9960	10220	170
540	2980	3090	3200	3310	109	1340	9620	9890	10150	10420	172
560	3130	3240	3350	3460	111	1360	9810	10080	10350	10620	173
580	3270	3390	3500	3620	112	1380	10000	10280	10550	10830	175
600	125 110 3410	128 830 3530	132 550 3650	136 270 3770	114	1400	848 070 10190	867 950 10470	887 830 10750	907 720 11030	176
620	3560	3680	3810	3930	115	1420	10380	10670	10950	11240	178
640	3710	3840	3960	4090	117	1440	10580	10870	11160	11440	180
660	3860	3990	4120	4250	118	1460	10770	11070	11360	11650	181
680	4010	4140	4280	4410	120	1480	10970	11270	11560	11860	183
700	176 490 4160	181 530 4300	186 570 4440	191 610 4580	122	1500	994 570 11170	1 017 400 11470	1 040 200 11770	1 063 000 12070	184
720	4310	4450	4600	4740	123	1520	11370	11670	11980	12280	186
740	4460	4610	4760	4910	125	1540	11570	11880	12180	12490	187
760	4620	4770	4920	5070	126	1560	11770	12080	12390	12710	189
780	4770	4930	5090	5240	128	1580	11970	12290	12600	12920	191
800	238 010 4930	244 570 5090	251 130 5250	257 700 5410	129	1600	1 155 200 12180	1 181 100 12500	1 207 100 12820	1 233 000 13140	192
820	5090	5250	5420	5580	131	1620	12380	12700	13030	13350	194
840	5250	5420	5580	5750	133	1640	12590	12910	13240	13570	195
860	5410	5580	5750	5930	134	1660	12790	13130	13460	13790	197
880	5570	5750	5920	6100	136	1680	13000	13340	13670	14010	198
900	310 170 5730	318 450 5910	326 730 6090	335 010 6270	137	1700	1 330 500 13210	1 359 700 13550	1 389 000 13890	1 418 200 14230	200
920	5900	6080	6270	6450	139	1720	13420	13770	14110	14450	202
940	6060	6250	6440	6630	140	1740	13630	13980	14330	14680	203
960	6230	6420	6620	6810	142	1760	13850	14200	14550	14900	205
980	6400	6600	6790	6990	143	1780	14060	14420	14770	15130	206
1000	393 470 6570	403 670 6770	413 870 6970	424 080 7170	145	1800	1 520 900 14270	1 553 700 14630	1 586 400 14990	1 619 200 15350	208
1020	6740	6940	7150	7350	147	1820	14490	14850	15220	15580	209
1040	6910	7120	7330	7530	148	1840	14710	15080	15440	15810	211
1060	7080	7290	7510	7720	150	1860	14930	15300	15670	16040	213
1080	7260	7470	7690	7900	151	1880	15150	15520	15900	16270	214
1100	488 410 7430	500 730 7650	513 050 7870	525 370 8090	153	1900	1 727 000 15370	1 763 500 15750	1 799 900 16130	1 836 400 16510	216
1120	7610	7830	8050	8280	154	1920	15590	15970	16360	16740	217
1140	7780	8010	8240	8470	156	1940	15810	16200	16590	16980	219
1160	7960	8190	8430	8660	158	1960	16040	16430	16820	17210	220
1180	8140	8380	8610	8850	159	1980	16260	16660	17050	17450	222
g_2	37,7	40,8	44,0	47,1		2000	1 949 200 16490	1 989 600 16890	2 030 000 17290	2 070 400 17690	224

∟ 110 · 110 · 10

Bl 10 ⌀ 23 t = 12

h	Gurtplattenbreite				g_1	*h*	Gurtplattenbreite				g_1
	240	260	280	300			240	260	280	300	
400	55050 2170	57080 2270	59120 2370	61160 2460	98,0	1200	631330 8770	648960 9060	666590 9340	684210 9630	161
420	2310	2410	2510	2620	99,5	1220	8960	9250	9540	9840	162
440	2450	2560	2670	2770	101	1240	9150	9450	9740	10040	164
460	2600	2710	2820	2930	103	1260	9340	9640	9940	10250	165
480	2740	2860	2970	3080	104	1280	9530	9840	10150	10450	167
500	89910 2890	93060 3010	96200 3130	99350 3250	106	1300	757160 9730	777810 10040	798470 10350	819130 10660	169
520	3030	3160	3280	3410	107	1320	9920	10240	10560	10870	170
540	3180	3310	3440	3570	109	1340	10120	10440	10760	11080	172
560	3330	3460	3600	3730	111	1360	10320	10640	10970	11300	173
580	3480	3620	3760	3900	112	1380	10510	10850	11180	11510	175
600	134400 3630	138890 3780	143390 3920	147880 4070	114	1400	896600 10710	920530 11050	944450 11390	968380 11720	176
620	3790	3940	4080	4230	115	1420	10910	11260	11600	11940	178
640	3940	4100	4250	4400	117	1440	11120	11460	11810	12150	180
660	4100	4260	4410	4570	118	1460	11320	11670	12020	12370	181
680	4260	4420	4580	4740	120	1480	11520	11880	12240	12590	183
700	189000 4410	195090 4580	201170 4750	207250 4920	122	1500	1050200 11730	1077600 12090	1105000 12450	1132500 12810	184
720	4570	4750	4920	5090	123	1520	11940	12300	12670	13030	186
740	4730	4910	5090	5270	125	1540	12140	12510	12880	13250	187
760	4900	5080	5260	5440	126	1560	12350	12730	13100	13480	189
780	5060	5250	5440	5620	128	1580	12560	12940	13320	13700	191
800	254230 5230	262140 5420	270050 5610	277970 5800	129	1600	1218400 12770	1249500 13160	1280700 13540	1311900 13930	192
820	5390	5590	5780	5980	131	1620	12990	13380	13760	14150	194
840	5560	5760	5960	6160	133	1640	13200	13590	13990	14380	195
860	5730	5930	6140	6350	134	1660	13410	13810	14210	14610	197
880	5900	6110	6320	6530	136	1680	13630	14030	14440	14840	198
900	330570 6070	340550 6280	350540 6500	360520 6720	137	1700	1401700 13850	1436800 14260	1472000 14660	1507200 15070	200
920	6240	6460	6680	6900	139	1720	14070	14480	14890	15300	202
940	6410	6640	6860	7090	140	1740	14280	14700	15120	15540	203
960	6590	6820	7050	7280	142	1760	14510	14930	15350	15770	205
980	6760	7000	7230	7470	143	1780	14730	15150	15580	16010	206
1000	418540 6940	430830 7180	443120 7420	455410 7660	145	1800	1600600 14950	1640000 15380	1679400 15810	1718800 16250	208
1020	7120	7360	7610	7850	147	1820	15170	15610	16050	16480	209
1040	7290	7540	7790	8040	148	1840	15400	15840	16280	16720	211
1060	7480	7730	7980	8240	150	1860	15620	16070	16520	16960	213
1080	7660	7920	8170	8430	151	1880	15850	16300	16750	17200	214
1100	518620 7840	533460 8100	548300 8370	563140 8630	153	1900	1815600 16080	1859500 16540	1903400 16990	1947200 17450	216
1120	8020	8290	8560	8830	154	1920	16310	16770	17230	17690	217
1140	8210	8480	8750	9030	156	1940	16540	17010	17470	17940	219
1160	8390	8670	8950	9230	158	1960	16770	17240	17710	18180	220
1180	8580	8860	9150	9430	159	1980	17000	17480	17950	18430	222
g_2	45,2	49,0	52,8	56,5		2000	2047300 17240	2095900 17720	2144500 18200	2193000 18680	224

L 110 · 110 · 10

Bl 10 Ø 23 t = 20

h	Gurtplattenbreite 240	260	280	300	g_1	h	Gurtplattenbreite 240	260	280	300	g_1
400	72 960 2750	76 490 2910	80 020 3070	83 550 3230	98,0	1200	777 040 10 560	806 810 11 040	836 580 11 520	866 360 12 000	161
420	2920	3090	3260	3430	99,5	1220	10 770	11 260	11 750	12 240	162
440	3090	3270	3450	3620	101	1240	11 000	11 490	11 990	12 480	164
460	3260	3450	3630	3820	103	1260	11 220	11 720	12 230	12 730	165
480	3440	3630	3820	4020	104	1280	11 440	11 950	12 470	12 980	167
500	117 080 3610	122 490 3810	127 900 4010	133 310 4220	106	1300	927 480 11 670	962 330 12 190	997 180 12 710	1 032 000 13 230	169
520	3790	4000	4210	4420	107	1320	11 890	12 420	12 950	13 480	170
540	3970	4190	4400	4620	109	1340	12 120	12 650	13 190	13 730	172
560	4150	4370	4600	4820	111	1360	12 350	12 890	13 430	13 980	173
580	4330	4560	4790	5030	112	1380	12 580	13 130	13 680	14 230	175
600	172 740 4510	180 430 4750	188 120 4990	195 810 5230	114	1400	1 093 500 12 810	1 133 800 13 370	1 174 100 13 930	1 214 500 14 490	176
620	4700	4940	5190	5440	115	1420	13 040	13 600	14 170	14 740	178
640	4880	5140	5390	5650	117	1440	13 270	13 850	14 420	15 000	180
660	5070	5330	5590	5860	118	1460	13 500	14 090	14 670	15 260	181
680	5250	5530	5800	6070	120	1480	13 740	14 330	14 920	15 510	183
700	240 440 5440	250 810 5720	261 180 6000	271 550 6280	122	1500	1 275 500 13 970	1 321 700 14 570	1 367 900 15 170	1 414 100 15 770	184
720	5630	5920	6210	6500	123	1520	14 210	14 820	15 430	16 040	186
740	5820	6120	6420	6710	125	1540	14 450	15 070	15 680	16 300	187
760	6020	6320	6620	6930	126	1560	14 690	15 310	15 940	16 560	189
780	6210	6520	6830	7150	128	1580	14 930	15 560	16 190	16 830	191
800	320 680 6410	334 130 6730	347 580 7050	361 040 7370	129	1600	1 474 000 15 170	1 526 500 15 810	1 579 000 16 450	1 631 500 17 090	192
820	6600	6930	7260	7590	131	1620	15 410	16 060	16 710	17 360	194
840	6800	7130	7470	7810	133	1640	15 660	16 310	16 970	17 630	195
860	7000	7340	7690	8030	134	1660	15 900	16 570	17 230	17 900	197
880	7200	7550	7900	8250	136	1680	16 150	16 820	17 490	18 170	198
900	413 960 7400	430 890 7760	447 820 8120	464 750 8480	137	1700	1 689 600 16 400	1 748 800 17 080	1 808 000 17 760	1 867 200 18 440	200
920	7600	7970	8340	8700	139	1720	16 640	17 330	18 020	18 710	202
940	7800	8180	8560	8930	140	1740	16 890	17 590	18 290	18 980	203
960	8010	8390	8780	9160	142	1760	17 150	17 850	18 550	19 260	205
980	8210	8610	9000	9390	143	1780	17 400	18 110	18 820	19 530	206
1000	520 780 8420	541 590 8820	562 400 9220	583 220 9620	145	1800	1 922 800 17 650	1 989 000 18 370	2 055 300 19 090	2 121 500 19 810	208
1020	8630	9040	9450	9850	147	1820	17 900	18 630	19 360	20 090	209
1040	8840	9250	9670	10 090	148	1840	18 160	18 900	19 630	20 370	211
1060	9050	9470	9900	10 320	150	1860	18 420	19 160	19 900	20 650	213
1080	9260	9690	10 130	10 560	151	1880	18 670	19 430	20 180	20 930	214
1100	641 640 9470	666 730 9910	691 820 10 350	716 910 10 790	153	1900	2 174 000 18 930	2 247 700 19 690	2 321 400 20 450	2 395 200 21 210	216
1120	9690	10 140	10 580	11 030	154	1920	19 190	19 960	20 730	21 500	217
1140	9900	10 360	10 820	11 270	156	1940	19 450	20 230	21 010	21 780	219
1160	10 120	10 580	11 050	11 510	158	1960	19 720	20 500	21 280	22 070	220
1180	10 340	10 810	11 280	11 750	159	1980	19 980	20 770	21 560	22 360	222
g_2	75,4	81,6	87,9	94,2		2000	2 443 700 20 240	2 525 300 21 040	2 606 900 21 840	2 688 500 22 640	224

L 110 · 110 · 10

Bl 10 ⌀ 23 t = 24

h	Gurtplattenbreite				g_1	h	Gurtplattenbreite				g_1
	240	260	280	300			240	260	280	300	
400	82 430 3050	86 750 3240	91 060 3430	95 380 3620	98,0	1200	851 330 11 450	887 290 12 030	923 250 12 600	959 210 13 180	161
420	3230	3430	3630	3840	99,5	1220	11 680	12 270	12 860	13 440	162
440	3410	3630	3840	4050	101	1240	11 920	12 520	13 110	13 710	164
460	3600	3820	4050	4270	103	1260	12 160	12 760	13 370	13 970	165
480	3790	4020	4250	4480	104	1280	12 400	13 010	13 630	14 240	167
500	131 290 3980	137 880 4220	144 480 4460	151 070 4700	106	1300	1 014 200 12 640	1 056 300 13 260	1 098 300 13 890	1 140 400 14 510	169
520	4170	4420	4670	4920	107	1320	12 880	13 510	14 150	14 780	170
540	4370	4620	4880	5140	109	1340	13 120	13 760	14 410	15 050	172
560	4560	4830	5100	5370	111	1360	13 360	14 020	14 670	15 320	173
580	4760	5030	5310	5590	112	1380	13 610	14 270	14 930	15 590	175
600	192 650 4950	202 000 5240	211 350 5530	220 700 5820	114	1400	1 193 600 13 850	1 242 200 14 520	1 290 900 15 200	1 339 600 15 870	176
620	5150	5450	5750	6050	115	1420	14 100	14 780	15 460	16 140	178
640	5350	5660	5970	6270	117	1440	14 350	15 040	15 730	16 420	180
660	5550	5870	6190	6500	118	1460	14 600	15 300	16 000	16 700	181
680	5750	6080	6410	6740	120	1480	14 850	15 560	16 270	16 980	183
700	267 010 5960	279 600 6300	292 180 6630	304 770 6970	122	1500	1 389 900 15 100	1 445 700 15 820	1 501 400 16 540	1 557 200 17 260	184
720	6160	6510	6860	7200	123	1520	15 350	16 080	16 810	17 540	186
740	6370	6730	7080	7440	125	1540	15 600	16 340	17 080	17 820	187
760	6580	6940	7310	7670	126	1560	15 860	16 610	17 360	18 100	189
780	6790	7160	7540	7910	128	1580	16 110	16 870	17 630	18 390	191
800	354 880 7000	371 180 7380	387 480 7770	403 780 8150	129	1600	1 603 800 16 370	1 667 100 17 140	1 730 400 17 910	1 793 700 18 670	192
820	7210	7600	8000	8390	131	1620	16 630	17 410	18 180	18 960	194
840	7420	7820	8230	8630	133	1640	16 890	17 670	18 460	19 250	195
860	7630	8050	8460	8870	134	1660	17 150	17 940	18 740	19 540	197
880	7850	8270	8690	9120	136	1680	17 410	18 220	19 020	19 830	198
900	456 740 8070	477 230 8500	497 730 8930	518 220 9360	137	1700	1 835 600 17 670	1 907 000 18 490	1 978 300 19 300	2 049 600 20 120	200
920	8280	8720	9170	9610	139	1720	17 940	18 760	19 590	20 410	202
940	8500	8950	9400	9860	140	1740	18 200	19 040	19 870	20 710	203
960	8720	9180	9640	10 100	142	1760	18 470	19 310	20 160	21 000	205
980	8940	9410	9880	10 350	143	1780	18 730	19 590	20 440	21 300	206
1000	573 100 9160	598 270 9640	623 440 10 120	648 610 10 610	145	1800	2 086 000 19 000	2 165 900 19 870	2 245 700 20 730	2 325 600 21 590	208
1020	9390	9880	10 370	10 860	147	1820	19 270	20 150	21 020	21 890	209
1040	9610	10 110	10 610	11 110	148	1840	19 540	20 430	21 310	22 190	211
1060	9840	10 350	10 860	11 370	150	1860	19 810	20 710	21 600	22 490	213
1080	10 060	10 580	11 100	11 620	151	1880	20 090	20 990	21 890	22 790	214
1100	704 460 10 290	734 790 10 820	765 110 11 350	795 440 11 880	153	1900	2 355 400 20 360	2 444 200 21 270	2 533 100 22 190	2 621 900 23 100	216
1120	10 520	11 060	11 600	12 140	154	1920	20 640	21 560	22 480	23 400	217
1140	10 750	11 300	11 850	12 390	156	1940	20 910	21 840	22 780	23 710	219
1160	10 980	11 540	12 100	12 650	158	1960	21 190	22 130	23 070	24 010	220
1180	11 220	11 780	12 350	12 920	159	1980	21 470	22 420	23 370	24 320	222
g_2	90,4	98,0	106	113		2000	2 644 200 21 750	2 742 500 22 710	2 840 900 23 670	2 939 200 24 630	224

∟ 110 · 110 · 10

Bl 10 ⌀ 23 t = 30

h	Gurtplattenbreite 240	260	280	300	g_1	h	Gurtplattenbreite 240	260	280	300	g_1
400	97 270 3490	102 820 3730	108 380 3970	113 940 4210	98,0	1200	964 550 12790	1 009 900 13510	1 055 300 14240	1 100 700 14960	161
420	3690	3950	4200	4450	99,5	1220	13050	13780	14520	15250	162
440	3900	4170	4430	4700	101	1240	13310	14060	14800	15540	164
460	4110	4390	4670	4940	103	1260	13570	14330	15080	15840	165
480	4320	4610	4900	5190	104	1280	13830	14600	15370	16140	167
500	153 390 4530	161 820 4840	170 260 5140	178 700 5440	106	1300	1 146 200 14090	1 199 300 14880	1 252 300 15660	1 305 400 16440	169
520	4750	5060	5370	5690	107	1320	14360	15150	15940	16740	170
540	4960	5290	5610	5940	109	1340	14620	15430	16230	17040	172
560	5180	5520	5850	6190	111	1360	14890	15710	16520	17340	173
580	5400	5750	6100	6450	112	1380	15160	15980	16810	17640	175
600	223 450 5620	235 360 5980	247 280 6340	259 200 6700	114	1400	1 345 800 15420	1 407 100 16260	1 468 500 17110	1 529 800 17950	176
620	5840	6210	6580	6960	115	1420	15690	16550	17400	18250	178
640	6060	6450	6830	7220	117	1440	15960	16830	17690	18560	180
660	6280	6680	7080	7480	118	1460	16240	17110	17990	18870	181
680	6510	6920	7330	7740	120	1480	16510	17400	18290	19170	183
700	307 950 6740	323 940 7160	339 940 7580	355 940 8000	122	1500	1 563 800 16780	1 634 000 17680	1 704 300 18580	1 774 500 19480	184
720	6960	7400	7830	8260	123	1520	17060	17970	18880	19800	186
740	7190	7640	8080	8530	125	1540	17330	18260	19180	20110	187
760	7420	7880	8340	8790	126	1560	17610	18550	19480	20420	189
780	7650	8120	8590	9060	128	1580	17890	18840	19790	20740	191
800	407 390 7890	428 060 8370	448 740 8850	469 420 9330	129	1600	1 800 700 18170	1 880 500 19130	1 960 200 20090	2 039 900 21050	192
820	8120	8610	9110	9600	131	1620	18450	19420	20400	21370	194
840	8360	8860	9370	9870	133	1640	18730	19720	20700	21690	195
860	8590	9110	9630	10140	134	1660	19020	20010	21010	22010	197
880	8830	9360	9890	10420	136	1680	19300	20310	21320	22330	198
900	522 270 9070	548 220 9610	574 180 10150	600 140 10690	137	1700	2 057 100 19590	2 146 900 20610	2 236 700 21630	2 326 500 22650	200
920	9310	9860	10410	10970	139	1720	19870	20910	21940	22970	202
940	9550	10110	10680	11240	140	1740	20160	21200	22250	23290	203
960	9790	10370	10950	11520	142	1760	20450	21510	22560	23620	205
980	10040	10620	11210	11800	143	1780	20740	21810	22880	23940	206
1000	653 090 10280	684 920 10880	716 760 11480	748 600 12080	145	1800	2 333 500 21030	2 434 000 22110	2 534 400 23190	2 634 900 24270	208
1020	10530	11140	11750	12360	147	1820	21320	22420	23510	24600	209
1040	10770	11400	12020	12650	148	1840	21620	22720	23830	24930	211
1060	11020	11660	12300	12930	150	1860	21910	23030	24140	25260	213
1080	11270	11920	12570	13220	151	1880	22210	23340	24460	25590	214
1100	800 350 11520	838 660 12180	876 980 12840	915 300 13500	153	1900	2 630 300 22500	2 742 000 23640	2 853 800 24780	2 965 500 25930	216
1120	11770	12450	13120	13790	154	1920	22800	23950	25110	26260	217
1140	12030	12710	13400	14080	156	1940	23100	24270	25430	26590	219
1160	12280	12980	13670	14370	158	1960	23400	24580	25750	26930	220
1180	12540	13250	13950	14660	159	1980	23700	24890	26080	27270	222
g_2	113	122	132	141		2000	2 948 000 24010	3 071 600 25210	3 195 300 26410	3 318 900 27610	224

L 110 · 110 · 10

Bl 10 ⌀ 23 t = 36

h	Gurtplattenbreite 240	260	280	300	g_1	h	Gurtplattenbreite 240	260	280	300	g_1
400	112900 3940	119760 4230	126620 4520	133480 4810	98,0	1200	1 079 900 14140	1 135 000 15010	1 190 000 15870	1 245 000 16740	161
420	4160	4470	4770	5080	99,5	1220	14420	15300	16180	17060	162
440	4390	4710	5030	5350	101	1240	14700	15600	16490	17380	164
460	4620	4960	5290	5630	103	1260	14990	15890	16800	17710	165
480	4860	5210	5550	5900	104	1280	15270	16190	17110	18040	167
500	176450 5090	186810 5450	197170 5820	207530 6180	106	1300	1 280 500 15550	1 344 800 16490	1 409 100 17430	1 473 400 18370	169
520	5330	5700	6080	6460	107	1320	15840	16790	17740	18690	170
540	5570	5960	6350	6740	109	1340	16130	17090	18060	19030	172
560	5800	6210	6610	7020	111	1360	16420	17400	18380	19360	173
580	6040	6460	6880	7300	112	1380	16710	17700	18700	19690	175
600	255380 6290	269960 6720	284540 7150	299120 7590	114	1400	1 500 500 17000	1 574 800 18010	1 649 000 19020	1 723 300 20020	176
620	6530	6980	7430	7870	115	1420	17290	18310	19340	20360	178
640	6770	7240	7700	8160	117	1440	17580	18620	19660	20700	180
660	7020	7500	7970	8450	118	1460	17880	18930	19980	21040	181
680	7270	7760	8250	8740	120	1480	18170	19240	20310	21370	183
700	350190 7520	369710 8020	389230 8530	408740 9030	122	1500	1 740 400 18470	1 825 300 19550	1 910 300 20630	1 995 200 21710	184
720	7770	8290	8810	9330	123	1520	18770	19860	20960	22050	186
740	8020	8550	9090	9620	125	1540	19070	20180	21290	22400	187
760	8270	8820	9370	9920	126	1560	19370	20490	21620	22740	189
780	8520	9090	9650	10210	128	1580	19670	20810	21950	23080	191
800	461380 8780	486560 9360	511740 9930	536910 10510	129	1600	2 000 600 19970	2 097 000 21120	2 193 300 22280	2 289 700 23430	192
820	9040	9630	10220	10810	131	1620	20280	21440	22610	23780	194
840	9290	9900	10510	11110	133	1640	20580	21760	22940	24130	195
860	9550	10170	10790	11410	134	1660	20890	22080	23280	24470	197
880	9810	10450	11080	11720	136	1680	21190	22400	23610	24820	198
900	589460 10070	621010 10720	652570 11370	684120 12020	137	1700	2 281 700 21500	2 390 200 22730	2 498 700 23950	2 607 200 25180	200
920	10340	11000	11660	12330	139	1720	21810	23050	24290	25530	202
940	10600	11280	11960	12640	140	1740	22120	23380	24630	25880	203
960	10870	11560	12250	12940	142	1760	22430	23700	24970	26240	205
980	11130	11840	12550	13250	143	1780	22750	24030	25310	26590	206
1000	734910 11400	773560 12120	812210 12840	850870 13560	145	1800	2 584 200 23060	2 705 600 24360	2 826 900 25650	2 948 300 26950	208
1020	11670	12400	13140	13880	147	1820	23380	24690	26000	27310	209
1040	11940	12690	13440	14190	148	1840	23690	25020	26340	27670	211
1060	12210	12970	13740	14500	150	1860	24010	25350	26690	28030	213
1080	12480	13260	14040	14820	151	1880	24330	25680	27040	28390	214
1100	898240 12760	944710 13550	991180 14340	1037700 15130	153	1900	2 908 600 24650	3 043 500 26020	3 178 500 27390	3 313 400 28750	216
1120	13030	13840	14640	15450	154	1920	24970	26350	27740	29120	217
1140	13310	14130	14950	15770	156	1940	25290	26690	28090	29480	219
1160	13580	14420	15260	16090	158	1960	25610	27030	28440	29850	220
1180	13860	14710	15560	16410	159	1980	25940	27370	28790	30220	222
g_2	136	147	158	170		2000	3 255 300 26260	3 404 600 27710	3 553 800 29150	3 703 000 30590	224

L 120 · 120 · 11

Bl 10 Ø 23 t = 10

h	Gurtplattenbreite				g_1	h	Gurtplattenbreite				g_1
	260	280	300	320			260	280	300	320	
400	56 690 2300	58 370 2380	60 050 2460	61 730 2540	111	1200	661 640 9350	676 280 9590	690 930 9830	705 570 10070	174
420	2440	2530	2610	2700	113	1220	9560	9800	10040	10290	176
440	2600	2680	2770	2860	114	1240	9760	10010	10250	10500	177
460	2750	2840	2930	3030	116	1260	9960	10210	10470	10720	179
480	2900	3000	3100	3190	117	1280	10170	10420	10680	10930	180
500	93 180 3060	95 780 3160	98 380 3260	100 980 3360	119	1300	793 570 10370	810 730 10630	827 900 10890	845 060 11150	182
520	3220	3320	3430	3530	121	1320	10580	10840	11110	11370	183
540	3380	3490	3590	3700	122	1340	10790	11060	11320	11590	185
560	3540	3650	3760	3880	124	1360	11000	11270	11540	11810	187
580	3700	3820	3930	4050	125	1380	11210	11480	11760	12040	188
600	139 850 3870	143 570 3990	147 290 4110	151 010 4230	127	1400	939 680 11420	959 560 11700	979 450 11980	999 330 12260	190
620	4030	4150	4280	4400	128	1420	11630	11920	12200	12490	191
640	4200	4320	4450	4580	130	1440	11850	12140	12420	12710	193
660	4360	4500	4630	4760	132	1460	12060	12350	12650	12940	194
680	4530	4670	4800	4940	133	1480	12280	12580	12870	13170	196
700	197 200 4700	202 240 4840	207 280 4980	212 320 5120	135	1500	1 100 500 12500	1 123 300 12800	1 146 100 13100	1 168 900 13400	198
720	4870	5020	5160	5310	136	1520	12720	13020	13320	13630	199
740	5050	5200	5340	5490	138	1540	12940	13240	13550	13860	201
760	5220	5370	5530	5680	139	1560	13160	13470	13780	14090	202
780	5400	5550	5710	5860	141	1580	13380	13690	14010	14330	204
800	265 720 5570	272 290 5730	278 850 5890	285 410 6050	143	1600	1 276 400 13600	1 302 400 13920	1 328 300 14240	1 354 200 14560	205
820	5750	5910	6080	6240	144	1620	13830	14150	14470	14800	207
840	5930	6100	6270	6430	146	1640	14050	14380	14710	15040	209
860	6110	6280	6450	6630	147	1660	14280	14610	14940	15270	210
880	6290	6470	6640	6820	149	1680	14510	14840	15180	15510	212
900	345 930 6470	354 220 6650	362 500 6830	370 780 7010	150	1700	1 468 100 14740	1 497 300 15080	1 526 600 15420	1 555 800 15760	213
920	6660	6840	7030	7210	152	1720	14970	15310	15650	16000	215
940	6840	7030	7220	7410	154	1740	15200	15540	15890	16240	216
960	7030	7220	7410	7600	155	1760	15430	15780	16130	16490	218
980	7220	7410	7610	7800	157	1780	15660	16020	16380	16730	219
1000	438 320 7400	448 530 7600	458 730 7800	468 930 8000	158	1800	1 675 900 15900	1 708 700 16260	1 741 400 16620	1 774 200 16980	221
1020	7590	7800	8000	8210	160	1820	16130	16500	16860	17230	223
1040	7780	7990	8200	8410	161	1840	16370	16740	17110	17470	224
1060	7980	8190	8400	8610	163	1860	16610	16980	17350	17720	226
1080	8170	8390	8600	8820	165	1880	16850	17220	17600	17980	227
1100	543 390 8360	555 720 8580	568 040 8800	580 360 9020	166	1900	1 900 400 17090	1 936 900 17470	1 973 400 17850	2 009 900 18230	229
1120	8560	8780	9010	9230	168	1920	17330	17710	18100	18480	230
1140	8760	8990	9210	9440	169	1940	17570	17960	18350	18740	232
1160	8950	9190	9420	9650	171	1960	17820	18210	18600	18990	234
1180	9150	9390	9630	9860	172	1980	18060	18460	18850	19250	235
g_2	40,8	44,0	47,1	50,2		2000	2 142 100 18310	2 182 500 18710	2 222 900 19110	2 263 300 19510	237

∟ 120 · 120 · 11

Bl 10 Ø 23 t = 12

h	Gurtplattenbreite 260	280	300	320	g_1	h	Gurtplattenbreite 260	280	300	320	g_1
400	61 320 2450	63 350 2550	65 390 2650	67 430 2740	111	1200	700 470 9850	718 100 10 130	735 720 10 420	753 350 10 710	174
420	2610	2710	2810	2910	113	1220	10 060	10 350	10 640	10 930	176
440	2770	2880	2980	3090	114	1240	10 270	10 560	10 860	11 160	177
460	2930	3040	3150	3260	116	1260	10 480	10 780	11 080	11 390	179
480	3100	3210	3330	3440	117	1280	10 690	11 000	11 310	11 610	180
500	100 260 3260	103 410 3380	106 550 3500	109 700 3620	119	1300	839 010 10 910	859 670 11 220	880 330 11 530	900 980 11 840	182
520	3430	3550	3680	3800	121	1320	11 120	11 440	11 760	12 070	183
540	3590	3720	3850	3980	122	1340	11 340	11 660	11 980	12 300	185
560	3760	3900	4030	4170	124	1360	11 560	11 880	12 210	12 540	187
580	3930	4070	4210	4350	125	1380	11 780	12 110	12 440	12 770	188
600	149 900 4110	154 400 4250	158 890 4390	163 390 4540	127	1400	992 260 12 000	1 016 200 12 330	1 040 100 12 670	1 064 000 13 000	190
620	4280	4430	4580	4730	128	1420	12 220	12 560	12 900	13 240	191
640	4450	4610	4760	4910	130	1440	12 440	12 790	13 130	13 480	193
660	4630	4790	4950	5100	132	1460	12 660	13 010	13 360	13 720	194
680	4810	4970	5130	5300	133	1480	12 890	13 240	13 600	13 950	196
700	210 750 4990	216 830 5150	222 920 5320	229 000 5490	135	1500	1 160 700 13 110	1 188 100 13 470	1 215 600 13 830	1 243 000 14 190	198
720	5170	5340	5510	5680	136	1520	13 340	13 710	14 070	14 440	199
740	5350	5520	5700	5880	138	1540	13 570	13 940	14 310	14 680	201
760	5530	5710	5890	6080	139	1560	13 800	14 170	14 550	14 920	202
780	5710	5900	6090	6270	141	1580	14 030	14 410	14 790	15 170	204
800	283 290 5900	291 210 6090	299 120 6280	307 030 6470	143	1600	1 344 800 14 260	1 376 000 14 650	1 407 200 15 030	1 438 400 15 410	205
820	6080	6280	6480	6670	144	1620	14 490	14 880	15 270	15 660	207
840	6270	6470	6670	6880	146	1640	14 730	15 120	15 520	15 910	209
860	6460	6670	6870	7080	147	1660	14 960	15 360	15 760	16 160	210
880	6650	6860	7070	7280	149	1680	15 200	15 600	16 010	16 410	212
900	368 040 6840	378 020 7060	388 000 7270	397 980 7490	150	1700	1 545 200 15 440	1 580 400 15 850	1 615 500 16 250	1 650 700 16 660	213
920	7030	7250	7470	7690	152	1720	15 680	16 090	16 500	16 910	215
940	7220	7450	7680	7900	154	1740	15 920	16 330	16 750	17 170	216
960	7420	7650	7880	8110	155	1760	16 160	16 580	17 000	17 420	218
980	7620	7850	8090	8320	157	1780	16 400	16 830	17 250	17 680	219
1000	465 480 7810	477 770 8050	490 060 8290	502 350 8530	158	1800	1 762 200 16 640	1 801 600 17 070	1 841 000 17 510	1 880 400 17 940	221
1020	8010	8250	8500	8740	160	1820	16 890	17 320	17 760	18 200	223
1040	8210	8460	8710	8960	161	1840	17 130	17 570	18 010	18 460	224
1060	8410	8660	8920	9170	163	1860	17 380	17 820	18 270	18 720	226
1080	8610	8870	9130	9390	165	1880	17 630	18 080	18 530	18 980	227
1100	576 120 8810	590 960 9080	605 800 9340	620 640 9610	166	1900	1 996 500 17 870	2 040 300 18 330	2 084 200 18 790	2 128 100 19 240	229
1120	9020	9290	9560	9820	168	1920	18 130	18 590	19 050	19 510	230
1140	9220	9500	9770	10 040	169	1940	18 380	18 840	19 310	19 770	232
1160	9430	9710	9990	10 270	171	1960	18 630	19 100	19 570	20 040	234
1180	9640	9920	10 200	10 490	172	1980	18 880	19 360	19 830	20 310	235
g_2	49,0	52,8	56,5	60,3		2000	2 248 400 19 140	2 297 000 19 620	2 345 600 20 100	2 394 200 20 580	237

∟ 120 · 120 · 11

Bl 10 ⌀ 23 t = 20

h	Gurtplattenbreite				g_1	h	Gurtplattenbreite				g_1
	260	280	300	320			260	280	300	320	
400	80730 3090	84260 3250	87790 3410	91320 3570	111	1200	858320 11810	888100 12290	917870 12770	947640 13260	174
420	3280	3450	3620	3790	113	1220	12060	12550	13030	13520	176
440	3470	3650	3830	4000	114	1240	12300	12800	13290	13790	177
460	3670	3850	4040	4220	116	1260	12550	13050	13560	14060	179
480	3860	4060	4250	4440	117	1280	12800	13310	13820	14330	180
500	129700 4060	135110 4260	140520 4460	145930 4660	119	1300	1023500 13040	1058400 13560	1093200 14080	1128100 14600	182
520	4260	4470	4680	4890	121	1320	13290	13820	14350	14880	183
540	4460	4680	4890	5110	122	1340	13540	14080	14620	15150	185
560	4660	4890	5110	5340	124	1360	13790	14340	14880	15430	187
580	4870	5100	5330	5560	125	1380	14050	14600	15150	15700	188
600	191450 5070	199140 5310	206830 5550	214520 5790	127	1400	1205500 14300	1245900 14860	1286200 15420	1326500 15980	190
620	5280	5530	5780	6020	128	1420	14560	15120	15690	16260	191
640	5490	5740	6000	6260	130	1440	14810	15390	15960	16540	193
660	5700	5960	6220	6490	132	1460	15070	15650	16240	16820	194
680	5910	6180	6450	6720	133	1480	15330	15920	16510	17100	196
700	266480 6120	276850 6400	287220 6680	297590 6960	135	1500	1404800 15590	1451000 16190	1497200 16790	1543400 17390	198
720	6330	6620	6910	7200	136	1520	15850	16460	17060	17670	199
740	6540	6840	7140	7430	138	1540	16110	16730	17340	17960	201
760	6760	7060	7370	7670	139	1560	16370	17000	17620	18250	202
780	6980	7290	7600	7910	141	1580	16640	17270	17900	18530	204
800	355290 7200	368740 7520	382190 7840	395640 8160	143	1600	1621800 16900	1674300 17540	1726800 18180	1779300 18820	205
820	7420	7740	8070	8400	144	1620	17170	17820	18470	19110	207
840	7640	7970	8310	8640	146	1640	17440	18090	18750	19410	209
860	7860	8200	8550	8890	147	1660	17710	18370	19030	19700	210
880	8080	8430	8790	9140	149	1680	17980	18650	19320	19990	212
900	458380 8310	475310 8670	492240 9030	509170 9390	150	1700	1857200 18250	1916300 18930	1975500 19610	2034700 20290	213
920	8530	8900	9270	9640	152	1720	18520	19210	19900	20580	215
940	8760	9130	9510	9890	154	1740	18790	19490	20190	20880	216
960	8990	9370	9750	10140	155	1760	19070	19770	20480	21180	218
980	9210	9610	10000	10390	157	1780	19340	20060	20770	21480	219
1000	576250 9450	597060 9850	617870 10250	638680 10650	158	1800	2111300 19620	2177500 20340	2243800 21060	2310000 21780	221
1020	9680	10090	10490	10900	160	1820	19900	20630	21350	22080	223
1040	9910	10330	10740	11160	161	1840	20180	20910	21650	22390	224
1060	10140	10570	10990	11420	163	1860	20460	21200	21950	22690	226
1080	10380	10810	11240	11680	165	1880	20740	21490	22240	23000	227
1100	709400 10620	734490 11060	759580 11500	784670 11940	166	1900	2384700 21020	2458400 21780	2532100 22540	2605900 23300	229
1120	10850	11300	11750	12200	168	1920	21310	22070	22840	23610	230
1140	11090	11550	12000	12460	169	1940	21590	22370	23140	23920	232
1160	11330	11800	12260	12720	171	1960	21880	22660	23440	24230	234
1180	11570	12040	12520	12990	172	1980	22160	22960	23750	24540	235
g_2	81,6	87,9	94,2	100		2000	2677800 22450	2759500 23250	2841100 24050	2922700 24850	237

L 120 · 120 · 11

Bl 10 ⌀ 23 t = 24

h	Gurtplattenbreite				g_1	h	Gurtplattenbreite				g_1
	260	280	300	320			260	280	300	320	
400	90980 3410	95300 3610	99620 3800	103940 3990	111	1200	938800 12800	974760 13380	1010700 13950	1046700 14530	174
420	3620	3820	4020	4230	113	1220	13060	13650	14230	14820	176
440	3830	4040	4250	4460	114	1240	13320	13920	14510	15110	177
460	4040	4260	4480	4700	116	1260	13580	14190	14790	15400	179
480	4250	4480	4710	4940	117	1280	13850	14460	15080	15690	180
500	145090 4460	151680 4710	158280 4950	164870 5190	119	1300	1117500 14110	1159500 14740	1201600 15360	1243700 15990	182
520	4680	4930	5180	5430	121	1320	14380	15010	15650	16280	183
540	4900	5160	5420	5680	122	1340	14650	15290	15930	16580	185
560	5120	5390	5650	5920	124	1360	14910	15570	16220	16870	187
580	5340	5620	5890	6170	125	1380	15180	15850	16510	17170	188
600	213010 5560	222360 5850	231710 6130	241060 6420	127	1400	1314000 15450	1362600 16130	1411300 16800	1460000 17470	190
620	5780	6080	6380	6670	128	1420	15730	16410	17090	17770	191
640	6000	6310	6620	6930	130	1440	16000	16690	17380	18070	193
660	6230	6550	6870	7180	132	1460	16270	16970	17680	18380	194
680	6460	6780	7110	7440	133	1480	16550	17260	17970	18680	196
700	295260 6690	307850 7020	320430 7360	333020 7700	135	1500	1528800 16830	1584500 17550	1640300 18270	1696000 18990	198
720	6920	7260	7610	7950	136	1520	17100	17830	18560	19290	199
740	7150	7500	7860	8210	138	1540	17380	18120	18860	19600	201
760	7380	7740	8110	8470	139	1560	17660	18410	19160	19910	202
780	7610	7990	8360	8740	141	1580	17940	18700	19460	20220	204
800	392330 7850	408630 8230	424930 8620	441230 9000	143	1600	1762400 18230	1825700 18990	1889000 19760	1952300 20530	205
820	8080	8480	8870	9270	144	1620	18510	19290	20060	20840	207
840	8320	8720	9130	9530	146	1640	18790	19580	20370	21160	209
860	8560	8970	9390	9800	147	1660	19080	19880	20670	21470	210
880	8800	9220	9650	10070	149	1680	19370	20170	20980	21790	212
900	504720 9040	525210 9470	545710 9900	566200 10340	150	1700	2015300 19650	2086700 20470	2158000 21290	2229300 22100	213
920	9280	9720	10170	10610	152	1720	19940	20770	21590	22420	215
940	9530	9980	10430	10880	154	1740	20230	21070	21900	22740	216
960	9770	10230	10690	11150	155	1760	20520	21370	22210	23060	218
980	10020	10490	10960	11430	157	1780	20820	21670	22530	23380	219
1000	632920 10260	658090 10740	683260 11220	708430 11700	158	1800	2288100 21110	2368000 21970	2447800 22840	2527700 23700	221
1020	10510	11000	11490	11980	160	1820	21410	22280	23150	24030	223
1040	10760	11260	11760	12260	161	1840	21700	22580	23470	24350	224
1060	11010	11520	12030	12540	163	1860	22000	22890	23780	24680	226
1080	11260	11780	12300	12820	165	1880	22300	23200	24100	25000	227
1100	777450 11520	807780 12050	838100 12570	868430 13100	166	1900	2581200 22600	2670000 23510	2758900 24420	2847700 25330	229
1120	11770	12310	12850	13390	168	1920	22900	23820	24740	25660	230
1140	12030	12570	13120	13670	169	1940	23200	24130	25060	25990	232
1160	12280	12840	13400	13960	171	1960	23500	24440	25380	26320	234
1180	12540	13110	13670	14240	172	1980	23810	24760	25710	26660	235
g_2	98,0	106	113	121		2000	2895100 24110	2993400 25070	3091700 26030	3190100 26990	237

∟ 120 · 120 · 11

Bl 10 Ø 23 t = 30

h	Gurtplattenbreite 260	280	300	320	g_1	h	Gurtplattenbreite 260	280	300	320	g_1
400	107 060 3900	112 610 4140	118 170 4380	123 730 4620	111	1200	1 061 500 14280	1 106 900 15000	1 152 200 15720	1 197 600 16440	174
420	4130	4380	4640	4890	113	1220	14570	15300	16030	16760	176
440	4360	4630	4900	5160	114	1240	14850	15600	16340	17090	177
460	4600	4880	5150	5430	116	1260	15140	15900	16650	17410	179
480	4840	5120	5410	5700	117	1280	15430	16200	16970	17740	180
500	169 030 5070	177 460 5370	185 900 5680	194 330 5980	119	1300	1 260 500 15720	1 313 500 16500	1 366 600 17280	1 419 700 18060	182
520	5310	5630	5940	6250	121	1320	16010	16800	17600	18390	183
540	5560	5880	6210	6530	122	1340	16300	17110	17910	18720	185
560	5800	6140	6470	6810	124	1360	16600	17410	18230	19050	187
580	6040	6390	6740	7090	125	1380	16890	17720	18550	19380	188
600	246 380 6290	258 290 6650	270 210 7010	282 120 7370	127	1400	1 478 900 17190	1 540 200 18030	1 601 600 18870	1 662 900 19710	190
620	6540	6910	7280	7660	128	1420	17480	18340	19190	20040	191
640	6790	7170	7560	7940	130	1440	17780	18650	19510	20380	193
660	7040	7430	7830	8230	132	1460	18080	18960	19830	20710	194
680	7290	7700	8110	8510	133	1480	18380	19270	20160	21050	196
700	339 610 7540	355 600 7960	371 600 8380	387 590 8800	135	1500	1 717 100 18680	1 787 400 19580	1 857 600 20480	1 927 800 21390	198
720	7800	8230	8660	9090	136	1520	18990	19900	20810	21720	199
740	8050	8500	8940	9390	138	1540	19290	20220	21140	22060	201
760	8310	8770	9220	9680	139	1560	19600	20530	21470	22410	202
780	8570	9040	9500	9970	141	1580	19900	20850	21800	22750	204
800	449 220 8830	469 890 9310	490 570 9790	511 240 10270	143	1600	1 975 800 20210	2 055 500 21170	2 135 200 22130	2 214 900 23090	205
820	9090	9580	10070	10570	144	1620	20520	21490	22460	23440	207
840	9350	9860	10360	10860	146	1640	20830	21810	22800	23780	209
860	9610	10130	10650	11160	147	1660	21140	22140	23130	24130	210
880	9880	10410	10940	11470	149	1680	21450	22460	23470	24480	212
900	575 710 10140	601 660 10690	627 620 11230	653 570 11770	150	1700	2 255 300 21760	2 345 100 22780	2 434 900 23800	2 524 700 24830	213
920	10410	10960	11520	12070	152	1720	22080	23110	24140	25180	215
940	10680	11250	11810	12370	154	1740	22390	23440	24480	25530	216
960	10950	11530	12100	12680	155	1760	22710	23770	24820	25880	218
980	11220	11810	12400	12990	157	1780	23030	24100	25170	26230	219
1000	719 570 11490	751 410 12090	783 250 12690	815 080 13300	158	1800	2 556 200 23350	2 656 700 24430	2 757 200 25510	2 857 600 26590	221
1020	11770	12380	12990	13600	160	1820	23670	24760	25850	26940	223
1040	12040	12670	13290	13920	161	1840	23990	25090	26200	27300	224
1060	12320	12950	13590	14230	163	1860	24310	25430	26540	27660	226
1080	12590	13240	13890	14540	165	1880	24630	25760	26890	28020	227
1100	881 320 12870	919 640 13530	957 960 14190	996 270 14850	166	1900	2 879 000 24960	2 990 800 26100	3 102 500 27240	3 214 300 28380	229
1120	13150	13820	14500	15170	168	1920	25280	26440	27590	28740	230
1140	13430	14120	14800	15490	169	1940	25610	26780	27940	29110	232
1160	13710	14410	15110	15800	171	1960	25940	27120	28290	29470	234
1180	14000	14710	15410	16120	172	1980	26270	27460	28650	29830	235
g_2	122	132	141	151		2000	3 224 200 26600	3 347 800 27800	3 471 400 29000	3 595 100 30200	237

∟ 120 · 120 · 11

Bl 10 Ø 23 t = 36

h	Gurtplattenbreite 260	280	300	320	g_1	h	Gurtplattenbreite 260	280	300	320	g_1
400	124000 4390	130860 4680	137710 4970	144570 5260	111	1200	1 186 500 15770	1 241 500 16630	1 296 500 17490	1 351 500 18360	174
420	4650	4950	5260	5560	113	1220	16080	16950	17830	18710	176
440	4900	5220	5540	5860	114	1240	16390	17280	18170	19070	177
460	5160	5500	5830	6160	116	1260	16700	17610	18520	19420	179
480	5420	5770	6120	6470	117	1280	17010	17940	18860	19780	180
500	194020 5690	204370 6050	214730 6410	225090 6770	119	1300	1 406 000 17330	1 470 300 18270	1 534 600 19200	1 598 800 20140	182
520	5950	6330	6700	7080	121	1320	17650	18600	19550	20500	183
540	6220	6610	7000	7390	122	1340	17960	18930	19900	20860	185
560	6490	6890	7300	7700	124	1360	18280	19260	20240	21220	187
580	6750	7170	7590	8010	125	1380	18600	19600	20590	21580	188
600	280970 7030	295550 7460	310130 7890	324710 8330	127	1400	1 646 500 18920	1 720 700 19930	1 795 000 20940	1 869 200 21950	190
620	7300	7750	8190	8640	128	1420	19240	20270	21290	22310	191
640	7570	8030	8500	8960	130	1440	19570	20610	21640	22680	193
660	7850	8320	8800	9280	132	1460	19890	20940	22000	23050	194
680	8120	8610	9110	9600	133	1480	20220	21280	22350	23420	196
700	385370 8400	404890 8910	424410 9410	443920 9920	135	1500	1 908 400 20540	1 993 400 21630	2 078 300 22710	2 163 300 23790	198
720	8680	9200	9720	10240	136	1520	20870	21970	23060	24160	199
740	8960	9490	10030	10560	138	1540	21200	22310	23420	24530	201
760	9240	9790	10340	10890	139	1560	21530	22660	23780	24900	202
780	9530	10090	10650	11220	141	1580	21860	23000	24140	25280	204
800	507710 9810	532890 10390	558060 10970	583240 11540	143	1600	2 192 300 22200	2 288 600 23350	2 385 000 24500	2 481 400 25650	205
820	10100	10690	11280	11870	144	1620	22530	23700	24860	26030	207
840	10380	10990	11600	12200	146	1640	22870	24050	25230	26410	209
860	10670	11290	11910	12530	147	1660	23200	24400	25590	26790	210
880	10960	11600	12230	12870	149	1680	23540	24750	25960	27170	212
900	648490 11250	680050 11900	711600 12550	743160 13200	150	1700	2 498 600 23880	2 607 100 25100	2 715 600 26330	2 824 100 27550	213
920	11550	12210	12870	13540	152	1720	24220	25460	26690	27930	215
940	11840	12520	13190	13870	154	1740	24560	25810	27060	28320	216
960	12130	12830	13520	14210	155	1760	24900	26170	27430	28700	218
980	12430	13140	13840	14550	157	1780	25240	26520	27810	29090	219
1000	808210 12730	846870 13450	885520 14170	924170 14890	158	1800	2 827 800 25590	2 949 200 26880	3 070 500 28180	3 191 900 29480	221
1020	13020	13760	14500	15230	160	1820	25930	27240	28550	29860	223
1040	13320	14070	14820	15570	161	1840	26280	27600	28930	30250	224
1060	13630	14390	15150	15920	163	1860	26630	27970	29310	30650	226
1080	13930	14710	15480	16260	165	1880	26970	28330	29680	31040	227
1100	987370 14230	1 033 800 15020	1 080 300 15820	1 126 800 16610	166	1900	3 180 500 27320	3 315 400 28690	3 450 400 30060	3 585 300 31430	229
1120	14540	15340	16150	16960	168	1920	27680	29060	30440	31820	230
1140	14840	15660	16480	17310	169	1940	28030	29430	30820	32220	232
1160	15150	15980	16820	17660	171	1960	28380	29790	31200	32620	234
1180	15460	16310	17160	18010	172	1980	28740	30160	31590	33010	235
g_2	147	158	170	181		2000	3 557 100 29090	3 706 300 30530	3 855 600 31970	4 004 800 33410	237

∟ 130 · 130 · 12

Bl 10 ⌀ 23 t = 10

h	Gurtplattenbreite 280	300	320	340	g_1	h	Gurtplattenbreite 280	300	320	340	g_1
400	62880 2570	64560 2650	66240 2730	67920 2810	126	1200	732040 10460	746680 10700	761320 10940	775960 11180	188
420	2740	2830	2910	3000	127	1220	10680	10920	11170	11410	190
440	2910	3000	3090	3180	129	1240	10900	11150	11400	11650	192
460	3090	3180	3270	3360	130	1260	11130	11380	11630	11880	193
480	3260	3360	3450	3550	132	1280	11350	11610	11870	12120	195
500	103470 3440	106070 3540	108680 3640	111280 3740	133	1300	877040 11580	894200 11840	911360 12100	928520 12360	196
520	3610	3720	3820	3930	135	1320	11810	12070	12340	12600	198
540	3790	3900	4010	4120	137	1340	12040	12310	12570	12840	199
560	3970	4090	4200	4310	138	1360	12270	12540	12810	13090	201
580	4160	4270	4390	4510	140	1380	12500	12780	13050	13330	203
600	155370 4340	159090 4460	162810 4580	166530 4700	141	1400	1 037 300 12730	1 057 200 13010	1 077 100 13290	1 097 000 13570	204
620	4530	4650	4770	4900	143	1420	12970	13250	13540	13820	206
640	4710	4840	4970	5100	144	1440	13200	13490	13780	14070	207
660	4900	5030	5170	5300	146	1460	13440	13730	14020	14320	209
680	5090	5230	5360	5500	148	1480	13680	13970	14270	14570	210
700	219060 5280	224110 5420	229150 5560	234190 5700	149	1500	1 213 400 13920	1 236 200 14220	1 259 000 14520	1 281 800 14820	212
720	5470	5620	5760	5900	151	1520	14160	14460	14770	15070	214
740	5670	5810	5960	6110	152	1540	14400	14710	15010	15320	215
760	5860	6010	6170	6320	154	1560	14640	14950	15260	15580	217
780	6060	6210	6370	6530	155	1580	14880	15200	15520	15830	218
800	295060 6250	301620 6410	308180 6570	314740 6730	157	1600	1 405 800 15130	1 431 700 15450	1 457 700 15770	1 483 600 16090	220
820	6450	6620	6780	6950	159	1620	15370	15700	16020	16350	221
840	6650	6820	6990	7160	160	1640	15620	15950	16280	16610	223
860	6850	7030	7200	7370	162	1660	15870	16200	16530	16870	225
880	7060	7230	7410	7580	163	1680	16120	16450	16790	17130	226
900	383850 7260	392140 7440	400420 7620	408700 7800	165	1700	1 615 000 16370	1 644 300 16710	1 673 500 17050	1 702 700 17390	228
920	7460	7650	7830	8020	166	1720	16620	16960	17310	17650	229
940	7670	7860	8050	8230	168	1740	16870	17220	17570	17920	231
960	7880	8070	8260	8450	170	1760	17130	17480	17830	18180	232
980	8090	8280	8480	8670	171	1780	17380	17740	18090	18450	234
1000	485950 8300	496150 8500	506350 8700	516550 8900	173	1800	1 841 500 17640	1 874 300 18000	1 907 000 18360	1 939 800 18720	236
1020	8510	8710	8910	9120	174	1820	17900	18260	18620	18990	237
1040	8720	8930	9130	9340	176	1840	18150	18520	18890	19260	239
1060	8930	9140	9350	9570	177	1860	18410	18780	19160	19530	240
1080	9150	9360	9580	9790	179	1880	18670	19050	19430	19800	242
1100	601850 9360	614170 9580	626490 9800	638810 10020	181	1900	2 085 800 18940	2 122 300 19320	2 158 800 19700	2 195 300 20080	243
1120	9580	9800	10030	10250	182	1920	19200	19580	19970	20350	245
1140	9800	10020	10250	10480	184	1940	19460	19850	20240	20630	246
1160	10010	10250	10480	10710	185	1960	19730	20120	20510	20900	248
1180	10230	10470	10710	10940	187	1980	19990	20390	20790	21180	250
g_2	44,0	47,1	50,2	53,4		2000	2 348 400 20260	2 388 800 20660	2 429 200 21060	2 469 600 21460	251

∟ 130 · 130 · 12

Bl 10 ⌀ 23 t = 12

h	Gurtplattenbreite 280	300	320	340	g_1	h	Gurtplattenbreite 280	300	320	340	g_1
400	67 860 2 750	69 900 2 840	71 940 2 940	73 980 3 040	126	1200	773 850 10 990	791 480 11 280	809 110 11 570	826 740 11 860	188
420	2 920	3 030	3 130	3 230	127	1220	11 220	11 520	11 810	12 100	190
440	3 100	3 210	3 320	3 420	129	1240	11 460	11 760	12 050	12 350	192
460	3 290	3 400	3 510	3 620	130	1260	11 690	11 990	12 300	12 600	193
480	3 470	3 580	3 700	3 810	132	1280	11 930	12 230	12 540	12 850	195
500	111 100 3 650	114 250 3 770	117 400 3 890	120 540 4 010	133	1300	925 970 12 160	946 630 12 480	967 290 12 790	987 940 13 100	196
520	3 840	3 970	4 090	4 220	135	1320	12 400	12 720	13 030	13 350	198
540	4 030	4 160	4 290	4 420	137	1340	12 640	12 960	13 280	13 600	199
560	4 220	4 350	4 490	4 620	138	1360	12 880	13 210	13 530	13 860	201
580	4 410	4 550	4 690	4 830	140	1380	13 120	13 450	13 780	14 110	203
600	166 200 4 600	170 700 4 750	175 190 4 890	179 690 5 040	141	1400	1 094 000 13 360	1 117 900 13 700	1 141 800 14 040	1 165 700 14 370	204
620	4 800	4 950	5 100	5 240	143	1420	13 610	13 950	14 290	14 630	206
640	4 990	5 150	5 300	5 450	144	1440	13 850	14 200	14 540	14 890	207
660	5 190	5 350	5 510	5 670	146	1460	14 100	14 450	14 800	15 150	209
680	5 390	5 550	5 720	5 880	148	1480	14 340	14 700	15 050	15 410	210
700	233 660 5 590	239 740 5 760	245 830 5 930	251 910 6 090	149	1500	1 278 300 14 590	1 305 700 14 950	1 333 200 15 310	1 360 600 15 670	212
720	5 790	5 960	6 140	6 310	151	1520	14 840	15 210	15 570	15 940	214
740	5 990	6 170	6 350	6 530	152	1540	15 090	15 460	15 830	16 200	215
760	6 200	6 380	6 560	6 740	154	1560	15 340	15 720	16 090	16 470	217
780	6 400	6 590	6 780	6 960	155	1580	15 600	15 970	16 350	16 730	218
800	313 980 6 610	321 890 6 800	329 800 6 990	337 720 7 180	157	1600	1 479 500 15 850	1 510 700 16 230	1 541 900 16 620	1 573 000 17 000	220
820	6 820	7 010	7 210	7 410	159	1620	16 100	16 490	16 880	17 270	221
840	7 020	7 230	7 430	7 630	160	1640	16 360	16 750	17 150	17 540	223
860	7 230	7 440	7 650	7 850	162	1660	16 620	17 020	17 410	17 810	225
880	7 450	7 660	7 870	8 080	163	1680	16 880	17 280	17 680	18 090	226
900	407 660 7 660	417 640 7 870	427 620 8 090	437 600 8 310	165	1700	1 698 000 17 140	1 733 200 17 540	1 768 400 17 950	1 803 600 18 360	228
920	7 870	8 090	8 310	8 540	166	1720	17 400	17 810	18 220	18 630	229
940	8 090	8 310	8 540	8 760	168	1740	17 660	18 080	18 490	18 910	231
960	8 300	8 530	8 760	9 000	170	1760	17 920	18 340	18 770	19 190	232
980	8 520	8 760	8 990	9 230	171	1780	18 190	18 610	19 040	19 470	234
1000	515 200 8 740	527 490 8 980	539 780 9 220	552 070 9 460	173	1800	1 934 500 18 450	1 973 900 18 880	2 013 300 19 310	2 052 700 19 750	236
1020	8 960	9 200	9 450	9 690	174	1820	18 720	19 150	19 590	20 030	237
1040	9 180	9 430	9 680	9 930	176	1840	18 980	19 430	19 870	20 310	239
1060	9 400	9 660	9 910	10 170	177	1860	19 250	19 700	20 150	20 590	240
1080	9 630	9 890	10 150	10 400	179	1880	19 520	19 970	20 430	20 880	242
1100	637 090 9 850	651 930 10 120	666 770 10 380	681 610 10 640	181	1900	2 189 200 19 790	2 233 100 20 250	2 277 000 20 710	2 320 900 21 160	243
1120	10 080	10 350	10 620	10 880	182	1920	20 070	20 530	20 990	21 450	245
1140	10 300	10 580	10 850	11 130	184	1940	20 340	20 810	21 270	21 740	246
1160	10 530	10 810	11 090	11 370	185	1960	20 610	21 080	21 560	22 030	248
1180	10 760	11 050	11 330	11 610	187	1980	20 890	21 370	21 840	22 320	250
g_2	52,8	56,5	60,3	64,1		2000	2 462 900 21 170	2 511 500 21 650	2 560 000 22 130	2 608 600 22 610	251

∟ 130 · 130 · 12

Bl 10 ⌀ 23 t = 20

h	Gurtplattenbreite 280	300	320	340	g_1	h	Gurtplattenbreite 280	300	320	340	g_1
400	88770 3440	92300 3600	95830 3760	99360 3920	126	1200	943850 13140	973620 13620	1 003 400 14100	1 033 200 14580	188
420	3650	3820	3990	4160	127	1220	13410	13900	14390	14880	190
440	3870	4050	4220	4400	129	1240	13680	14180	14670	15170	192
460	4090	4270	4460	4640	130	1260	13950	14460	14960	15460	193
480	4310	4500	4690	4880	132	1280	14220	14740	15250	15760	195
500	142800 4530	148210 4730	153630 4930	159040 5130	133	1300	1 124 700 14500	1 159 500 15020	1 194 400 15540	1 229 200 16060	196
520	4750	4960	5170	5380	135	1320	14770	15300	15830	16360	198
540	4970	5190	5410	5620	137	1340	15050	15580	16120	16660	199
560	5200	5430	5650	5870	138	1360	15320	15870	16410	16960	201
580	5430	5660	5890	6130	140	1380	15600	16150	16710	17260	203
600	210940 5660	218630 5900	226320 6140	234010 6380	141	1400	1 323 600 15880	1 364 000 16440	1 404 300 17000	1 444 600 17560	204
620	5890	6140	6380	6630	143	1420	16160	16730	17300	17870	206
640	6120	6380	6630	6890	144	1440	16440	17020	17590	18170	207
660	6350	6620	6880	7150	146	1460	16720	17310	17890	18480	209
680	6590	6860	7130	7400	148	1480	17010	17600	18190	18780	210
700	293670 6820	304050 7100	314420 7380	324790 7670	149	1500	1 541 200 17290	1 587 400 17890	1 633 600 18490	1 679 800 19090	212
720	7060	7350	7640	7930	151	1520	17580	18190	18800	19400	214
740	7300	7600	7890	8190	152	1540	17870	18480	19100	19720	215
760	7540	7850	8150	8450	154	1560	18160	18780	19400	20030	217
780	7780	8090	8410	8720	155	1580	18450	19080	19710	20340	218
800	391510 8030	404960 8350	418410 8670	431860 8990	157	1600	1 777 800 18740	1 830 300 19380	1 882 800 20020	1 935 300 20660	220
820	8270	8600	8930	9250	159	1620	19030	19680	20320	20970	221
840	8510	8850	9190	9520	160	1640	19320	19980	20630	21290	223
860	8760	9110	9450	9790	162	1660	19610	20280	20940	21610	225
880	9010	9360	9710	10070	163	1680	19910	20580	21250	21930	226
900	504950 9260	521880 9620	538810 9980	555740 10340	165	1700	2 034 000 20210	2 093 200 20890	2 152 400 21570	2 211 500 22250	228
920	9510	9880	10250	10610	166	1720	20500	21190	21880	22570	229
940	9760	10140	10510	10890	168	1740	20800	21500	22190	22890	231
960	10010	10400	10780	11170	170	1760	21100	21810	22510	23210	232
980	10270	10660	11050	11440	171	1780	21400	22120	22830	23540	234
1000	634480 10520	655290 10920	676100 11320	696910 11720	173	1800	2 310 400 21710	2 376 600 22430	2 442 900 23150	2 509 100 23870	236
1020	10780	11190	11600	12000	174	1820	22010	22740	23460	24190	237
1040	11040	11450	11870	12290	176	1840	22310	23050	23790	24520	239
1060	11300	11720	12140	12570	177	1860	22620	23360	24110	24850	240
1080	11560	11990	12420	12850	179	1880	22930	23680	24430	25180	242
1100	780620 11820	805710 12260	830800 12700	855890 13140	181	1900	2 607 300 23230	2 681 000 23990	2 754 800 24750	2 828 500 25510	243
1120	12080	12530	12980	13430	182	1920	23540	24310	25080	25850	245
1140	12340	12800	13260	13710	184	1940	23850	24630	25400	26180	246
1160	12610	13070	13540	14000	185	1960	24160	24950	25730	26520	248
1180	12870	13350	13820	14290	187	1980	24480	25270	26060	26850	250
g_2	87,9	94,2	100	107		2000	2 925 300 24790	3 006 900 25590	3 088 600 26390	3 170 200 27190	251

∟ 130 · 130 · 12

Bl 10 Ø 23 t = 24

h	Gurtplattenbreite 280	300	320	340	g_1	h	Gurtplattenbreite 280	300	320	340	g_1
400	99810 3790	104130 3990	108450 4180	112770 4370	126	1200	1030500 14220	1066500 14800	1102400 15370	1138400 15950	188
420	4020	4230	4430	4630	127	1220	14510	15090	15680	16260	190
440	4260	4470	4680	4890	129	1240	14790	15390	15990	16580	192
460	4490	4710	4930	5160	130	1260	15080	15690	16290	16900	193
480	4730	4960	5190	5420	132	1280	15370	15990	16600	17220	195
500	159380 4970	165970 5210	172570 5450	179160 5690	133	1300	1225800 15670	1267900 16290	1310000 16910	1352100 17540	196
520	5210	5460	5710	5960	135	1320	15960	16590	17230	17860	198
540	5450	5710	5970	6230	137	1340	16250	16900	17540	18180	199
560	5690	5960	6230	6500	138	1360	16550	17200	17850	18510	201
580	5940	6220	6500	6780	140	1380	16840	17510	18170	18830	203
600	234160 6190	243510 6480	252860 6760	262210 7050	141	1400	1440400 17140	1489100 17810	1537700 18490	1586400 19160	204
620	6440	6730	7030	7330	143	1420	17440	18120	18800	19490	206
640	6690	6990	7300	7610	144	1440	17740	18430	19120	19810	207
660	6940	7250	7570	7890	146	1460	18040	18740	19440	20140	209
680	7190	7520	7840	8170	148	1480	18340	19050	19760	20470	210
700	324670 7440	337260 7780	349840 8120	362430 8450	149	1500	1674700 18650	1730400 19370	1786200 20090	1841900 20810	212
720	7700	8050	8390	8740	151	1520	18950	19680	20410	21140	214
740	7960	8310	8670	9020	152	1540	19260	20000	20730	21470	215
760	8220	8580	8950	9310	154	1560	19560	20310	21060	21810	217
780	8470	8850	9220	9600	155	1580	19870	20630	21390	22150	218
800	431400 8740	447700 9120	464000 9500	480300 9890	157	1600	1929100 20180	1992400 20950	2055700 21720	2119100 22480	220
820	9000	9390	9790	10180	159	1620	20490	21270	22050	22820	221
840	9260	9670	10070	10470	160	1640	20800	21590	22380	23160	223
860	9530	9940	10350	10770	162	1660	21110	21910	22710	23500	225
880	9790	10220	10640	11060	163	1680	21430	22230	23040	23850	226
900	554850 10060	575340 10490	595840 10930	616340 11360	165	1700	2204400 21740	2275700 22560	2347000 23370	2418400 24190	228
920	10330	10770	11210	11660	166	1720	22060	22880	23710	24540	229
940	10600	11050	11500	11950	168	1740	22380	23210	24050	24880	231
960	10870	11330	11790	12250	170	1760	22690	23540	24380	25230	232
980	11140	11610	12080	12560	171	1780	23010	23870	24720	25580	234
1000	695520 11420	720690 11900	745860 12380	771030 12860	173	1800	2500800 23330	2580600 24200	2660500 25060	2740300 25930	236
1020	11690	12180	12670	13160	174	1820	23660	24530	25400	26280	237
1040	11970	12470	12970	13470	176	1840	23980	24860	25740	26630	239
1060	12240	12750	13260	13770	177	1860	24300	25200	26090	26980	240
1080	12520	13040	13560	14080	179	1880	24630	25530	26430	27340	242
1100	853910 12800	884230 13330	914560 13860	944880 14390	181	1900	2818900 24950	2907800 25870	2996600 26780	3085500 27690	243
1120	13080	13620	14160	14700	182	1920	25280	26200	27120	28050	245
1140	13370	13910	14460	15010	184	1940	25610	26540	27470	28400	246
1160	13650	14210	14760	15320	185	1960	25940	26880	27820	28760	248
1180	13930	14500	15070	15630	187	1980	26270	27220	28170	29120	250
g_2	106	113	121	128		2000	3159300 26600	3257600 27560	3355900 28520	3454300 29480	251

∟ 130 · 130 · 12

Bl 10 Ø 23 t = 30

h	Gurtplattenbreite 280	300	320	340	g_1	h	Gurtplattenbreite 280	300	320	340	g_1
400	117 120 4320	122 680 4570	128 240 4810	133 790 5050	126	1200	1 162 600 15 840	1 208 000 16 560	1 253 400 17 280	1 298 800 18 000	188
420	4580	4830	5090	5340	127	1220	16 150	16 880	17 620	18 350	190
440	4840	5110	5370	5640	129	1240	16 470	17 210	17 960	18 700	192
460	5100	5380	5660	5930	130	1260	16 780	17 540	18 300	19 050	193
480	5370	5660	5940	6230	132	1280	17 100	17 870	18 640	19 410	195
500	185 160 5630	193 590 5930	202 030 6230	210 470 6540	133	1300	1 379 800 17 420	1 432 900 18 200	1 486 000 18 980	1 539 100 19 760	196
520	5900	6210	6530	6840	135	1320	17 740	18 530	19 330	20 120	198
540	6170	6490	6820	7140	137	1340	18 060	18 870	19 670	20 480	199
560	6440	6780	7110	7450	138	1360	18 380	19 200	20 020	20 830	201
580	6710	7060	7410	7760	140	1380	18 710	19 540	20 370	21 190	203
600	270 090 6980	282 010 7350	293 930 7710	305 840 8070	141	1400	1 618 000 19 030	1 679 300 19 870	1 740 700 20 710	1 802 000 21 550	204
620	7260	7630	8010	8380	143	1420	19 360	20 210	21 060	21 920	206
640	7540	7920	8310	8690	144	1440	19 690	20 550	21 420	22 280	207
660	7820	8210	8610	9010	146	1460	20 020	20 890	21 770	22 640	209
680	8100	8500	8910	9320	148	1480	20 350	21 230	22 120	23 010	210
700	372 430 8380	388 430 8800	404 420 9220	420 420 9640	149	1500	1 877 500 20 680	1 947 700 21 580	2 018 000 22 480	2 088 200 23 380	212
720	8660	9090	9530	9960	151	1520	21 010	21 920	22 830	23 750	214
740	8940	9390	9830	10 280	152	1540	21 340	22 270	23 190	24 110	215
760	9230	9690	10 140	10 600	154	1560	21 680	22 610	23 550	24 480	217
780	9520	9990	10 450	10 920	155	1580	22 010	22 960	23 910	24 860	218
800	492 660 9810	513 340 10 290	534 020 10 770	554 690 11 250	157	1600	2 158 900 22 350	2 238 700 23 310	2 318 400 24 270	2 398 100 25 230	220
820	10 090	10 590	11 080	11 570	159	1620	22 690	23 660	24 630	25 600	221
840	10 390	10 890	11 400	11 900	160	1640	23 020	24 010	24 990	25 980	223
860	10 680	11 190	11 710	12 230	162	1660	23 360	24 360	25 360	26 350	225
880	10 970	11 500	12 030	12 560	163	1680	23 710	24 710	25 720	26 730	226
900	631 300 11 270	657 260 11 810	683 210 12 350	709 170 12 890	165	1700	2 462 800 24 050	2 552 600 25 070	2 642 400 26 090	2 732 200 27 110	228
920	11 560	12 120	12 670	13 220	166	1720	24 390	25 420	26 460	27 490	229
940	11 860	12 420	12 990	13 550	168	1740	24 740	25 780	26 830	27 870	231
960	12 160	12 730	13 310	13 890	170	1760	25 080	26 140	27 200	28 250	232
980	12 460	13 050	13 640	14 220	171	1780	25 430	26 500	27 570	28 630	234
1000	788 840 12 760	820 670 13 360	852 510 13 960	884 340 14 560	173	1800	2 789 500 25 780	2 890 000 26 860	2 990 500 27 940	3 090 900 29 020	236
1020	13 060	13 670	14 290	14 900	174	1820	26 130	27 220	28 310	29 400	237
1040	13 360	13 990	14 610	15 240	176	1840	26 480	27 580	28 690	29 790	239
1060	13 670	14 310	14 940	15 580	177	1860	26 830	27 950	29 060	30 180	240
1080	13 980	14 620	15 270	15 920	179	1880	27 180	28 310	29 440	30 570	242
1100	965 770 14 280	1 004 100 14 940	1 042 400 15 600	1 080 700 16 260	181	1900	3 139 700 27 540	3 251 400 28 680	3 363 200 29 820	3 474 900 30 960	243
1120	14 590	15 260	15 940	16 610	182	1920	27 890	29 040	30 200	31 350	245
1140	14 900	15 590	16 270	16 950	184	1940	28 250	29 410	30 580	31 740	246
1160	15 210	15 910	16 600	17 300	185	1960	28 610	29 780	30 960	32 130	248
1180	15 520	16 230	16 940	17 650	187	1980	28 960	30 150	31 340	32 530	250
g_2	132	141	151	160		2000	3 513 700 29 320	3 637 300 30 520	3 761 000 31 720	3 884 600 32 920	251

∟ 130 · 130 · 12

Bl 10 $\quad$ Ø 23 $\quad$ t = 36

h	Gurtplattenbreite 280	300	320	340	g_1	h	Gurtplattenbreite 280	300	320	340	g_1
400	135370 4860	142220 5150	149080 5440	155940 5730	126	1200	1297200 17460	1352300 18320	1407300 19190	1462300 20050	188
420	5140	5450	5750	6060	127	1220	17800	18680	19560	20440	190
440	5430	5750	6070	6390	129	1240	18140	19040	19930	20820	192
460	5720	6050	6390	6720	130	1260	18490	19390	20300	21210	193
480	6010	6360	6700	7050	132	1280	18830	19750	20680	21600	195
500	212070 6300	222430 6660	232790 7020	243140 7390	133	1300	1536600 19180	1600900 20110	1665100 21050	1729400 21990	196
520	6590	6970	7350	7720	135	1320	19530	20480	21430	22380	198
540	6890	7280	7670	8060	137	1340	19870	20840	21810	22770	199
560	7190	7590	8000	8400	138	1360	20220	21200	22180	23160	201
580	7490	7910	8330	8750	140	1380	20580	21570	22560	23560	203
600	307350 7790	321930 8220	336510 8660	351090 9090	141	1400	1798500 20930	1872800 21940	1947000 22950	2021300 23960	204
620	8090	8540	8990	9430	143	1420	21280	22310	23330	24350	206
640	8390	8860	9320	9780	144	1440	21640	22670	23710	24750	207
660	8700	9180	9650	10130	146	1460	21990	23050	24100	25150	209
680	9010	9500	9990	10480	148	1480	22350	23420	24480	25550	210
700	421720 9320	441230 9820	460750 10330	480270 10830	149	1500	2083500 22710	2168500 23790	2253400 24870	2338400 25950	212
720	9620	10140	10660	11180	151	1520	23070	24160	25260	26350	214
740	9940	10470	11010	11540	152	1540	23430	24540	25650	26760	215
760	10250	10800	11350	11900	154	1560	23790	24910	26040	27160	217
780	10560	11130	11690	12250	155	1580	24150	25290	26430	27570	218
800	555660 10880	580840 11460	605010 12030	631190 12610	157	1600	2392100 24520	2488500 25670	2584800 26820	2681200 27980	220
820	11200	11790	12380	12970	159	1620	24880	26050	27220	28390	221
840	11510	12120	12730	13330	160	1640	25250	26430	27610	28790	223
860	11830	12450	13070	13690	162	1660	25620	26810	28010	29210	225
880	12150	12790	13420	14060	163	1680	25990	27200	28410	29620	226
900	709690 12480	741240 13120	772800 13770	804350 14420	165	1700	2724800 26360	2833300 27580	2941800 28810	3050300 30030	228
920	12800	13460	14130	14790	166	1720	26730	27970	29210	30450	229
940	13120	13800	14480	15160	168	1740	27100	28350	29610	30860	231
960	13450	14140	14830	15530	170	1760	27470	28740	30010	31280	232
980	13780	14480	15190	15900	171	1780	27850	29130	30410	31700	234
1000	884290 14100	922940 14830	961600 15550	1000300 16270	173	1800	3082000 28220	3203400 29520	3324700 30820	3446100 32110	236
1020	14430	15170	15910	16640	174	1820	28600	29910	31220	32530	237
1040	14770	15520	16270	17020	176	1840	28980	30300	31630	32960	239
1060	15100	15860	16630	17390	177	1860	29360	30700	32040	33380	240
1080	15430	16210	16990	17770	179	1880	29740	31090	32450	33800	242
1100	1080000 15770	1126400 16560	1172900 17350	1219400 18140	181	1900	3464300 30120	3599300 31490	3734200 32860	3869200 34230	243
1120	16100	16910	17720	18520	182	1920	30500	31890	33270	34650	245
1140	16440	17260	18080	18900	184	1940	30890	32280	33680	35080	246
1160	16780	17610	18450	19290	185	1960	31270	32680	34100	35510	248
1180	17120	17970	18820	19670	187	1980	31660	33080	34510	35940	250
g_2	158	170	181	192		2000	3872200 32050	4021500 33490	4170700 34930	4320000 36370	251

∟ 140 · 140 · 13

Bl 12 ⌀ 23 t = 12

h	Gurtplattenbreite 300	320	340	360	g_1	h	Gurtplattenbreite 300	320	340	360	g_1
400	75710 3090	77750 3190	79790 3290	81830 3380	148	1200	880070 12610	897690 12890	915320 13180	932950 13470	223
420	3300	3400	3500	3600	149	1220	12880	13170	13460	13750	225
440	3500	3610	3710	3820	151	1240	13150	13440	13740	14040	227
460	3710	3820	3930	4040	153	1260	13420	13720	14020	14320	229
480	3920	4040	4150	4270	155	1280	13690	14000	14300	14610	230
500	124460 4130	127600 4250	130750 4370	133900 4490	157	1300	1054400 13960	1075100 14280	1095700 14590	1116400 14900	232
520	4350	4470	4600	4720	159	1320	14240	14560	14870	15190	234
540	4560	4690	4820	4950	161	1340	14520	14840	15160	15480	236
560	4780	4920	5050	5180	163	1360	14800	15120	15450	15780	238
580	5000	5140	5280	5420	165	1380	15080	15410	15740	16070	240
600	186800 5220	191300 5370	195790 5510	200290 5650	166	1400	1247200 15360	1271100 15690	1295000 16030	1318900 16370	242
620	5450	5590	5740	5890	168	1420	15640	15980	16320	16660	244
640	5670	5820	5980	6130	170	1440	15920	16270	16620	16960	246
660	5900	6060	6210	6370	172	1460	16210	16560	16910	17260	247
680	6130	6290	6450	6620	174	1480	16500	16850	17210	17560	249
700	263350 6360	269430 6520	275510 6690	281600 6860	176	1500	1458900 16790	1486300 17150	1513800 17510	1541200 17870	251
720	6590	6760	6930	7110	178	1520	17080	17440	17810	18170	253
740	6820	7000	7180	7350	180	1540	17370	17740	18110	18480	255
760	7060	7240	7420	7600	182	1560	17660	18030	18410	18780	257
780	7290	7480	7670	7860	183	1580	17950	18330	18710	19090	259
800	354690 7530	362600 7720	370520 7920	378430 8110	185	1600	1690200 18250	1721400 18630	1752600 19020	1783800 19400	261
820	7770	7970	8170	8360	187	1620	18550	18930	19320	19710	263
840	8010	8210	8420	8620	189	1640	18840	19240	19630	20020	264
860	8260	8460	8670	8870	191	1660	19140	19540	19940	20340	266
880	8500	8710	8920	9130	193	1680	19440	19850	20250	20650	268
900	461430 8750	471420 8960	481400 9180	491380 9390	195	1700	1941800 19750	1977000 20150	2012100 20560	2047300 20970	270
920	8990	9210	9430	9650	197	1720	20050	20460	20880	21290	272
940	9240	9470	9690	9920	198	1740	20350	20770	21190	21610	274
960	9490	9720	9950	10180	200	1760	20660	21080	21510	21930	276
980	9740	9980	10210	10450	202	1780	20970	21400	21820	22250	278
1000	584180 10000	596470 10240	608760 10480	621050 10720	204	1800	2214100 21280	2253500 21710	2292900 22140	2332300 22570	279
1020	10250	10500	10740	10990	206	1820	21590	22030	22460	22900	281
1040	10510	10760	11010	11260	208	1840	21900	22340	22780	23230	283
1060	10760	11020	11270	11530	210	1860	22210	22660	23110	23550	285
1080	11020	11280	11540	11800	212	1880	22530	22980	23430	23880	287
1100	723520 11280	738360 11550	753200 11810	768040 12080	214	1900	2507900 22840	2551700 23300	2595600 23760	2639500 24210	289
1120	11540	11810	12080	12350	215	1920	23160	23620	24080	24540	291
1140	11810	12080	12360	12630	217	1940	23480	23950	24410	24880	293
1160	12070	12350	12630	12910	219	1960	23800	24270	24740	25210	295
1180	12340	12620	12910	13190	221	1980	24120	24600	25070	25550	296
g_2	56,5	60,3	64,1	67,8		2000	2823600 24450	2872200 24930	2920800 25410	2969400 25890	298

∟ 140 · 140 · 13

Bl 12 Ø 23 t = 24

h	Gurtplattenbreite 300	320	340	360	g_1	h	Gurtplattenbreite 300	320	340	360	g_1
400	109940 4220	114260 4420	118580 4610	122900 4800	148	1200	1155100 16100	1191000 16670	1227000 17250	1262900 17820	223
420	4480	4690	4890	5090	149	1220	16420	17010	17600	18180	225
440	4750	4960	5170	5380	151	1240	16750	17350	17940	18540	227
460	5010	5230	5460	5680	153	1260	17080	17690	18300	18900	229
480	5280	5510	5740	5970	155	1280	17420	18030	18650	19260	230
500	176180 5550	182770 5790	189370 6030	195960 6270	157	1300	1375700 17750	1417800 18380	1459900 19000	1501900 19620	232
520	5820	6070	6320	6570	159	1320	18090	18720	19360	19990	234
540	6100	6360	6620	6880	161	1340	18420	19070	19710	20350	236
560	6370	6640	6910	7180	163	1360	18760	19420	20070	20720	238
580	6650	6930	7210	7490	165	1380	19100	19770	20430	21090	240
600	259620 6930	268970 7220	278320 7510	287670 7800	166	1400	1618300 19440	1667000 20120	1715700 20790	1764400 21460	242
620	7210	7510	7810	8110	168	1420	19790	20470	21150	21830	244
640	7500	7810	8110	8420	170	1440	20130	20820	21510	22210	246
660	7780	8100	8420	8740	172	1460	20480	21180	21880	22580	247
680	8070	8400	8730	9050	174	1480	20820	21530	22240	22960	249
700	360860 8360	373440 8700	386030 9030	398610 9370	176	1500	1883600 21170	1939300 21890	1995100 22610	2050800 23330	251
720	8650	9000	9340	9690	178	1520	21520	22250	22980	23710	253
740	8940	9300	9660	10010	180	1540	21870	22610	23350	24090	255
760	9240	9600	9970	10330	182	1560	22220	22970	23720	24470	257
780	9530	9910	10280	10660	183	1580	22580	23340	24100	24850	259
800	480500 9830	496800 10220	513100 10600	529400 10980	185	1600	2172000 22930	2235300 23700	2298600 24470	2361900 25240	261
820	10130	10520	10920	11310	187	1620	23290	24070	24850	25620	263
840	10430	10830	11240	11640	189	1640	23650	24440	25220	26010	264
860	10730	11150	11560	11970	191	1660	24010	24800	25600	26400	266
880	11040	11460	11880	12300	193	1680	24370	25170	25980	26790	268
900	619140 11340	639640 11770	660130 12210	680630 12640	195	1700	2484300 24730	2555600 25550	2626900 26360	2698300 27180	270
920	11650	12090	12530	12970	197	1720	25090	25920	26750	27570	272
940	11960	12410	12860	13310	198	1740	25460	26290	27130	27970	274
960	12270	12730	13190	13650	200	1760	25830	26670	27520	28360	276
980	12580	13050	13520	13990	202	1780	26190	27050	27900	28760	278
1000	777380 12890	802550 13370	827720 13850	852890 14330	204	1800	2820900 26560	2900800 27430	2980600 28290	3060500 29150	279
1020	13200	13690	14180	14670	206	1820	26930	27810	28680	29550	281
1040	13520	14020	14520	15020	208	1840	27300	28190	29070	29950	283
1060	13840	14340	14850	15360	210	1860	27680	28570	29460	30360	285
1080	14150	14670	15190	15710	212	1880	28050	28950	29860	30760	287
1100	955820 14470	986150 15000	1016500 15530	1046800 16060	214	1900	3182500 28430	3271400 29340	3360200 30250	3449100 31160	289
1120	14800	15330	15870	16410	215	1920	28810	29730	30650	31570	291
1140	15120	15670	16210	16760	217	1940	29180	30120	31050	31980	293
1160	15440	16000	16560	17110	219	1960	29560	30510	31450	32390	295
1180	15770	16330	16900	17470	221	1980	29950	30900	31850	32800	296
g_2	113	121	128	136		2000	3569800 30330	3668100 31290	3765400 32250	3864800 33210	298

∟ 140 · 140 · 13

Bl 12 ⌀ 23 t = 36

h	Gurtplattenbreite 300	320	340	360	g_1	h	Gurtplattenbreite 300	320	340	360	g_1
400	148 040 5380	154 900 5670	161 750 5960	168 610 6250	148	1200	1 440 800 19600	1 495 800 20460	1 550 900 21330	1 605 900 22190	223
420	5690	6000	6300	6610	149	1220	19980	20860	21740	22620	225
440	6010	6330	6650	6970	151	1240	20370	21270	22160	23060	227
460	6340	6670	7000	7340	153	1260	20770	21670	22580	23490	229
480	6660	7010	7360	7710	155	1280	21160	22080	23000	23930	230
500	232 640 6990	243 000 7350	253 350 7720	263 710 8080	157	1300	1 708 600 21550	1 772 900 22490	1 837 200 23430	1 901 500 24360	232
520	7320	7700	8070	8450	159	1320	21950	22900	23850	24800	234
540	7650	8040	8430	8830	161	1340	22340	23310	24280	25240	236
560	7990	8390	8800	9200	163	1360	22740	23720	24700	25680	238
580	8320	8740	9160	9580	165	1380	23140	24140	25130	26120	240
600	338 040 8660	352 610 9100	367 190 9530	381 770 9960	166	1400	2 002 000 23540	2 076 300 24550	2 150 500 25560	2 224 800 26570	242
620	9000	9450	9900	10350	168	1420	23940	24970	25990	27010	244
640	9350	9810	10270	10730	170	1440	24350	25390	26420	27460	246
660	9690	10170	10640	11120	172	1460	24750	25800	26860	27910	247
680	10040	10530	11020	11510	174	1480	25160	26230	27290	28360	249
700	464 840 10380	484 350 10890	503 870 11390	523 390 11900	176	1500	2 321 600 25570	2 406 600 26650	2 491 500 27730	2 576 500 28810	251
720	10730	11250	11770	12290	178	1520	25980	27070	28170	29260	253
740	11080	11620	12150	12690	180	1540	26390	27500	28610	29720	255
760	11440	11990	12530	13080	182	1560	26800	27920	29050	30170	257
780	11790	12350	12920	13480	183	1580	27210	28350	29490	30630	259
800	613 640 12150	638 810 12720	663 990 13300	689 160 13880	185	1600	2 668 000 27630	2 764 400 28780	2 860 800 29930	2 957 100 31090	261
820	12510	13100	13690	14280	187	1620	28040	29210	30380	31550	263
840	12860	13470	14080	14680	189	1640	28460	29640	30830	32010	264
860	13230	13850	14470	15090	191	1660	28880	30080	31270	32470	266
880	13590	14220	14860	15490	193	1680	29300	30510	31720	32930	268
900	785 040 13950	816 590 14600	848 150 15250	879 700 15900	195	1700	3 041 800 29720	3 150 300 30950	3 258 900 32170	3 367 400 33400	270
920	14320	14980	15650	16310	197	1720	30150	31390	32630	33860	272
940	14690	15360	16040	16720	198	1740	30570	31830	33080	34330	274
960	15050	15750	16440	17130	200	1760	31000	32270	33530	34800	276
980	15420	16130	16840	17550	202	1780	31430	32710	33990	35270	278
1000	979 640 15800	1 018 300 16520	1 056 900 17240	1 095 600 17960	204	1800	3 443 600 31850	3 565 000 33150	3 686 400 34450	3 807 700 35740	279
1020	16170	16910	17640	18380	206	1820	32290	33600	34910	36220	281
1040	16540	17290	18040	18790	208	1840	32720	34040	35370	36690	283
1060	16920	17690	18450	19210	210	1860	33150	34490	35830	37170	285
1080	17300	18080	18860	19640	212	1880	33580	34940	36290	37650	287
1100	1 198 000 17680	1 244 500 18470	1 291 000 19260	1 337 500 20060	214	1900	3 874 000 34020	4 009 000 35390	4 143 900 36760	4 278 900 38130	289
1120	18060	18870	19670	20480	215	1920	34460	35840	37220	38610	291
1140	18440	19260	20080	20910	217	1940	34900	36290	37690	39090	293
1160	18820	19660	20500	21330	219	1960	35340	36750	38160	39570	295
1180	19210	20060	20910	21760	221	1980	35780	37200	38630	40060	296
g_2	170	181	192	203		2000	4 333 600 36220	4 482 900 37660	4 632 100 39100	4 781 400 40540	298

∟ 140 · 140 · 13

Bl 12 Ø 23 t = 15

h	Gurtplattenbreite 300	320	340	360	g_1
600	204490 5650	210170 5830	215840 6010	221520 6190	166
620	5890	6070	6260	6440	168
640	6130	6320	6510	6710	170
660	6370	6570	6760	6960	172
680	6610	6820	7020	7220	174
700	287130 6860	294800 7070	302470 7280	310140 7490	176
720	7100	7320	7530	7750	178
740	7350	7570	7800	8020	180
760	7600	7830	8060	8290	182
780	7850	8090	8320	8550	183
800	385470 8110	395430 8350	405400 8590	415360 8830	185
820	8360	8610	8850	9100	187
840	8620	8870	9120	9370	189
860	8870	9130	9390	9650	191
880	9130	9400	9660	9920	193
900	500100 9390	512660 9660	525220 9930	537780 10200	195
920	9660	9930	10210	10480	197
940	9920	10200	10480	10760	198
960	10180	10470	10760	11050	200
980	10450	10740	11040	11330	202
1000	631640 10720	647100 11020	662550 11320	678000 11620	204
1020	10990	11290	11600	11910	206
1040	11260	11570	11880	12190	208
1060	11530	11850	12170	12480	210
1080	11800	12130	12450	12780	212
1100	780680 12080	799330 12410	817980 12740	836630 13070	214
1120	12360	12690	13030	13360	215
1140	12630	12980	13320	13660	217
1160	12910	13260	13610	13960	219
1180	13190	13550	13900	14260	221
1200	947820 13480	969960 13840	992100 14200	1014200 14560	223
1220	13760	14130	14490	14860	225
1240	14050	14420	14790	15160	227
1260	14330	14710	15090	15470	229
1280	14620	15000	15390	15770	230
1300	1133700 14910	1159600 15300	1185500 15690	1211500 16080	232
1320	15200	15600	15990	16390	234
1340	15490	15900	16300	16700	236
1360	15790	16190	16600	17010	238
1380	16080	16500	16910	17320	240
1400	1338800 16380	1368800 16800	1398900 17220	1428900 17640	242
1420	16680	17100	17530	17950	244
1440	16980	17410	17840	18270	246
1460	17280	17710	18150	18590	247
1480	17580	18020	18470	18910	249

h	Gurtplattenbreite 300	320	340	360	g_1
1500	1563800 17880	1598300 18330	1632700 18780	1667100 19230	251
1520	18190	18640	19100	19550	253
1540	18490	18950	19420	19880	255
1560	18800	19270	19740	20200	257
1580	19110	19580	20060	20530	259
1600	1809400 19420	1848500 19900	1887600 20380	1926700 20860	261
1620	19730	20220	20700	21190	263
1640	20040	20540	21030	21520	264
1660	20360	20860	21350	21850	266
1680	20670	21180	21680	22190	268
1700	2076000 20990	2120100 21500	2164200 22010	2208400 22520	270
1720	21310	21830	22340	22860	272
1740	21630	22150	22670	23200	274
1760	21950	22480	23010	23540	276
1780	22270	22810	23340	23880	278
1800	2364300 22600	2413800 23140	2463200 23680	2512600 24220	279
1820	22920	23470	24020	24560	281
1840	23250	23800	24350	24910	283
1860	23580	24140	24690	25250	285
1880	23910	24470	25040	25600	287
1900	2675000 24240	2730000 24810	2785000 25380	2840000 25950	289
1920	24570	25150	25720	26300	291
1940	24910	25490	26070	26650	293
1960	25240	25830	26420	27010	295
1980	25580	26170	26770	27360	296
2000	3008500 25920	3069400 26520	3130300 27120	3191200 27720	298
2050	26770	27380	28000	28610	303
2100	27630	28260	28890	29520	308
2150	28490	29140	29780	30430	312
2200	29370	30030	30690	31350	317
2250	3946500 30250	4023400 30930	4100400 31600	4177300 32280	322
2300	31150	31840	32530	33220	327
2350	32050	32760	33460	34170	331
2400	32960	33680	34400	35120	336
2450	33880	34610	35350	36090	341
2500	5040700 34810	5135600 35560	5230500 36310	5325300 37060	345
g_2	70,7	75,4	80,1	84,8	

∟ 140 · 140 · 13

Bl 12 Ø 23 t = 30

h	Gurtplattenbreite 300	320	340	360	g_1
600	298 110 7790	310 030 8160	321 950 8520	333 860 8880	166
620	8110	8480	8850	9230	168
640	8420	8800	9190	9570	170
660	8730	9130	9530	9930	172
680	9050	9460	9870	10280	174
700	412 030 9370	428 020 9790	444 020 10210	460 010 10630	176
720	9690	10120	10560	10990	178
740	10010	10460	10900	11350	180
760	10340	10790	11250	11710	182
780	10660	11130	11600	12070	183
800	546 140 10990	566 820 11470	587 490 11950	608 170 12430	185
820	11320	11810	12300	12790	187
840	11650	12150	12660	13160	189
860	11980	12490	13010	13530	191
880	12310	12840	13370	13900	193
900	701 050 12640	727 010 13190	752 960 13730	778 920 14270	195
920	12980	13530	14090	14640	197
940	13320	13880	14450	15010	198
960	13660	14230	14810	15390	200
980	14000	14590	15180	15760	202
1000	877 360 14340	909 200 14940	941 040 15540	972 870 16140	204
1020	14680	15300	15910	16520	206
1040	15030	15650	16280	16900	208
1060	15380	16010	16650	17290	210
1080	15720	16370	17020	17670	212
1100	1 075 700 16070	1 114 000 16740	1 152 300 17400	1 190 600 18060	214
1120	16430	17100	17770	18440	215
1140	16780	17460	18150	18830	217
1160	17130	17830	18530	19220	219
1180	17490	18200	18900	19610	221
1200	1 296 600 17840	1 342 000 18560	1 387 400 19290	1 432 800 20010	223
1220	18200	18940	19670	20400	225
1240	18560	19310	20050	20800	227
1260	18920	19680	20440	21190	229
1280	19290	20050	20820	21590	230
1300	1 540 700 19650	1 593 800 20430	1 646 900 21210	1 699 900 21990	232
1320	20020	20810	21600	22390	234
1340	20380	21190	21990	22800	236
1360	20750	21570	22380	23200	238
1380	21120	21950	22780	23610	240
1400	1 808 600 21490	1 870 000 22330	1 931 300 23170	1 992 700 24010	242
1420	21860	22720	23570	24420	244
1440	22240	23100	23970	24830	246
1460	22610	23490	24370	25240	247
1480	22990	23880	24770	25660	249

h	Gurtplattenbreite 300	320	340	360	g_1
1500	2 100 900 23370	2 171 200 24270	2 241 406 25170	2 311 600 26070	251
1520	23750	24660	25570	26480	253
1540	24130	25050	25980	26900	255
1560	24510	25450	26380	27320	257
1580	24890	25840	26790	27740	259
1600	2 418 200 25280	2 498 000 26240	2 577 700 27200	2 657 400 28160	261
1620	25670	26640	27610	28580	263
1640	26050	27040	28020	29010	264
1660	26440	27440	28440	29430	266
1680	26830	27840	28850	29860	268
1700	2 761 100 27230	2 850 900 28250	2 940 700 29270	3 030 500 30290	270
1720	27620	28650	29680	30720	272
1740	28010	29060	30100	31150	274
1760	28410	29470	30520	31580	276
1780	28810	29880	30950	32010	278
1800	3 130 300 29210	3 230 700 30290	3 331 200 31370	3 431 700 32450	279
1820	29610	30700	31790	32880	281
1840	30010	31110	32220	33320	283
1860	30410	31530	32650	33760	285
1880	30820	31950	33070	34200	287
1900	3 526 200 31220	3 637 900 32360	3 749 700 33500	3 861 400 34640	289
1920	31630	32780	33930	35090	291
1940	32040	33200	34370	35530	293
1960	32450	33630	34800	35980	295
1980	32860	34050	35240	36430	296
2000	3 949 500 33270	4 073 100 34470	4 196 800 35670	4 320 400 36870	298
2050	34310	35540	36770	38000	303
2100	35360	36620	37880	39140	308
2150	36410	37700	38990	40280	312
2200	37480	38800	40120	41440	317
2250	5 131 600 38550	5 287 500 39900	5 443 500 41250	5 599 500 42600	322
2300	39630	41010	42390	43770	327
2350	40720	42130	43540	44950	331
2400	41820	43260	44700	46140	336
2450	42920	44390	45870	47340	341
2500	6 498 000 44040	6 690 100 45540	6 882 100 47040	7 074 200 48540	345
g_2	141	151	160	170	

L 140 · 140 · 13

Bl 12 ⌀ 23 t = 45

h	Gurtplattenbreite 300	320	340	360	g_1	h	Gurtplattenbreite 300	320	340	360	g_1
600	400650 9970	419400 10520	438150 11060	456900 11610	166	1500	2659100 28870	2766500 30220	2874000 31580	2981400 32930	251
620	10360	10920	11480	12040	168	1520	29330	30700	32070	33440	253
640	10740	11320	11900	12480	170	1540	29780	31170	32560	33940	255
660	11130	11730	12330	12920	172	1560	30240	31640	33050	34460	257
680	11520	12140	12750	13370	174	1580	30700	32120	33540	34970	259
700	547180 11910	572190 12550	597200 13180	622200 13810	176	1600	3049500 31160	3171300 32600	3293100 34040	3414900 35480	261
720	12310	12960	13610	14260	178	1620	31620	33080	34540	36000	263
740	12700	13370	14040	14710	180	1640	32080	33560	35040	36510	264
760	13100	13780	14470	15160	182	1660	32540	34040	35540	37030	266
780	13500	14200	14910	15610	183	1680	33010	34520	36040	37550	268
800	718420 13900	750580 14620	782740 15340	814910 16060	185	1700	3470100 33480	3607100 35010	3744200 36540	3881200 38070	270
820	14300	15040	15780	16520	187	1720	33950	35490	37040	38590	272
840	14700	15460	16220	16980	189	1740	34410	35980	37550	39120	274
860	15110	15880	16660	17440	191	1760	34890	36470	38060	39640	276
880	15510	16310	17100	17900	193	1780	35360	36960	38560	40170	278
900	914960 15920	955170 16730	995390 17550	1035600 18360	195	1800	3921300 35830	4074500 37450	4227700 39070	4380900 40700	279
920	16330	17160	17990	18820	197	1820	36310	37950	39590	41220	281
940	16740	17590	18440	19290	198	1840	36780	38440	40100	41760	283
960	17160	18020	18890	19760	200	1860	37260	38940	40610	42290	285
980	17570	18460	19340	20220	202	1880	37740	39430	41130	42820	287
1000	1137400 17990	1186600 18890	1235700 19790	1284900 20690	204	1900	4403800 38220	4574100 39930	4744400 41640	4914600 43360	289
1020	18410	19330	20250	21170	206	1920	38700	40430	42160	43890	291
1040	18820	19760	20700	21640	208	1940	39190	40930	42680	44430	293
1060	19250	20200	21160	22110	210	1960	39670	41440	43200	44970	295
1080	19670	20640	21620	22590	212	1980	40160	41940	43720	45510	296
1100	1386300 20090	1445400 21080	1504400 22080	1563400 23070	214	2000	4918300 40650	5106500 42450	5294700 44250	5482900 46050	298
1120	20520	21530	22540	23550	215	2050	41870	43720	45560	47410	303
1140	20940	21970	23000	24030	217	2100	43100	45000	46890	48780	308
1160	21370	22420	23460	24510	219	2150	44350	46280	48220	50160	312
1180	21800	22860	23930	24990	221	2200	45600	47580	49560	51540	317
1200	1662400 22230	1732200 23310	1801900 24400	1871700 25480	223	2250	6347900 46860	6584900 48880	6822000 50910	7059000 52940	322
1220	22660	23760	24860	25960	225	2300	48130	50200	52270	54340	327
1240	23100	24220	25330	26450	227	2350	49400	51520	53630	55750	331
1260	23530	24670	25810	26940	229	2400	50690	52850	55010	57170	336
1280	23970	25120	26280	27430	230	2450	51980	54190	56390	58600	341
1300	1966100 24410	2047500 25580	2129000 26750	2210400 27920	232	2500	7990000 53280	8281500 55540	8572900 57790	8864400 60040	345
1320	24850	26040	27230	28420	234						
1340	25290	26500	27710	28910	236						
1360	25730	26960	28180	29410	238						
1380	26180	27420	28660	29910	240						
1400	2298100 26620	2392100 27880	2486100 29150	2580100 30410	242						
1420	27070	28350	29630	30910	244						
1440	27520	28820	30110	31410	246						
1460	27970	29280	30600	31920	247						
1480	28420	29750	31090	32420	249	g_2	212	226	240	254	

⌊ 150 · 150 · 14

Bl 12 Ø 23 t = 12

h	Gurtplattenbreite 320	340	360	380	g_1
600	204120 5750	208610 5900	213110 6040	217600 6190	183
620	6000	6150	6300	6450	185
640	6250	6400	6560	6710	187
660	6500	6660	6820	6970	189
680	6750	6910	7080	7240	191
700	287840 7000	293930 7170	300010 7340	306100 7510	193
720	7260	7430	7610	7780	194
740	7520	7690	7870	8050	196
760	7780	7960	8140	8320	198
780	8040	8220	8410	8600	200
800	387670 8300	395580 8490	403490 8680	411410 8870	202
820	8560	8760	8960	9150	204
840	8830	9030	9230	9430	206
860	9090	9300	9510	9710	208
880	9360	9570	9790	10000	209
900	504190 9630	514170 9850	524160 10060	534140 10280	211
920	9900	10130	10350	10570	213
940	10180	10400	10630	10850	215
960	10450	10680	10910	11140	217
980	10730	10960	11200	11430	219
1000	638020 11010	650310 11250	662600 11490	674890 11730	221
1020	11280	11530	11770	12020	223
1040	11560	11810	12060	12310	225
1060	11850	12100	12360	12610	226
1080	12130	12390	12650	12910	228
1100	789740 12410	804580 12680	819420 12940	834260 13210	230
1120	12700	12970	13240	13510	232
1140	12990	13260	13540	13810	234
1160	13280	13560	13830	14110	236
1180	13570	13850	14130	14420	238
1200	959970 13860	977590 14150	995220 14440	1 012 800 14720	240
1220	14150	14450	14740	15030	241
1240	14450	14750	15040	15340	243
1260	14740	15050	15350	15650	245
1280	15040	15350	15660	15960	247
1300	1 149 300 15340	1 169 900 15650	1 190 600 15970	1 211 300 16280	249
1320	15640	15960	16280	16590	251
1340	15940	16270	16590	16910	253
1360	16250	16570	16900	17230	255
1380	16550	16880	17210	17550	257
1400	1 358 300 16860	1 382 200 17190	1 406 200 17530	1 430 100 17870	258
1420	17170	17510	17850	18190	260
1440	17470	17820	18170	18510	262
1460	17780	18140	18490	18840	264
1480	18100	18450	18810	19160	266

h	Gurtplattenbreite 320	340	360	380	g_1
1500	1 587 600 18410	1 615 100 18770	1 642 500 19130	1 669 900 19490	268
1520	18720	19090	19450	19820	270
1540	19040	19410	19780	20150	272
1560	19360	19730	20110	20480	274
1580	19680	20060	20430	20810	275
1600	1 837 900 20000	1 869 000 20380	1 900 200 20760	1 931 400 21150	277
1620	20320	20710	21100	21490	279
1640	20640	21030	21430	21820	281
1660	20970	21360	21760	22160	283
1680	21290	21690	22100	22500	285
1700	2 109 600 21620	2 144 800 22030	2 179 900 22430	2 215 100 22840	287
1720	21950	22360	22770	23190	289
1740	22280	22690	23110	23530	290
1760	22610	23030	23450	23870	292
1780	22940	23370	23790	24220	294
1800	2 403 400 23270	2 442 800 23710	2 482 200 24140	2 521 600 24570	296
1820	23610	24050	24480	24920	298
1840	23950	24390	24830	25270	300
1860	24280	24730	25180	25620	302
1880	24620	25080	25530	25980	304
1900	2 719 900 24960	2 763 800 25420	2 807 700 25880	2 851 500 26330	306
1920	25310	25770	26230	26690	307
1940	25650	26120	26580	27050	309
1960	26000	26470	26940	27410	311
1980	26340	26820	27290	27770	313
2000	3 059 800 26690	3 108 300 27170	3 156 900 27650	3 205 500 28130	315
2050	27570	28060	28550	29040	320
2100	28450	28950	29460	29960	324
2150	29340	29860	30370	30890	329
2200	30240	30770	31300	31830	334
2250	4 015 200 31150	4 076 600 31690	4 138 000 32230	4 199 400 32770	339
2300	32070	32620	33180	33730	343
2350	33000	33560	34130	34690	348
2400	33930	34510	35090	35660	353
2450	34880	35470	36050	36640	357
2500	5 129 400 35830	5 205 100 36430	5 280 800 37030	5 356 500 37630	362
g_2	60,3	64,1	67,8	71,6	

∟ 150 · 150 · 14

Bl 12 ⌀ 23 t = 15

h	Gurtplattenbreite 320	340	360	380	g_1	h	Gurtplattenbreite 320	340	360	380	g_1
600	222 990 6210	228 660 6390	234 340 6570	240 010 6750	183	1500	1 699 600 19590	1 734 000 20040	1 758 400 20490	1 802 800 20940	268
620	6470	6660	6850	7030	185	1520	19920	20380	20830	21290	270
640	6740	6930	7120	7310	187	1540	20250	20720	21180	21640	272
660	7000	7200	7400	7600	189	1560	20590	21050	21520	21990	274
680	7270	7480	7680	7880	191	1580	20920	21400	21870	22340	275
700	313 210 7540	320 880 7750	328 550 7960	336 220 8170	193	1600	1 964 900 21260	2 004 000 21740	2 043 200 22220	2 082 300 22700	277
720	7810	8030	8250	8460	194	1620	21600	22080	22570	23050	279
740	8090	8310	8530	8750	196	1640	21930	22430	22920	23410	281
760	8360	8590	8820	9050	198	1660	22280	22770	23270	23770	283
780	8640	8870	9110	9340	200	1680	22620	23120	23630	24130	285
800	420 500 8920	430 460 9160	440 430 9400	450 390 9640	202	1700	2 252 700 22960	2 296 900 23470	2 341 000 23980	2 385 100 24490	287
820	9200	9440	9690	9930	204	1720	23300	23820	24340	24850	289
840	9480	9730	9980	10230	206	1740	23650	24170	24700	25220	290
860	9760	10020	10280	10530	208	1760	24000	24530	25050	25580	292
880	10040	10310	10570	10840	209	1780	24350	24880	25420	25950	294
900	545 440 10330	558 000 10600	570 560 10870	583 120 11140	211	1800	2 563 600 24700	2 613 000 25240	2 662 500 25780	2 711 900 26320	296
920	10620	10890	11170	11450	213	1820	25050	25590	26140	26690	298
940	10910	11190	11470	11750	215	1840	25400	25950	26510	27060	300
960	11200	11490	11770	12060	217	1860	25760	26310	26870	27430	302
980	11490	11780	12080	12370	219	1880	26110	26680	27240	27800	304
1000	688 640 11780	704 100 12080	719 550 12380	735 010 12680	221	1900	2 898 200 26470	2 953 200 27040	3 008 200 27610	3 063 200 28180	306
1020	12080	12380	12690	13000	223	1920	26830	27400	27980	28560	307
1040	12370	12690	13000	13310	225	1940	27190	27770	28350	28930	309
1060	12670	12990	13310	13630	226	1960	27550	28140	28720	29310	311
1080	12970	13300	13620	13940	228	1980	27910	28500	29100	29690	313
1100	850 710 13270	869 360 13600	888 010 13930	906 660 14260	230	2000	3 257 000 28270	3 317 900 28880	3 378 800 29480	3 439 700 30080	315
1120	13570	13910	14250	14580	232	2050	29190	29810	30420	31040	320
1140	13880	14220	14560	14900	234	2100	30110	30750	31380	32010	324
1160	14180	14530	14880	15230	236	2150	31050	31690	32340	32980	329
1180	14490	14840	15200	15550	238	2200	31990	32650	33310	33970	334
1200	1 032 200 14800	1 054 400 15160	1 076 500 15520	1 098 700 15880	240	2250	4 264 100 32940	4 341 000 33620	4 418 000 34290	4 494 900 34970	339
1220	15110	15470	15840	16210	241	2300	33900	34590	35280	35970	343
1240	15420	15790	16160	16540	243	2350	34870	35570	36280	36980	348
1260	15730	16110	16490	16870	245	2400	35840	36560	37280	38000	353
1280	16040	16430	16810	17200	247	2450	36830	37560	38300	39030	357
1300	1 233 800 16360	1 259 800 16750	1 285 700 17140	1 311 600 17530	249	2500	5 435 900 37820	5 530 800 38570	5 625 700 39320	5 720 500 40070	362
1320	16680	17070	17470	17870	251						
1340	17000	17400	17800	18200	253						
1360	17310	17720	18130	18540	255						
1380	17640	18050	18460	18880	257						
1400	1 456 100 17960	1 486 100 18380	1 516 100 18800	1 546 200 19220	258						
1420	18280	18710	19130	19560	260						
1440	18610	19040	19470	19900	262						
1460	18930	19370	19810	20250	264	g_2	75,4	80,1	84,8	89,5	
1480	19260	19710	20150	20590	266						

∟ 150 · 150 · 14

Bl 12 ⌀ 23 t = 24

h	Gurtplattenbreite 320	340	360	380	g_1
600	281 790 7590	291 140 7880	300 490 8170	309 840 8460	183
620	7900	8200	8500	8800	185
640	8220	8520	8830	9140	187
660	8530	8850	9160	9480	189
680	8840	9170	9500	9830	191
700	391 860 9160	404 440 9500	417 030 9830	429 610 10170	193
720	9480	9830	10170	10520	194
740	9800	10160	10510	10870	196
760	10120	10490	10850	11220	198
780	10450	10820	11200	11570	200
800	521 870 10770	538 170 11160	554 470 11540	570 770 11930	202
820	11100	11500	11890	12280	204
840	11430	11830	12240	12640	206
860	11760	12180	12590	13000	208
880	12090	12520	12940	13360	209
900	672 410 12430	692 910 12860	713 400 13290	733 900 13730	211
920	12760	13210	13650	14090	213
940	13100	13550	14000	14460	215
960	13440	13900	14360	14820	217
980	13780	14250	14720	15190	219
1000	844 100 14120	869 270 14600	894 440 15080	919 610 15560	221
1020	14460	14950	15440	15930	223
1040	14810	15310	15810	16310	225
1060	15150	15660	16170	16680	226
1080	15500	16020	16540	17060	228
1100	1 037 500 15850	1 067 900 16380	1 098 200 16910	1 128 500 17440	230
1120	16200	16740	17280	17820	232
1140	16550	17100	17650	18200	234
1160	16910	17460	18020	18580	236
1180	17260	17830	18400	18960	238
1200	1 253 300 17620	1 289 300 18200	1 325 200 18770	1 361 200 19350	240
1220	17980	18560	19150	19730	241
1240	18340	18930	19530	20120	243
1260	18700	19300	19910	20510	245
1280	19060	19670	20290	20900	247
1300	1 492 000 19420	1 534 100 20050	1 576 200 20670	1 618 200 21300	249
1320	19790	20420	21050	21690	251
1340	20150	20800	21440	22080	253
1360	20520	21170	21830	22480	255
1380	20890	21550	22220	22880	257
1400	1 754 200 21260	1 802 900 21930	1 851 600 22610	1 900 300 23280	258
1420	21630	22320	23000	23680	260
1440	22010	22700	23390	24080	262
1460	22380	23080	23780	24490	264
1480	22760	23470	24180	24890	266

h	Gurtplattenbreite 320	340	360	380	g_1
1500	2 040 600 23140	2 096 400 23860	2 152 100 24580	2 207 900 25300	268
1520	23520	24240	24970	25700	270
1540	23900	24640	25370	26110	272
1560	24280	25030	25780	26520	274
1580	24660	25420	26180	26940	275
1600	2 351 800 25050	2 415 100 25810	2 478 400 26580	2 541 700 27350	277
1620	25430	26210	26990	27770	279
1640	25820	26610	27390	28180	281
1660	26210	27010	27800	28600	283
1680	26600	27410	28210	29020	285
1700	2 688 200 26990	2 759 600 27810	2 830 900 28620	2 902 200 29440	287
1720	27380	28210	29040	29860	289
1740	27780	28610	29450	30280	290
1760	28170	29020	29860	30710	292
1780	28570	29430	30280	31140	294
1800	3 050 600 28970	3 130 500 29830	3 210 300 30700	3 290 200 31560	296
1820	29370	30240	31120	31990	298
1840	29770	30650	31540	32420	300
1860	30170	31070	31960	32850	302
1880	30580	31480	32380	33290	304
1900	3 439 600 30980	3 528 400 31900	3 617 300 32810	3 706 100 33720	306
1920	31390	32310	33230	34160	307
1940	31800	32730	33660	34590	309
1960	32210	33150	34090	35030	311
1980	32620	33570	34520	35470	313
2000	3 855 700 33030	3 954 000 33990	4 052 300 34950	4 150 600 35910	315
2050	34070	35050	36040	37020	320
2100	35120	36120	37130	38140	324
2150	36170	37200	38230	39270	329
2200	37230	38290	39350	40400	334
2250	5 018 600 38310	5 142 700 39390	5 266 800 40470	5 390 900 41550	339
2300	39390	40490	41590	42700	343
2350	40470	41600	42730	43860	348
2400	41570	42720	43880	45030	353
2450	42680	43850	45030	46210	357
2500	6 364 200 43790	6 517 100 44990	6 670 000 46190	6 822 900 47390	362
g_2	121	128	136	143	

∟ 150 · 150 · 14

Bl 12 ⌀ 23 t = 30

h	Gurtplattenbreite 320	340	360	380	g_1
600	322850 8520	334770 8880	346690 9240	358600 9600	183
620	8860	9240	9610	9980	185
640	9210	9590	9980	10360	187
660	9550	9950	10350	10740	189
680	9900	10310	10720	11130	191
700	446440 10250	462430 10670	478430 11090	494420 11510	193
720	10600	11030	11460	11900	194
740	10950	11400	11840	12290	196
760	11310	11760	12220	12680	198
780	11660	12130	12600	13070	200
800	591880 12020	612560 12500	633230 12980	653910 13470	202
820	12380	12870	13360	13860	204
840	12740	13240	13750	14250	206
860	13100	13620	14140	14650	208
880	13470	13990	14520	15050	209
900	759780 13830	785740 14370	811700 14910	837650 15450	211
920	14200	14750	15300	15860	213
940	14570	15130	15700	16260	215
960	14940	15520	16090	16670	217
980	15310	15900	16490	17080	219
1000	950750 15680	982580 16290	1014400 16890	1046300 17490	221
1020	16060	16670	17290	17900	223
1040	16440	17060	17690	18310	225
1060	16810	17450	18090	18720	226
1080	17190	17840	18490	19140	228
1100	1165400 17580	1203700 18240	1242000 18900	1280300 19560	230
1120	17960	18630	19300	19980	232
1140	18340	19030	19710	20400	234
1160	18730	19420	20120	20820	236
1180	19110	19820	20530	21240	238
1200	1404300 19500	1449700 20220	1495000 20940	1540400 21660	240
1220	19890	20630	21360	22090	241
1240	20280	21030	21770	22520	243
1260	20680	21430	22190	22950	245
1280	21070	21840	22610	23380	247
1300	1668000 21470	1721100 22250	1774100 23030	1827200 23810	249
1320	21860	22660	23450	24240	251
1340	22270	23070	23870	24680	253
1360	22660	23480	24300	25110	255
1380	23060	23890	24720	25550	257
1400	1957200 23470	2018600 24310	2079900 25150	2141300 25990	258
1420	23870	24720	25580	26430	260
1440	24280	25140	26010	26870	262
1460	24680	25560	26440	27310	264
1480	25090	25980	26870	27760	266

h	Gurtplattenbreite 320	340	360	380	g_1
1500	2272500 25500	2342700 26400	2412900 27300	2483200 28200	268
1520	25910	26830	27740	28650	270
1540	26330	27250	28180	29100	272
1560	26740	27680	28610	29550	274
1580	27160	28110	29050	30000	275
1600	2614400 27570	2694100 28530	2773800 29500	2853500 30460	277
1620	27990	28970	29940	30910	279
1640	28410	29400	30380	31370	281
1660	28830	29830	30830	31820	283
1680	29260	30260	31270	32280	285
1700	2983600 29680	3073400 30700	3163200 31720	3253000 32740	287
1720	30110	31140	32170	33200	289
1740	30530	31580	32620	33670	290
1760	30960	32020	33070	34130	292
1780	31390	32460	33530	34600	294
1800	3380600 31820	3481100 32900	3581600 33980	3682000 35060	296
1820	32250	33350	34440	35530	298
1840	32690	33790	34900	36000	300
1860	33120	34240	35360	36470	302
1880	33560	34690	35820	36940	304
1900	3806100 34000	3917900 35140	4029600 36280	4141400 37420	306
1920	34440	35590	36740	37890	307
1940	34880	36040	37210	38370	309
1960	35320	36500	37670	38850	311
1980	35760	36950	38140	39330	313
2000	4260700 36210	4384300 37410	4508000 38610	4631600 39810	315
2050	37330	38560	39790	41020	310
2100	38450	39710	40970	42230	324
2150	39590	40880	42170	43460	329
2200	40730	42050	43370	44690	334
2250	5528200 41880	5684100 43230	5840100 44590	5996000 45940	339
2300	43050	44430	45810	47190	343
2350	44220	45630	47040	48450	348
2400	45390	46830	48270	49720	353
2450	46580	48050	49520	50990	357
2500	6990400 47780	7182400 49280	7374500 50780	7566500 52280	362
g_2	151	160	170	179	

∟ 150 · 150 · 14

Bl 12 ⌀ 23 t = 36

h	Gurtplattenbreite 320	340	360	380	g_1
600	365440 9460	380010 9890	394590 10320	409170 10760	183
620	9830	10280	10720	11170	185
640	10200	10670	11130	11590	187
660	10580	11060	11530	12010	189
680	10960	11450	11940	12430	191
700	502770 11340	522280 11840	541800 12350	561320 12860	193
720	11720	12240	12760	13280	194
740	12110	12640	13170	13710	196
760	12490	13040	13590	14140	198
780	12880	13440	14000	14570	200
800	663880 13270	689050 13850	714230 14420	739410 15000	202
820	13660	14250	14840	15430	204
840	14050	14660	15260	15870	206
860	14450	15070	15690	16310	208
880	14840	15480	16110	16750	209
900	849370 15240	880920 15890	912480 16540	944030 17190	211
920	15640	16300	16970	17630	213
940	16040	16720	17400	18070	215
960	16440	17140	17830	18520	217
980	16850	17550	18260	18970	219
1000	1059800 17250	1098500 17970	1137100 18690	1175800 19420	221
1020	17660	18390	19130	19870	223
1040	18070	18820	19570	20320	225
1060	18480	19240	20010	20770	226
1080	18890	19670	20450	21230	228
1100	1295900 19300	1342400 20100	1388800 20890	1435300 21680	230
1120	19720	20530	21330	22140	232
1140	20130	20960	21780	22600	234
1160	20550	21390	22220	23060	236
1180	20970	21820	22670	23520	238
1200	1558100 21390	1613100 22260	1668100 23120	1723200 23990	240
1220	21810	22690	23570	24450	241
1240	22240	23130	24020	24920	243
1260	22660	23570	24480	25390	245
1280	23090	24010	24930	25860	247
1300	1847100 23520	1911400 24450	1975700 25390	2039900 26330	249
1320	23950	24900	25850	26800	251
1340	24380	25340	26310	27270	253
1360	24810	25790	26770	27750	255
1380	25240	26240	27230	28230	257
1400	2163500 25680	2237800 26690	2312000 27690	2386300 28700	258
1420	26110	27140	28160	29180	260
1440	26550	27590	28630	29660	262
1460	26990	28040	29090	30150	264
1480	27430	28500	29560	30630	266

h	Gurtplattenbreite 320	340	360	380	g_1
1500	2507900 27870	2592800 28950	2677800 30040	2762700 31120	268
1520	28320	29410	30510	31600	270
1540	28760	29870	30980	32090	272
1560	29210	30330	31460	32580	274
1580	29660	30790	31930	33070	275
1600	2880800 30110	2977200 31260	3073600 32410	3170000 33560	277
1620	30560	31720	32890	34060	279
1640	31010	32190	33370	34550	281
1660	31460	32660	33850	35050	283
1680	31920	33130	34340	35550	285
1700	3283000 32370	3391500 33600	3500000 34820	3608500 36050	287
1720	32830	34070	35310	36550	289
1740	33290	34540	35800	37050	290
1760	33750	35020	36290	37550	292
1780	34210	35490	36780	38060	294
1800	3714900 34680	3836300 35970	3957600 37270	4079000 38570	296
1820	35140	36450	37760	39070	298
1840	35610	36930	38260	39580	300
1860	36070	37410	38750	40090	302
1880	36540	37900	39250	40610	304
1900	4177200 37010	4312100 38380	4447100 39750	4582000 41120	306
1920	37480	38870	40250	41630	307
1940	37960	39360	40750	42150	309
1960	38430	39840	41260	42670	311
1980	38910	40330	41760	43190	313
2000	4670400 39380	4819700 40830	4968900 42270	5118200 43710	315
2050	40580	42060	43540	45010	320
2100	41790	43300	44820	46330	324
2150	43010	44560	46100	47650	329
2200	44230	45820	47400	48990	334
2250	6043100 45470	6231200 47090	6419400 48710	6607500 50330	339
2300	46710	48360	50020	51680	343
2350	47960	49650	51340	53040	348
2400	49220	50950	52680	54400	353
2450	50490	52250	54020	55780	357
2500	7622500 51760	7854000 53560	8085600 55360	8317100 57160	362
g_2	181	192	203	215	

L 150 · 150 · 14

Bl 12 Ø 23 t = 45

h	Gurtplattenbreite 320	340	360	380	g_1
600	432 220 10 870	450 970 11 410	469 720 11 960	488 480 12 500	183
620	11 290	11 850	12 410	12 970	185
640	11 710	12 290	12 870	13 450	187
660	12 130	12 730	13 330	13 920	189
680	12 560	13 170	13 790	14 400	191
700	590 600 12 990	615 610 13 620	640 620 14 250	665 620 14 890	193
720	13 420	14 070	14 720	15 370	194
740	13 850	14 520	15 180	15 850	196
760	14 280	14 970	15 650	16 340	198
780	14 720	15 420	16 120	16 830	200
800	775 650 15 150	807 810 15 870	839 970 16 600	872 130 17 320	202
820	15 590	16 330	17 070	17 810	204
840	16 030	16 790	17 550	18 310	206
860	16 470	17 250	18 030	18 800	208
880	16 920	17 710	18 510	19 300	209
900	987 950 17 360	1 028 200 18 170	1 068 400 18 990	1 108 600 19 800	211
920	17 810	18 640	19 470	20 300	213
940	18 260	19 110	19 950	20 800	215
960	18 710	19 570	20 440	21 310	217
980	19 160	20 040	20 930	21 810	219
1000	1 228 100 19 610	1 277 300 20 510	1 326 500 21 420	1 375 600 22 320	221
1020	20 070	20 990	21 910	22 830	223
1040	20 520	21 460	22 400	23 340	225
1060	20 980	21 940	22 890	23 850	226
1080	21 440	22 420	23 390	24 360	228
1100	1 496 700 21 900	1 555 800 22 890	1 614 800 23 890	1 673 800 24 880	230
1120	22 370	23 380	24 390	25 400	232
1140	22 830	23 860	24 890	25 910	234
1160	23 290	24 340	25 390	26 430	236
1180	23 760	24 830	25 890	26 950	238
1200	1 794 400 24 230	1 864 200 25 310	1 934 000 26 390	2 003 800 27 480	240
1220	24 700	25 800	26 900	28 000	241
1240	25 170	26 290	27 410	28 530	243
1260	25 650	26 780	27 920	29 000	245
1280	26 120	27 270	28 430	29 580	247
1300	2 121 800 26 600	2 203 200 27 770	2 284 600 28 940	2 366 100 30 110	249
1320	27 070	28 260	29 450	30 640	251
1340	27 550	28 760	29 970	31 180	253
1360	28 030	29 260	30 480	31 710	255
1380	28 510	29 760	31 000	32 250	257
1400	2 479 400 29 000	2 573 400 30 260	2 667 400 31 520	2 761 300 32 780	258
1420	29 480	30 760	32 040	33 320	260
1440	29 970	31 270	32 560	33 860	262
1460	30 460	31 770	33 090	34 400	264
1480	30 950	32 280	33 610	34 950	266

h	Gurtplattenbreite 320	340	360	380	g_1
1500	2 867 800 31 440	2 975 300 32 790	3 082 700 34 140	3 190 200 35 490	268
1520	31 930	33 300	34 670	36 040	270
1540	32 420	33 810	35 200	36 580	272
1560	32 920	34 320	35 730	37 130	274
1580	33 410	34 830	36 260	37 680	275
1600	3 287 800 33 910	3 409 600 35 350	3 531 400 36 790	3 653 200 38 230	277
1620	34 410	35 870	37 330	38 790	279
1640	34 910	36 390	37 860	39 340	281
1660	35 410	36 910	38 400	39 900	283
1680	35 910	37 430	38 940	40 450	285
1700	3 739 700 36 420	3 876 800 37 950	4 013 900 39 480	4 150 900 41 010	287
1720	36 920	38 470	40 020	41 570	289
1740	37 430	39 000	40 570	42 130	290
1760	37 940	39 530	41 110	42 700	292
1780	38 450	40 050	41 660	43 260	294
1800	4 224 400 38 960	4 377 600 40 580	4 530 800 42 200	4 683 900 43 830	296
1820	39 480	41 110	42 750	44 390	298
1840	39 990	41 650	43 300	44 960	300
1860	40 510	42 180	43 860	45 530	302
1880	41 020	42 720	44 410	46 100	304
1900	4 742 300 41 540	4 912 600 43 250	5 082 800 44 960	5 253 100 46 680	306
1920	42 060	43 790	45 520	47 250	307
1940	42 580	44 330	46 080	47 820	309
1960	43 110	44 870	46 640	48 400	311
1980	43 630	45 410	47 200	48 980	313
2000	5 294 100 44 160	5 482 300 45 960	5 670 500 47 760	5 858 700 49 560	315
2050	45 480	47 320	49 170	51 010	320
2100	46 800	48 700	50 590	52 480	324
2150	48 140	50 080	52 010	53 950	329
2200	49 490	51 470	53 450	55 430	334
2250	6 825 500 50 840	7 062 600 52 870	7 299 600 54 900	7 536 700 56 920	339
2300	52 210	54 280	56 350	58 420	343
2350	53 580	55 690	57 810	59 930	348
2400	54 960	57 120	59 280	61 440	353
2450	56 350	58 550	60 760	62 970	357
2500	8 581 800 57 750	8 873 300 60 000	9 164 800 62 250	9 456 300 64 500	362
g_2	226	240	254	268	

∟ 160 · 160 · 15

Bl 12 　　 ⌀ 23 　　 t = 12

h	Gurtplattenbreite 340	360	380	400	g_1	h	Gurtplattenbreite 340	360	380	400	g_1
900	549 590 10 580	559 580 10 790	569 560 11 010	579 540 11 230	230	1 700	2 288 900 23 620	2 324 000 24 030	2 359 200 24 440	2 394 400 24 850	305
920	10 880	11 100	11 320	11 540	231	1 720	23 980	24 390	24 800	25 220	307
940	11 170	11 400	11 630	11 850	233	1 740	24 340	24 750	25 170	25 590	309
960	11 470	11 710	11 940	12 170	235	1 760	24 690	25 120	25 540	25 960	311
980	11 780	12 010	12 250	12 480	237	1 780	25 050	25 480	25 910	26 330	312
1 000	695 250 12 080	707 540 12 320	719 830 12 560	732 120 12 800	239	1 800	2 605 700 25 410	2 645 100 25 850	2 684 500 26 280	2 723 900 26 710	314
1 020	12 390	12 630	12 880	13 120	241	1 820	25 780	26 210	26 650	27 090	316
1 040	12 690	12 940	13 190	13 440	243	1 840	26 140	26 580	27 020	27 460	318
1 060	13 000	13 250	13 510	13 760	245	1 860	26 500	26 950	27 400	27 840	320
1 080	13 310	13 570	13 830	14 090	246	1 880	26 870	27 320	27 770	28 220	322
1 100	860 210 13 620	875 050 13 890	889 890 14 150	904 730 14 410	248	1 900	2 946 700 27 240	2 990 600 27 690	3 034 400 28 150	3 078 300 28 610	324
1 120	13 930	14 200	14 470	14 740	250	1 920	27 610	28 070	28 530	28 990	326
1 140	14 250	14 520	14 800	15 070	252	1 940	27 980	28 440	28 910	29 370	328
1 160	14 560	14 840	15 120	15 400	254	1 960	28 350	28 820	29 290	29 760	329
1 180	14 880	15 160	15 450	15 730	256	1 980	28 720	29 200	29 670	30 150	331
1 200	1 045 100 15 200	1 062 700 15 490	1 080 300 15 770	1 098 000 16 060	258	2 000	3 312 400 29 100	3 360 900 29 580	3 409 500 30 060	3 458 100 30 540	333
1 220	15 520	15 810	16 100	16 400	260	2 050	30 040	30 530	31 020	31 520	338
1 240	15 840	16 140	16 440	16 730	262	2 100	30 990	31 500	32 000	32 500	343
1 260	16 160	16 470	16 770	17 070	263	2 150	31 950	32 470	32 980	33 500	347
1 280	16 490	16 790	17 100	17 410	265	2 200	32 920	33 450	33 980	34 500	352
1 300	1 250 400 16 810	1 271 100 17 120	1 291 700 17 440	1 312 400 17 750	267	2 250	4 338 500 33 900	4 399 900 34 440	4 461 300 34 980	4 522 700 35 520	357
1 320	17 140	17 460	17 770	18 090	269	2 300	34 880	35 430	35 990	36 540	361
1 340	17 470	17 790	18 110	18 430	271	2 350	35 880	36 440	37 010	37 570	366
1 360	17 800	18 120	18 450	18 780	273	2 400	36 880	37 450	38 030	38 610	371
1 380	18 130	18 460	18 790	19 120	275	2 450	37 890	38 480	39 070	39 660	376
1 400	1 476 900 18 460	1 500 800 18 800	1 524 700 19 130	1 548 700 19 470	277	2 500	5 532 200 38 910	5 607 900 39 510	5 683 600 40 110	5 759 300 40 710	380
1 420	18 800	19 140	19 480	19 820	279	2 600	40 980	41 600	42 220	42 850	390
1 440	19 130	19 480	19 820	20 170	280	2 700	43 080	43 720	44 370	45 020	399
1 460	19 470	19 820	20 170	20 520	282	2 800	45 210	45 880	46 550	47 230	409
1 480	19 810	20 160	20 520	20 870	284	2 900	47 380	48 070	48 770	49 470	418
1 500	1 725 100 20 150	1 752 500 20 510	1 779 900 20 870	1 807 400 21 230	286	3 000	8 459 500 49 580	8 568 300 50 300	8 677 200 51 020	8 786 100 51 740	427
1 520	20 490	20 850	21 220	21 580	288	3 100	51 820	52 560	53 310	54 050	437
1 540	20 830	21 200	21 570	21 940	290	3 200	54 090	54 860	55 620	56 390	446
1 560	21 180	21 550	21 920	22 300	292	3 300	56 390	57 180	57 980	58 770	456
1 580	21 520	21 900	22 280	22 660	294	3 400	58 730	59 550	60 360	61 180	465
1 600	1 995 500 21 870	2 026 700 22 250	2 057 900 22 640	2 089 100 23 020	295	3 500	12 169 000 61 110	12 317 000 61 950	12 465 000 62 790	12 613 000 63 630	474
1 620	22 220	22 610	22 990	23 380	297	3 600	63 510	64 380	65 240	66 100	484
1 640	22 570	22 960	23 350	23 750	299	3 700	65 950	66 840	67 730	68 620	493
1 660	22 920	23 320	23 710	24 110	301	3 800	68 430	69 340	70 250	71 160	503
1 680	23 270	23 670	24 080	24 480	303	3 900	70 940	71 870	72 810	73 750	512
g_2	64,1	67,8	71,6	75,4		4 000	16 737 000 73 480	16 930 000 74 440	17 123 000 75 400	17 316 000 76 360	522

∟ 160 · 160 · 15

Bl 12 ⌀ 23 t = 15

h	Gurtplattenbreite				g_1	h	Gurtplattenbreite				g_1
	340	360	380	400			340	360	380	400	
900	593 420 11 320	605 980 11 590	618 540 11 860	631 100 12 130	230	1 700	2 441 000 25 060	2 485 100 25 570	2 529 200 26 080	2 573 300 26 590	305
920	11 640	11 920	12 190	12 470	231	1 720	25 430	25 950	26 470	26 980	307
940	11 960	12 240	12 520	12 800	233	1 740	25 810	26 330	26 850	27 370	309
960	12 270	12 560	12 850	13 140	235	1 760	26 180	26 710	27 240	27 770	311
980	12 590	12 890	13 180	13 470	237	1 780	26 560	27 090	27 630	28 160	312
1 000	749 040 12 910	764 500 13 210	779 950 13 510	795 410 13 810	239	1 800	2 776 000 26 940	2 825 400 27 480	2 874 800 28 020	2 924 200 28 560	314
1 020	13 240	13 540	13 850	14 150	241	1 820	27 320	27 860	28 410	28 960	316
1 040	13 560	13 870	14 180	14 500	243	1 840	27 700	28 250	28 800	29 360	318
1 060	13 890	14 200	14 520	14 840	245	1 860	28 080	28 640	29 200	29 760	320
1 080	14 210	14 540	14 860	15 180	246	1 880	28 470	29 030	29 590	30 160	322
1 100	924 990 14 540	943 640 14 870	962 290 15 200	980 940 15 530	248	1 900	3 136 100 28 850	3 191 100 29 420	3 246 100 29 990	3 301 100 30 560	324
1 120	14 870	15 210	15 540	15 880	250	1 920	29 240	29 810	30 390	30 970	326
1 140	15 200	15 540	15 890	16 230	252	1 940	29 630	30 210	30 790	31 370	328
1 160	15 530	15 880	16 230	16 580	254	1 960	30 010	30 600	31 190	31 780	329
1 180	15 870	16 220	16 580	16 930	256	1 980	30 400	31 000	31 590	32 190	331
1 200	1 121 900 16 200	1 144 000 16 560	1 166 100 16 920	1 188 300 17 280	258	2 000	3 521 900 30 800	3 582 800 31 400	3 643 700 32 000	3 704 600 32 600	333
1 220	16 540	16 910	17 270	17 640	260	2 050	31 780	32 400	33 010	33 630	338
1 240	16 880	17 250	17 620	18 000	262	2 100	32 780	33 410	34 040	34 670	343
1 260	17 220	17 600	17 980	18 350	263	2 150	33 780	34 430	35 070	35 720	347
1 280	17 560	17 940	18 330	18 710	265	2 200	34 790	35 450	36 110	36 770	352
1 300	1 340 200 17 900	1 366 200 18 290	1 392 100 18 680	1 418 100 19 080	267	2 250	4 602 900 35 810	4 679 900 36 490	4 756 800 37 160	4 833 800 37 840	357
1 320	18 250	18 650	19 040	19 440	269	2 300	36 840	37 530	38 220	38 910	361
1 340	18 590	19 000	19 400	19 800	271	2 350	37 880	38 590	39 290	40 000	366
1 360	18 940	19 350	19 760	20 170	273	2 400	38 930	39 650	40 370	41 090	371
1 380	19 290	19 710	20 120	20 530	275	2 450	39 980	40 720	41 450	42 190	376
1 400	1 580 700 19 640	1 610 800 20 060	1 640 800 20 480	1 670 800 20 900	277	2 500	5 857 800 41 050	5 952 700 41 800	6 047 600 42 550	6 142 500 43 300	380
1 420	19 990	20 420	20 840	21 270	279	2 600	43 200	43 980	44 760	45 540	390
1 440	20 350	20 780	21 210	21 640	280	2 700	45 380	46 190	47 000	47 810	399
1 460	20 700	21 140	21 580	22 010	282	2 800	47 610	48 450	49 290	50 130	409
1 480	21 060	21 500	21 940	22 390	284	2 900	49 860	50 730	51 600	52 470	418
1 500	1 844 000 21 410	1 878 400 21 860	1 912 800 22 310	1 947 300 22 760	286	3 000	8 926 800 52 150	9 063 100 53 050	9 199 500 53 950	9 335 800 54 850	427
1 520	21 770	22 230	22 680	23 140	288	3 100	54 470	55 400	56 330	57 260	437
1 540	22 130	22 590	23 060	23 520	290	3 200	56 830	57 790	58 750	59 710	446
1 560	22 490	22 960	23 430	23 900	292	3 300	59 220	60 210	61 200	62 190	456
1 580	22 860	23 330	23 800	24 280	294	3 400	61 550	62 670	63 690	64 710	465
1 600	2 130 500 23 220	2 169 600 23 700	2 208 800 24 180	2 247 900 24 660	295	3 500	12 804 000 64 110	12 989 000 65 160	13 174 000 66 210	13 360 000 67 260	474
1 620	23 590	24 070	24 560	25 040	297	3 600	66 600	67 680	68 760	69 840	484
1 640	23 950	24 440	24 940	25 430	299	3 700	69 130	70 240	71 350	72 460	493
1 660	24 320	24 820	25 320	25 820	301	3 800	71 690	72 830	73 970	75 110	503
1 680	24 690	25 190	25 700	26 200	303	3 900	74 290	75 460	76 630	77 800	512
g_2	80,1	84,8	89,5	94,2		4 000	17 564 000 76 920	17 805 000 78 120	18 047 000 79 320	18 289 000 80 520	522

⌊ 160 · 160 · 15

Bl 12 Ø 23 t = 24

h	Gurtplattenbreite 340	360	380	400	g_1
900	728 330 13 570	748 820 14 000	769 320 14 440	789 810 14 870	230
920	13 940	14 380	14 820	15 260	231
940	14 310	14 760	15 210	15 660	233
960	14 670	15 140	15 600	16 060	235
980	15 050	15 520	15 990	16 460	237
1000	914 220 15 420	939 390 15 900	964 560 16 380	989 730 16 860	239
1020	15 790	16 280	16 770	17 260	241
1040	16 170	16 670	17 170	17 670	243
1060	16 540	17 050	17 560	18 070	245
1080	16 920	17 440	17 960	18 480	246
1100	1 123 500 17 300	1 153 800 17 830	1 184 100 18 360	1 214 500 18 890	248
1120	17 690	18 220	18 760	19 300	250
1140	18 070	18 620	19 160	19 710	252
1160	18 450	19 010	19 570	20 120	254
1180	18 840	19 400	19 970	20 540	256
1200	1 356 700 19 230	1 392 700 19 800	1 428 700 20 380	1 464 600 20 950	258
1220	19 610	20 200	20 790	21 370	260
1240	20 010	20 600	21 200	21 790	262
1260	20 400	21 000	21 610	22 210	263
1280	20 790	21 410	22 020	22 630	265
1300	1 614 600 21 190	1 656 600 21 810	1 698 700 22 430	1 740 800 23 060	267
1320	21 580	22 220	22 850	23 480	269
1340	21 980	22 620	23 270	23 910	271
1360	22 380	23 030	23 680	24 340	273
1380	22 780	23 440	24 100	24 770	275
1400	1 897 600 23 180	1 946 200 23 850	1 994 900 24 530	2 043 600 25 200	277
1420	23 580	24 270	24 950	25 630	279
1440	23 990	24 680	25 370	26 060	280
1460	24 400	25 100	25 800	26 500	282
1480	24 800	25 510	26 220	26 940	284
1500	2 206 400 25 210	2 262 100 25 930	2 317 900 26 650	2 373 600 27 370	286
1520	25 620	26 350	27 080	27 810	288
1540	26 040	26 770	27 510	28 250	290
1560	26 450	27 200	27 950	28 700	292
1580	26 860	27 620	28 380	29 140	294
1600	2 541 500 27 280	2 604 800 28 050	2 668 100 28 820	2 731 400 29 580	295
1620	27 700	28 480	29 250	30 030	297
1640	28 120	28 900	29 690	30 480	299
1660	28 540	29 330	30 130	30 930	301
1680	28 960	29 770	30 570	31 380	303
g_2	128	136	143	151	

h	Gurtplattenbreite 340	360	380	400	g_1
1700	2 903 700 29 380	2 975 000 30 200	3 046 400 31 010	3 117 700 31 830	305
1720	29 810	30 630	31 460	32 280	307
1740	30 230	31 070	31 900	32 740	309
1760	30 660	31 510	32 350	33 200	311
1780	31 090	31 940	32 800	33 650	312
1800	3 293 400 31 520	3 373 300 32 380	3 453 100 33 250	3 533 000 34 110	314
1820	31 950	32 820	33 700	34 570	316
1840	32 380	33 270	34 150	35 030	318
1860	32 820	33 710	34 600	35 500	320
1880	33 250	34 160	35 060	35 960	322
1900	3 711 300 33 690	3 800 200 34 600	3 889 000 35 520	3 977 900 36 430	324
1920	34 130	35 050	35 970	36 900	326
1940	34 570	35 500	36 430	37 360	328
1960	35 010	35 950	36 890	37 830	329
1980	35 450	36 400	37 360	38 310	331
2000	4 158 000 35 900	4 256 300 36 860	4 354 600 37 820	4 453 000 38 780	333
2050	37 010	38 000	38 980	39 970	338
2100	38 140	39 150	40 160	41 160	343
2150	39 270	40 310	41 340	42 370	347
2200	40 420	41 470	42 530	43 580	352
2250	5 404 600 41 570	5 528 700 42 650	5 652 800 43 730	5 776 900 44 810	357
2300	42 730	43 830	44 930	46 040	361
2350	43 890	45 020	46 150	47 280	366
2400	45 070	46 220	47 370	48 530	371
2450	46 260	47 430	48 610	49 780	376
2500	6 844 100 47 450	6 997 000 48 650	7 149 900 49 850	7 302 800 51 050	380
2600	49 860	51 110	52 360	53 610	390
2700	52 310	53 610	54 900	56 200	399
2800	54 790	56 140	57 480	58 830	409
2900	57 310	58 710	60 090	61 480	418
3000	10 340 000 59 860	10 559 000 61 300	10 779 000 62 740	10 998 000 64 180	427
3100	62 440	63 930	65 420	66 910	437
3200	65 060	66 600	68 140	69 670	446
3300	67 720	69 300	70 880	72 470	456
3400	70 400	72 040	73 670	75 300	465
3500	14 720 000 73 120	15 018 000 74 800	15 316 000 76 480	15 614 000 78 170	474
3600	75 880	77 610	79 340	81 060	484
3700	78 670	80 450	82 220	84 000	493
3800	81 490	83 320	85 140	86 970	503
3900	84 350	86 220	88 100	89 970	512
4000	20 060 000 87 240	20 448 000 89 160	20 837 000 91 080	21 225 000 93 000	522

∟ 160 · 160 · 15

Bl 12 Ø 23 t = 30

h	Gurtplattenbreite 340	360	380	400	g_1	h	Gurtplattenbreite 340	360	380	400	g_1
900	821 160 15070	847 120 15620	873 070 16160	899 030 16700	230	1700	3 217 500 32270	3 307 300 33290	3 397 100 34310	3 486 900 35330	305
920	15470	16030	16580	17130	231	1720	32720	33760	34790	35820	307
940	15880	16440	17010	17570	233	1740	33190	34230	35270	36320	309
960	16280	16850	17430	18010	235	1760	33650	34700	35760	36820	311
980	16690	17270	17860	18450	237	1780	34110	35180	36250	37320	312
1000	1 027 500 17090	1 059 400 17690	1 091 200 18290	1 123 000 18890	239	1800	3 644 000 34580	3 744 500 35660	3 845 000 36740	3 945 400 37820	314
1020	17500	18110	18730	19340	241	1820	35040	36130	37230	38320	316
1040	17910	18540	19160	19780	243	1840	35510	36610	37720	38820	318
1060	18320	18960	19600	20230	245	1860	35980	37100	38210	39330	320
1080	18740	19380	20030	20680	246	1880	36450	37580	38710	39830	322
1100	1 259 300 19150	1 297 600 19810	1 336 000 20470	1 374 300 21130	248	1900	4 100 800 36920	4 212 500 38060	4 324 300 39200	4 436 000 40340	324
1120	19570	20240	20910	21580	250	1920	37390	38550	39700	40850	326
1140	19980	20670	21350	22040	252	1940	37870	39030	40200	41360	328
1160	20400	21100	21800	22490	254	1960	38350	39520	40700	41870	329
1180	20820	21530	22240	22950	256	1980	38820	40010	41200	42390	331
1200	1 517 100 21240	1 562 500 21970	1 607 900 22690	1 653 300 23410	258	2000	4 588 300 39300	4 712 000 40500	4 835 600 41700	4 959 200 42900	333
1220	21670	22400	23130	23870	260	2050	40510	41740	42970	44200	338
1240	22090	22840	23580	24330	262	2100	41720	42980	44240	45500	343
1260	22520	23280	24030	24790	263	2150	42940	44230	45520	46810	347
1280	22950	23720	24480	25250	265	2200	44170	45490	46810	48130	352
1300	1 801 600 23380	1 854 600 24160	1 907 700 24940	1 960 800 25720	267	2250	5 946 000 45400	6 102 000 46750	6 258 000 48100	6 413 900 49460	357
1320	23810	24600	25390	26190	269	2300	46650	48030	49410	50790	361
1340	24240	25040	25850	26650	271	2350	47910	49320	50730	52140	366
1360	24670	25490	26310	27120	273	2400	49170	50610	52050	53490	371
1380	25110	25940	26770	27590	275	2450	50440	51910	53380	54850	376
1400	2 113 200 25550	2 174 600 26390	2 235 900 27230	2 297 300 28070	277	2500	7 509 500 51720	7 701 500 53220	7 893 600 54720	8 085 600 56220	380
1420	25980	26840	27690	28540	279	2600	54310	55870	57430	58990	390
1440	26420	27290	28150	29020	280	2700	56930	58550	60170	61790	399
1460	26860	27740	28620	29490	282	2800	59590	61270	62950	64630	409
1480	27310	28190	29080	29970	284	2900	62280	64020	65760	67500	418
1500	2 452 700 27750	2 522 900 28650	2 593 200 29550	2 663 400 30450	286	3000	11 291 000 65000	11 567 000 66800	11 842 000 68600	12 117 000 70400	427
1520	28200	29110	30020	30930	288	3100	67760	69620	71480	73340	437
1540	28640	29570	30490	31420	290	3200	70550	72470	74390	76310	446
1560	29090	30030	30960	31900	292	3300	73380	75360	77340	79320	456
1580	29540	30490	31440	32380	294	3400	76240	78280	80320	82360	465
1600	2 820 600 29990	2 900 300 30950	2 980 000 31910	3 059 700 32870	295	3500	16 008 000 79140	16 382 000 81240	16 756 000 83340	17 130 000 85440	474
1620	30440	31410	32390	33360	297	3600	82070	84230	86390	88550	484
1640	30900	31880	32860	33850	299	3700	85030	87250	89470	91690	493
1660	31350	32350	33340	34340	301	3800	88030	90310	92590	94870	503
1680	31810	32820	33820	34830	303	3900	91060	93400	95740	98080	512
g_2	160	170	179	188		4000	21 736 000 94130	22 223 000 96530	22 710 000 98930	23 198 000 101 300	522

∟ 160 · 160 · 15

Bl 12 Ø 23 t = 36

h	Gurtplattenbreite 340	360	380	400	g_1	h	Gurtplattenbreite 340	360	380	400	g_1
900	916340 16580	947900 17230	979450 17880	1011000 18530	230	1700	3535600 35150	3644100 36380	3752600 37600	3861100 38830	305
920	17020	17680	18340	19010	231	1720	35650	36890	38120	39360	307
940	17450	18130	18810	19490	233	1740	36140	37390	38650	39900	309
960	17890	18580	19280	19970	235	1760	36640	37910	39170	40440	311
980	18330	19040	19740	20450	237	1780	37140	38420	39700	40980	312
1000	1143400 18770	1182100 19490	1220700 20210	1259400 20940	239	1800	3999200 37640	4120500 38930	4241900 40230	4363300 41530	314
1020	19210	19950	20690	21420	241	1820	38140	39450	40760	42070	316
1040	19660	20410	21160	21910	243	1840	38640	39960	41290	42620	318
1060	20100	20870	21630	22400	245	1860	39140	40480	41820	43160	320
1080	20550	21330	22110	22890	246	1880	39650	41000	42360	43710	322
1100	1398000 21000	1444500 21790	1490900 22590	1537400 23380	248	1900	4495000 40150	4630000 41520	4764900 42890	4899900 44260	324
1120	21450	22260	23070	23870	250	1920	40660	42050	43430	44810	326
1140	21900	22720	23550	24370	252	1940	41170	42570	43970	45360	328
1160	22360	23190	24030	24860	254	1960	41680	43090	44510	45920	329
1180	22810	23660	24510	25360	256	1980	42200	43620	45050	46470	331
1200	1680600 23270	1735600 24130	1790600 25000	1845700 25860	258	2000	5023700 42710	5173000 44150	5322200 45590	5471400 47030	333
1220	23730	24600	25480	26360	260	2050	44000	45480	46950	48430	338
1240	24180	25080	25970	26870	262	2100	45300	46810	48320	49830	343
1260	24650	25550	26460	27370	263	2150	46600	48150	49700	51250	347
1280	25110	26030	26950	27880	265	2200	47920	49500	51090	52670	352
1300	1991900 25570	2056200 26510	2120400 27450	2184700 28380	267	2250	6493100 49250	6681300 50870	6869400 52490	7057600 54110	357
1320	26040	26990	27940	28890	269	2300	50580	52230	53890	55550	361
1340	26500	27470	28440	29400	271	2350	51920	53610	55300	57000	366
1360	26970	27950	28930	29910	273	2400	53270	55000	56730	58460	371
1380	27440	28440	29430	30430	275	2450	54630	56390	58160	59920	376
1400	2332400 27910	2406700 28920	2480900 29930	2555200 30940	277	2500	8181100 56000	8412600 57800	8644200 59600	8875700 61400	380
1420	28390	29410	30430	31460	279	2600	58760	60630	62500	64380	390
1440	28860	29900	30930	31970	280	2700	61550	63500	65440	67390	399
1460	29340	30390	31440	32490	282	2800	64380	66400	68420	70430	409
1480	29810	30880	31940	33010	284	2900	67250	69340	71420	73510	418
1500	2702800 30290	2787800 31370	2872700 32450	2957700 33530	286	3000	12250000 70150	12582000 72310	12914000 74470	13245000 76630	427
1520	30770	31870	32960	34060	288	3100	73080	75310	77540	79780	437
1540	31250	32360	33470	34580	290	3200	76050	78350	80650	82960	446
1560	31730	32860	33980	35110	292	3300	79050	81420	83800	86180	456
1580	32220	33360	34490	35630	294	3400	82080	84530	86980	89430	465
1600	3103700 32700	3200100 33860	3296400 35010	3392800 36160	295	3500	17305000 85150	17755000 87670	18206000 90190	18656000 92710	474
1620	33190	34360	35520	36690	297	3600	88250	90850	93440	96030	484
1640	33680	34860	36040	37220	299	3700	91390	94060	96720	99390	493
1660	34170	35360	36560	37760	301	3800	94560	97300	100000	102800	503
1680	34660	35870	37080	38290	303	3900	97770	100600	103400	106200	512
g_2	192	203	215	226		4000	23422000 101000	24009000 103900	24595000 106800	25182000 109700	522

∟ 160 · 160 · 15

Bl 12 Ø 23 t = 45

h	Gurtplattenbreite 340	360	380	400	g_1	*h*	Gurtplattenbreite 340	360	380	400	g_1
900	1 063 600 18850	1 103 800 19670	1 144 000 20480	1 184 200 21 290	230	1 700	4 020 900 39490	4 158 000 41 020	4 295 000 42 550	4 432 100 44 080	305
920	19 340	20 170	21 000	21 830	231	1 720	40030	41 580	43 130	44 680	307
940	19 830	20 680	21 520	22 370	233	1 740	40 580	42 150	43 720	45 280	309
960	20 320	21 180	22 050	22 920	235	1 760	41 130	42 720	44 300	45 890	311
980	20 810	21 690	22 580	23 460	237	1 780	41 680	43 280	44 890	46 490	312
1 000	1 322 200 21 300	1 371 400 22 200	1 420 600 23 100	1 469 700 24 010	239	1 800	4 540 500 42 230	4 693 700 43 850	4 846 900 45 470	5 000 200 47 100	314
1 020	21 790	22 710	23 630	24 550	241	1 820	42 780	44 420	46 060	47 700	316
1 040	22 290	23 230	24 170	25 100	243	1 840	43 340	45 000	46 650	48 310	318
1 060	22 790	23 740	24 700	25 650	245	1 860	43 890	45 570	47 250	48 920	320
1 080	23 280	24 260	25 230	26 210	246	1 880	44 450	46 150	47 840	49 530	322
1 100	1 611 400 23 790	1 670 400 24 780	1 729 500 25 770	1 788 500 26 760	248	1 900	5 095 400 45 010	5 265 700 46 720	5 436 000 48 430	5 606 200 50 140	324
1 120	24 290	25 300	26 310	27 320	250	1 920	45 570	47 300	49 030	50 760	326
1 140	24 790	25 820	26 850	27 870	252	1 940	46 130	47 880	49 630	51 370	328
1 160	25 300	26 340	27 390	28 430	254	1 960	46 690	48 460	50 220	51 990	329
1 180	25 800	26 870	27 930	28 990	256	1 980	47 260	49 040	50 820	52 610	331
1 200	1 931 700 26 310	2 001 500 27 390	2 071 200 28 470	2 141 000 29 560	258	2 000	5 686 300 47 820	5 874 500 49 630	6 062 700 51 430	6 251 000 53 230	333
1 220	26 820	27 920	29 020	30 120	260	2 050	49 240	51 090	52 940	54 780	338
1 240	27 330	28 450	29 570	30 680	262	2 100	50 670	52 560	54 450	56 350	343
1 260	27 840	28 980	30 110	31 250	263	2 150	52 110	54 050	55 980	57 920	347
1 280	28 360	29 510	30 660	31 820	265	2 200	53 560	55 540	57 520	59 500	352
1 300	2 283 700 28 870	2 365 100 30 040	2 446 600 31 220	2 528 000 32 390	267	2 250	7 324 500 55 010	7 561 500 57 040	7 798 600 59 060	8 035 600 61 090	357
1 320	29 390	30 580	31 770	32 960	269	2 300	56 470	58 550	60 620	62 690	361
1 340	29 910	31 120	32 320	33 530	271	2 350	57 950	60 060	62 180	64 290	366
1 360	30 430	31 650	32 880	34 100	273	2 400	59 430	61 590	63 750	65 910	371
1 380	30 950	32 190	33 440	34 680	275	2 450	60 920	63 120	65 330	67 530	376
1 400	2 668 000 31 470	2 762 000 32 730	2 856 000 34 000	2 950 000 35 260	277	2 500	9 200 300 62 410	9 491 800 64 660	9 783 300 66 920	10 075 000 69 170	380
1 420	32 000	33 280	34 560	35 830	279	2 600	65 440	67 780	70 120	72 460	390
1 440	32 520	33 820	35 120	36 410	280	2 700	68 490	70 920	73 350	75 780	399
1 460	33 050	34 360	35 680	37 000	282	2 800	71 580	74 100	76 620	79 140	409
1 480	33 580	34 910	36 250	37 580	284	2 900	74 710	77 320	79 930	82 540	418
1 500	3 085 300 34 110	3 192 700 35 460	3 300 200 36 810	3 407 600 38 160	286	3 000	13 702 000 77 870	14 120 000 80 570	14 537 000 83 270	14 954 000 85 970	427
1 520	34 640	36 010	37 380	38 750	288	3 100	81 060	83 850	86 640	89 430	437
1 540	35 170	36 560	37 950	39 330	290	3 200	84 290	87 170	90 050	92 940	446
1 560	35 710	37 110	38 520	39 920	292	3 300	87 550	90 520	93 490	96 460	456
1 580	36 240	37 670	39 090	40 510	294	3 400	90 850	93 910	96 970	100 000	465
1 600	3 536 000 36 780	3 657 800 38 220	3 779 600 39 660	3 901 400 41 100	295	3 500	19 267 000 94 180	19 833 000 97 330	20 398 000 100 500	20 964 000 103 600	474
1 620	37 320	38 780	40 240	41 700	297	3 600	97 540	100 800	104 000	107 300	484
1 640	37 860	39 340	40 810	42 290	299	3 700	100 900	104 300	107 600	110 900	493
1 660	38 400	39 900	41 390	42 890	301	3 800	104 400	107 800	111 200	114 600	503
1 680	38 940	40 460	41 970	43 480	303	3 900	107 800	111 300	114 900	118 400	512
g_2	240	254	268	283		4 000	25 970 000 111 300	26 707 000 114 900	27 443 000 118 500	28 179 000 122 100	522

∟ 160 · 160 · 17

Bl 14 Ø 26 t = 15

h	Gurtplattenbreite 340	360	380	400	g_1	*h*	Gurtplattenbreite 340	360	380	400	g_1
900	642 150 12090	654 710 12360	667 270 12630	679 830 12900	262	1700	2 668 500 27080	2 712 600 27590	2 756 700 28100	2 800 900 28610	349
920	12430	12710	12990	13260	264	1720	27490	28010	28520	29040	352
940	12780	13060	13340	13620	266	1740	27900	28420	28950	29470	354
960	13120	13410	13700	13990	268	1760	28310	28840	29370	29900	356
980	13470	13760	14060	14350	270	1780	28730	29260	29800	30330	358
1000	811 930 13820	827 390 14120	842 840 14420	858 300 14720	273	1800	3 037 600 29140	3 087 000 29680	3 136 400 30220	3 185 800 30760	360
1020	14170	14470	14780	15090	275	1820	29560	30110	30650	31200	363
1040	14520	14830	15140	15460	277	1840	29980	30530	31080	31630	365
1060	14870	15190	15510	15830	279	1860	30400	30960	31510	32070	367
1080	15230	15550	15880	16200	281	1880	30820	31380	31950	32510	369
1100	1 004 200 15590	1 022 800 15920	1 041 500 16250	1 060 100 16580	284	1900	3 434 700 31240	3 489 700 31810	3 544 700 32380	3 599 700 32950	371
1120	15940	16280	16620	16950	286	1920	31670	32240	32820	33400	374
1140	16310	16650	16990	17330	288	1940	32090	32680	33260	33840	376
1160	16670	17020	17360	17710	290	1960	32520	33110	33700	34290	378
1180	17030	17390	17740	18090	292	1980	32950	33550	34140	34730	380
1200	1 219 600 17400	1 241 700 17760	1 263 900 18120	1 286 000 18480	295	2000	3 860 600 33380	3 921 500 33980	3 982 400 34580	4 043 300 35180	382
1220	17760	18130	18500	18860	297	2050	34470	35080	35700	36310	388
1240	18130	18510	18880	19250	299	2100	35560	36190	36820	37450	393
1260	18500	18880	19260	19640	301	2150	36670	37310	37960	38610	399
1280	18880	19260	19650	20030	303	2200	37790	38450	39110	39770	404
1300	1 458 800 19250	1 484 800 19640	1 510 700 20030	1 536 700 20420	306	2250	5 055 700 38910	5 132 600 39590	5 209 600 40260	5 286 500 40940	410
1320	19630	20020	20420	20820	308	2300	40050	40740	41430	42120	415
1340	20000	20410	20810	21210	310	2350	41190	41900	42600	43310	421
1360	20380	20790	21200	21610	312	2400	42350	43070	43790	44510	426
1380	20770	21180	21590	22010	314	2450	43510	44250	44980	45720	432
1400	1 722 700 21150	1 752 700 21570	1 782 700 21990	1 812 800 22410	317	2500	6 445 900 44690	6 540 800 45440	6 635 600 46190	6 730 500 46940	437
1420	21530	21960	22380	22810	319	2600	47070	47850	48630	49410	448
1440	21920	22350	22780	23210	321	2700	49490	50300	51110	51920	459
1460	22300	22740	23180	23620	323	2800	51950	52790	53630	54470	470
1480	22690	23140	23580	24030	325	2900	54450	55320	56190	57060	481
1500	2 011 700 23080	2 046 200 23530	2 080 600 23980	2 115 000 24430	327	3000	9 855 200 57000	9 991 500 57900	10 128 000 58800	10 264 000 59700	492
1520	23480	23930	24390	24850	330	3100	59580	60510	61440	62370	503
1540	23870	24330	24800	25260	332	3200	62200	63160	64120	65080	514
1560	24270	24730	25200	25670	334	3300	64860	65850	66840	67830	525
1580	24660	25140	25610	26090	336	3400	67560	68580	69600	70620	536
1600	2 326 800 25060	2 365 900 25540	2 405 000 26020	2 444 200 26500	338	3500	14 176 000 70300	14 361 000 71350	14 547 000 72400	14 732 000 73450	547
1620	25460	25950	26440	26920	341	3600	73080	74160	75240	76320	558
1640	25870	26360	26850	27340	343	3700	75900	77010	78120	79230	569
1660	26270	26770	27270	27760	345	3800	78760	79900	81040	82180	580
1680	26680	27180	27680	28190	347	3900	81660	82830	84000	85170	591
g_2	80,1	84,8	89,5	94,2		4000	19 496 000 84600	19 738 000 85800	19 979 000 87000	20 221 000 88200	602

∟ 160 · 160 · 17

Bl 14 ⌀ 26 t = 30

h	Gurtplattenbreite 340	360	380	400	g_1	h	Gurtplattenbreite 340	360	380	400	g_1
900	869890 15730	895850 16280	921800 16820	947760 17360	262	1700	3445000 34100	3534800 35120	3624600 36140	3714400 37160	349
920	16160	16710	17270	17820	264	1720	34590	35620	36650	37690	352
940	16590	17150	17720	18280	266	1740	35080	36130	37170	38220	354
960	17020	17590	18170	18750	268	1760	35580	36640	37690	38750	356
980	17450	18030	18620	19210	270	1780	36080	37150	38220	39280	358
1000	1090400 17880	1122300 18480	1154100 19080	1185900 19680	273	1800	3905600 36580	4006100 37660	4106600 38740	4207000 39820	360
1020	18310	18920	19540	20150	275	1820	37080	38170	39270	40360	363
1040	18750	19370	20000	20620	277	1840	37580	38690	39790	40900	365
1060	19180	19820	20460	21100	279	1860	38090	39210	40320	41440	367
1080	19630	20270	20920	21570	281	1880	38600	39720	40850	41980	369
1100	1338500 20070	1376800 20730	1415100 21390	1453500 22050	284	1900	4399400 39100	4511100 40240	4622900 41380	4734600 42520	371
1120	20510	21180	21850	22530	286	1920	39610	40770	41920	43070	374
1140	20950	21640	22320	23010	288	1940	40120	41290	42450	43620	376
1160	21400	22100	22790	23490	290	1960	40640	41810	42990	44170	378
1180	21850	22560	23270	23970	292	1980	41150	42340	43530	44720	380
1200	1614900 22300	1660300 23020	1705600 23740	1751000 24460	295	2000	4927000 41670	5050600 42870	5174300 44070	5297900 45270	382
1220	22750	23480	24210	24950	297	2050	42970	44200	45430	46660	388
1240	23200	23950	24690	25440	299	2100	44270	45530	46790	48050	393
1260	23660	24420	25170	25930	301	2150	45590	46880	48170	49460	399
1280	24120	24880	25650	26420	303	2200	46920	48240	49560	50880	404
1300	1920200 24570	1973200 25360	2026300 26140	2079400 26920	306	2250	6398800 48260	6554800 49610	6710700 50960	6866700 52310	410
1320	25030	25830	26620	27410	308	2300	49600	50990	52370	53750	415
1340	25500	26300	27110	27910	310	2350	50960	52370	53780	55190	421
1360	25960	26780	27590	28410	312	2400	52330	53770	55210	56650	426
1380	26430	27250	28080	28910	314	2450	53710	55180	56650	58120	432
1400	2255100 26890	2316500 27730	2377800 28570	2439200 29410	317	2500	8097500 55100	8289600 56600	8481600 58100	8673600 59600	437
1420	27360	28210	29070	29920	319	2600	57900	59460	61020	62580	448
1440	27830	28700	29560	30420	321	2700	60750	62370	63990	65610	459
1460	28300	29180	30060	30930	323	2800	63630	65320	67000	68680	470
1480	28780	29670	30550	31440	325	2900	66560	68300	70040	71780	481
1500	2620500 29250	2690700 30150	2760900 31050	2831200 31950	327	3000	12220000 69530	12495000 71330	12770000 73130	13046000 74930	492
1520	29730	30640	31550	32470	330	3100	72530	74390	76250	78110	503
1540	30210	31130	32060	32980	332	3200	75580	77500	79420	81340	514
1560	30690	31620	32560	33500	334	3300	78670	80650	82630	84610	525
1580	31170	32120	33070	34020	336	3400	81790	83830	85870	87910	536
1600	3016800 31650	3096600 32610	3176300 33570	3256000 34530	338	3500	17381000 84960	17754000 87060	18128000 89160	18502000 91260	547
1620	32140	33110	34080	35060	341	3600	88160	90320	92480	94640	558
1640	32630	33610	34590	35580	343	3700	91410	93630	95850	98070	569
1660	33110	34110	35110	36100	345	3800	94690	96970	99250	101500	580
1680	33600	34610	35620	36630	347	3900	98020	100400	102700	105000	591
g_2	160	170	179	188		4000	23668000 101400	24155000 103800	24643000 106200	25130000 108600	602

L 160 · 160 · 17

Bl 14 Ø 26 t = 45

h	Gurtplattenbreite 340	360	380	400	g_1	h	Gurtplattenbreite 340	360	380	400	g_1
900	1 112 300 19410	1 152 500 20220	1 192 800 21030	1 233 000 21850	262	1700	4 248 400 41130	4 385 500 42660	4 522 500 44190	4 659 600 45720	349
920	19920	20750	21580	22410	264	1720	41710	43260	44810	46360	352
940	20430	21280	22120	22970	266	1740	42290	43850	45420	46990	354
960	20940	21810	22670	23540	268	1760	42870	44450	46040	47620	356
980	21450	22340	23220	24110	270	1780	43450	45050	46660	48260	358
1000	1 385 100 21970	1 434 300 22870	1 483 500 23770	1 532 600 24670	273	1800	4 802 100 44040	4 955 300 45660	5 108 500 47280	5 261 700 48900	360
1020	22490	23410	24330	25250	275	1820	44620	46260	47900	49540	363
1040	23010	23940	24880	25820	277	1840	45210	46870	48520	50180	365
1060	23530	24480	25440	26390	279	1860	45800	47470	49150	50830	367
1080	24050	25020	26000	26970	281	1880	46390	48080	49780	51470	369
1100	1 690 600 24570	1 749 600 25570	1 808 600 26560	1 867 700 27550	284	1900	5 394 000 46980	5 564 300 48690	5 734 600 50410	5 904 800 52120	371
1120	25100	26110	27120	28130	286	1920	47580	49310	51040	52760	374
1140	25630	26660	27690	28710	288	1940	48170	49920	51670	53410	376
1160	26160	27210	28250	29300	290	1960	48770	50540	52300	54070	378
1180	26690	27760	28820	29880	292	1980	49370	51150	52940	54720	380
1200	2 029 400 27230	2 099 200 28310	2 169 000 29390	2 238 800 30470	295	2000	6 024 900 49970	6 213 200 51770	6 401 400 53570	6 589 600 55370	382
1220	27760	28860	29960	31060	297	2050	51480	53330	55170	57020	388
1240	28300	29420	30530	31650	299	2100	53000	54890	56780	58670	393
1260	28840	29970	31110	32250	301	2150	54530	56470	58400	60340	399
1280	29380	30530	31690	32840	303	2200	56070	58050	60030	62010	404
1300	2 402 300 29920	2 483 700 31090	2 565 200 32260	2 646 600 33440	306	2250	7 777 200 57620	8 014 300 59640	8 251 300 61670	8 488 400 63700	410
1320	30470	31660	32850	34030	308	2300	59180	61250	63320	65390	415
1340	31010	32220	33430	34640	310	2350	60750	62860	64980	67100	421
1360	31560	32790	34010	35240	312	2400	62330	64490	66650	68810	426
1380	32110	33350	34600	35840	314	2450	63920	66120	68330	70540	432
1400	2 809 900 32660	2 903 900 33920	2 997 900 35180	3 091 900 36440	317	2500	9 788 400 65520	10 080 000 67770	10 371 000 70020	10 663 000 72270	437
1420	33210	34490	35770	37050	319	2600	68750	71090	73430	75770	448
1440	33770	35060	36360	37660	321	2700	72020	74450	76880	79310	459
1460	34330	35640	36960	38270	323	2800	75330	77850	80370	82890	470
1480	34880	36220	37550	38880	325	2900	78680	81290	83900	86520	481
1500	3 253 000 35440	3 360 500 36790	3 467 900 38150	3 575 400 39500	327	3000	14 631 000 82070	15 048 000 84770	15 465 000 87470	15 883 000 90180	492
1520	36000	37370	38740	40110	330	3100	85500	88290	91090	93880	503
1540	36570	37950	39340	40730	332	3200	88970	91850	94740	97620	514
1560	37130	38540	39940	41350	334	3300	92480	95460	98430	101400	525
1580	37700	39120	40540	41970	336	3400	96040	99100	102200	105200	536
1600	3 732 300 38270	3 854 100 39710	3 975 900 41150	4 097 700 42590	338	3500	20 640 000 99630	21 205 000 102800	21 771 000 105900	22 336 000 109100	547
1620	38830	40290	41750	43210	341	3600	103300	106500	109700	113000	558
1640	39410	40880	42360	43840	343	3700	106900	110300	113600	116900	569
1660	39980	41470	42970	44470	345	3800	110600	114100	117500	120900	580
1680	40550	42070	43580	45090	347	3900	114400	117900	121400	124900	591
g_2	240	254	268	283		4000	27 903 000 118200	28 639 000 121800	29 375 000 125400	30 112 000 129000	602

∟ 160 · 160 · 19

Bl 14 ⌀ 26 t = 15

h	Gurtplattenbreite 340	360	380	400	g_1	h	Gurtplattenbreite 340	360	380	400	g_1
900	678420 12790	690980 13060	703540 13330	716100 13600	279	1700	2813500 28590	2857600 29100	2901800 29610	2945900 30120	367
920	13150	13430	13700	13980	282	1720	29020	29540	30050	30570	370
940	13510	13800	14080	14360	284	1740	29450	29970	30500	31020	372
960	13880	14170	14450	14740	286	1760	29890	30410	30940	31470	374
980	14250	14540	14830	15130	288	1780	30320	30850	31390	31920	376
1000	857810 14610	873260 14910	888720 15210	904170 15510	290	1800	3201300 30760	3250700 31300	3300100 31840	3349500 32380	378
1020	14980	15290	15600	15900	293	1820	31190	31740	32280	32830	381
1040	15360	15670	15980	16290	295	1840	31630	32180	32740	33290	383
1060	15730	16050	16370	16680	297	1860	32070	32630	33190	33750	385
1080	16110	16430	16750	17080	299	1880	32510	33080	33640	34210	387
1100	1060800 16480	1079400 16810	1098100 17140	1116700 17470	301	1900	3618300 32960	3673300 33530	3728300 34100	3783300 34670	389
1120	16860	17200	17530	17870	304	1920	33400	33980	34560	35130	392
1140	17240	17590	17930	18270	306	1940	33850	34430	35020	35600	394
1160	17630	17970	18320	18670	308	1960	34300	34890	35480	36060	396
1180	18010	18360	18720	19070	310	1980	34750	35340	35940	36530	398
1200	1288100 18400	1310200 18760	1332400 19120	1354500 19480	312	2000	4065200 35200	4126100 35800	4187000 36400	4247900 37000	400
1220	18780	19150	19520	19880	315	2050	36340	36950	37570	38180	406
1240	19170	19550	19920	20290	317	2100	37490	38120	38750	39380	411
1260	19570	19940	20320	20700	319	2150	38640	39290	39930	40580	417
1280	19960	20340	20730	21110	321	2200	39810	40470	41130	41790	422
1300	1540400 20350	1566300 20740	1592200 21130	1618200 21520	323	2250	5317800 40990	5394800 41660	5471700 42340	5548700 43010	428
1320	20750	21150	21540	21940	326	2300	42170	42860	43560	44250	433
1340	21150	21550	21950	22350	328	2350	43370	44080	44780	45490	439
1360	21550	21950	22360	22770	330	2400	44580	45300	46020	46740	444
1380	21950	22360	22780	23190	332	2450	45800	46530	47270	48000	450
1400	1818400 22350	1848400 22770	1878400 23190	1908500 23610	334	2500	6772600 47020	6867500 47770	6962400 48520	7057200 49270	455
1420	22760	23180	23610	24030	337	2600	49510	50290	51070	51850	466
1440	23160	23590	24030	24460	339	2700	52030	52840	53650	54460	477
1460	23570	24010	24440	24880	341	2800	54600	55440	56280	57120	488
1480	23980	24420	24870	25310	343	2900	57200	58070	58940	59810	499
1500	2122700 24390	2157200 24840	2191600 25290	2226000 25740	345	3000	10333000 59850	10469000 60750	10605000 61650	10742000 62550	510
1520	24800	25260	25710	26170	348	3100	62530	63460	64390	65320	521
1540	25220	25680	26140	26600	350	3200	65250	66210	67170	68130	532
1560	25630	26100	26570	27040	352	3300	68020	69010	70000	70990	543
1580	26050	26530	27000	27470	354	3400	70820	71840	72860	73880	554
1600	2454200 26470	2493400 26950	2532500 27430	2571600 27910	356	3500	14832000 73660	15018000 74710	15203000 75760	15388000 76810	565
1620	26890	27380	27860	28350	359	3600	76550	77630	78710	79790	576
1640	27310	27810	28300	28790	361	3700	79470	80580	81690	82800	587
1660	27740	28240	28730	29230	363	3800	82430	83570	84710	85850	598
1680	28160	28670	29170	29680	365	3900	85440	86610	87780	88950	609
g_2	80,1	84,8	89,5	94,2		4000	20360000 88480	20602000 89680	20844000 90880	21085000 92080	620

L 160 · 160 · 19

Bl 14 ⌀ 26 t = 30

h	Gurtplattenbreite 340	360	380	400	g_1	h	Gurtplattenbreite 340	360	380	400	g_1
900	906160 16410	932120 16950	958070 17490	984030 18050	279	1700	3590000 35580	3679800 36600	3769600 37620	3859400 38640	367
920	16850	17410	17960	18510	282	1720	36090	37130	38160	39190	370
940	17300	17870	18430	19000	284	1740	36610	37650	38700	39740	372
960	17750	18330	18900	19480	286	1760	37130	38180	39240	40300	374
980	18200	18790	19380	19970	288	1780	37650	38710	39780	40850	376
1000	1136300 18650	1168100 19250	1200000 19850	1231800 20450	290	1800	4069300 38170	4169800 39250	4270300 40330	4370800 41410	378
1020	19110	19720	20330	20940	293	1820	38690	39780	40870	41960	381
1040	19560	20190	20810	21440	295	1840	39210	40320	41420	42520	383
1060	20020	20660	21290	21930	297	1860	39740	40850	41970	43090	385
1080	20480	21130	21780	22430	299	1880	40260	41390	42520	43650	387
1100	1395100 20940	1433400 21600	1471800 22260	1510100 22920	301	1900	4583000 40790	4694700 41930	4806500 43070	4918200 44210	389
1120	21400	22080	22750	23420	304	1920	41320	42480	43630	44780	392
1140	21870	22550	23240	23920	306	1940	41850	43020	44180	45350	394
1160	22340	23030	23730	24430	308	1960	42390	43560	44740	45920	396
1180	22800	23510	24220	24930	310	1980	42920	44110	45300	46490	398
1200	1683400 23270	1728800 23990	1774100 24720	1819500 25440	312	2000	5131600 43460	5255200 44660	5378900 45860	5502500 47060	400
1220	23750	24480	25210	25940	315	2050	44810	46040	47270	48500	406
1240	24220	24960	25710	26450	317	2100	46170	47430	48690	49950	411
1260	24700	25450	26210	26960	319	2150	47540	48830	50120	51410	417
1280	25170	25940	26710	27480	321	2200	48920	50240	51560	52880	422
1300	2001700 25650	2054800 26430	2107800 27210	2160900 27990	323	2250	6660900 50310	6816900 51660	6972800 53010	7128800 54360	428
1320	26130	26920	27720	28510	326	2300	51710	53090	54470	55850	433
1340	26610	27420	28220	29030	328	2350	53110	54520	55940	57350	439
1360	27100	27910	28730	29550	330	2400	54530	55970	57410	58850	444
1380	27580	28410	29240	30070	332	2450	55960	57430	58900	60370	450
1400	2350800 28070	2412200 28910	2473500 29750	2534900 30590	334	2500	8424300 57400	8616300 58900	8808300 60400	9000400 61900	455
1420	28560	29410	30260	31120	337	2600	60310	61870	63430	64990	466
1440	29050	29910	30780	31640	339	2700	63260	64880	66500	68120	477
1460	29540	30420	31300	32170	341	2800	66250	67930	69610	71290	488
1480	30040	30930	31810	32700	343	2900	69280	71020	72760	74500	499
1500	2731400 30530	2801700 31430	2871900 32330	2942200 33230	345	3000	12697000 72350	12972000 74150	13248000 75950	13523000 77750	510
1520	31030	31940	32850	33770	348	3100	75460	77320	79180	81040	521
1540	31530	32450	33380	34300	350	3200	78610	80530	82450	84370	532
1560	32030	32970	33900	34840	352	3300	81800	83780	85760	87740	543
1580	32530	33480	34430	35380	354	3400	85030	87070	89110	91150	554
1600	3144300 33040	3224000 34000	3303700 34960	3383400 35920	356	3500	18037000 88290	18411000 90390	18785000 92490	19159000 94590	565
1620	33540	34510	35490	36460	359	3600	91600	93760	95920	98080	576
1640	34050	35030	36020	37000	361	3700	94950	97170	99390	101600	587
1660	34560	35550	36550	37550	363	3800	98340	100600	102900	105200	598
1680	35070	36080	37090	38090	365	3900	101800	104100	106400	108800	609
g_2	160	170	179	188		4000	24532000 105200	25019000 107600	25507000 110000	25994000 112400	620

∟ 160 · 160 · 19

Bl 14 ⌀ 26 t = 45

h	Gurtplattenbreite 340	360	380	400	g_1
900	1 148 600 20 060	1 188 800 20 880	1 229 000 21 690	1 269 200 22 500	279
920	20 590	21 420	22 250	23 080	282
940	21 120	21 970	22 820	23 670	284
960	21 650	22 520	23 390	24 250	286
980	22 190	23 070	23 960	24 840	288
1000	1 431 000 22 720	1 480 200 23 620	1 529 300 24 530	1 578 500 25 430	290
1020	23 260	24 180	25 100	26 020	293
1040	23 800	24 740	25 670	26 610	295
1060	24 340	25 300	26 250	27 210	297
1080	24 880	25 860	26 830	27 800	299
1100	1 747 200 25 430	1 806 200 26 420	1 865 300 27 410	1 924 300 28 400	301
1120	25 970	26 980	27 990	29 000	304
1140	26 520	27 560	28 590	29 620	306
1160	27 070	28 120	29 170	30 210	308
1180	27 630	28 690	29 750	30 820	310
1200	2 097 900 28 180	2 167 700 29 260	2 237 500 30 340	2 307 300 31 430	312
1220	28 740	29 840	30 930	32 030	315
1240	29 290	30 410	31 530	32 650	317
1260	29 850	30 990	32 120	33 260	319
1280	30 410	31 570	32 720	33 870	321
1300	2 483 800 30 980	2 565 300 32 150	2 646 700 33 320	2 728 100 34 490	323
1320	31 540	32 730	33 920	35 110	326
1340	32 110	33 310	34 520	35 730	328
1360	32 670	33 900	35 130	36 350	330
1380	33 240	34 490	35 730	36 970	332
1400	2 905 600 33 810	2 999 600 35 080	3 093 600 36 340	3 187 600 37 600	334
1420	34 390	35 670	36 950	38 230	337
1440	34 960	36 260	37 560	38 860	339
1460	35 540	36 860	38 170	39 490	341
1480	36 120	37 450	38 790	40 120	343
1500	3 364 000 36 700	3 471 500 38 050	3 578 900 39 400	3 686 400 40 750	345
1520	37 280	38 650	40 020	41 390	348
1540	37 860	39 250	40 640	42 020	350
1560	38 450	39 850	41 260	42 660	352
1580	39 030	40 460	41 880	43 300	354
1600	3 859 700 39 620	3 981 500 41 060	4 103 300 42 510	4 225 100 43 950	356
1620	40 210	41 670	43 130	44 590	359
1640	40 800	42 280	43 760	45 240	361
1660	41 400	42 890	44 390	45 880	363
1680	41 990	43 510	45 020	46 530	365
g_2	240	254	268	283	

h	Gurtplattenbreite 340	360	380	400	g_1
1700	4 393 400 42 590	4 530 500 44 120	4 667 600 45 650	4 804 600 47 180	367
1720	43 190	44 740	46 290	47 840	370
1740	43 790	45 360	46 920	48 490	372
1760	44 390	45 970	47 560	49 150	374
1780	44 990	46 600	48 200	49 800	376
1800	4 965 800 45 600	5 119 100 47 220	5 272 300 48 840	5 425 500 50 460	378
1820	46 200	47 840	49 480	51 120	381
1840	46 810	48 470	50 130	51 780	383
1860	47 420	49 100	50 770	52 450	385
1880	48 030	49 730	51 420	53 110	387
1900	5 577 700 48 650	5 747 900 50 360	5 918 200 52 070	6 088 500 53 780	389
1920	49 260	50 990	52 720	54 450	392
1940	49 880	51 630	53 370	55 120	394
1960	50 500	52 260	54 030	55 790	396
1980	51 120	52 900	54 680	56 470	398
2000	6 229 600 51 740	6 417 800 53 540	6 606 000 55 340	6 794 200 57 140	400
2050	53 300	55 140	56 990	58 840	406
2100	54 870	56 760	58 650	60 540	411
2150	56 450	58 390	60 320	62 260	417
2200	58 040	60 020	62 000	63 980	422
2250	8 039 400 59 640	8 276 400 61 670	8 513 500 63 690	8 750 500 65 720	428
2300	61 250	63 320	65 390	67 470	433
2350	62 870	64 990	67 110	69 220	439
2400	64 510	66 670	68 830	70 990	444
2450	66 150	68 350	70 560	72 760	450
2500	10 115 000 67 800	10 407 000 70 050	10 698 000 72 300	10 990 000 74 550	455
2600	71 130	73 470	75 810	78 150	466
2700	74 510	76 940	79 370	81 800	477
2800	77 920	80 440	82 960	85 480	488
2900	81 370	83 980	86 590	89 210	499
3000	15 108 000 84 870	15 525 000 87 570	15 943 000 90 270	16 360 000 92 970	510
3100	88 400	91 190	93 980	96 770	521
3200	91 970	94 860	97 740	100 600	532
3300	95 590	98 560	101 500	104 500	543
3400	99 240	102 300	105 400	108 400	554
3500	21 296 000 102 900	21 862 000 106 100	22 427 000 109 200	22 993 000 112 400	565
3600	106 700	109 900	113 200	116 400	576
3700	110 400	113 800	117 100	120 400	587
3800	114 300	117 700	121 100	124 500	598
3900	118 100	121 600	125 100	128 600	609
4000	28 767 000 122 000	29 503 000 125 600	30 239 000 129 200	30 976 000 132 800	620

∟ 180 · 180 · 16

Bl 14 ⌀ 26 t = 30

h	Gurtplattenbreite 380	400	420	440	g_1	h	Gurtplattenbreite 380	400	420	440	g_1
1500	2820200 31880	2890400 32780	2960600 33690	3030900 34590	339	2500	8668300 59680	8860300 61180	9052400 62680	9244400 64180	449
1520	32400	33310	34220	35140	341	2550	61180	62710	64240	65770	454
1540	32920	33840	34770	35690	343	2600	62680	64240	65800	67360	460
1560	33440	34370	35310	36250	345	2650	64200	65790	67380	68970	465
1580	33960	34910	35850	36800	348	2700	65720	67340	68960	70580	471
1600	3245000 34480	3324700 35440	3404500 36400	3484200 37360	350	2750	10728000 67260	10960000 68910	11191000 70560	11423000 72210	476
1620	35000	35980	36950	37920	352	2800	68810	70490	72170	73850	482
1640	35530	36510	37500	38480	354	2850	70360	72070	73780	75490	487
1660	36060	37050	38050	39050	356	2900	71930	73670	75410	77150	493
1680	36590	37590	38600	39610	359	2950	73500	75270	77050	78820	498
1700	3703600 37120	3793400 38140	3883200 39160	3972900 40180	361	3000	13048000 75090	13323000 76890	13599000 78690	13874000 80490	504
1720	37650	38680	39710	40750	363	3100	78290	80150	82010	83870	515
1740	38180	39230	40270	41320	365	3200	81540	83460	85380	87300	526
1760	38720	39770	40830	41890	367	3300	84820	86800	88780	90760	537
1780	39260	40320	41390	42460	370	3400	88140	90180	92220	94260	548
1800	4196500 39790	4296900 40870	4397400 41950	4497900 43040	372	3500	18514000 91500	18888000 93600	19262000 95700	19636000 97800	559
1820	40330	41430	42520	43610	374	3600	94900	97060	99220	101380	570
1840	40880	41980	43090	44190	376	3700	98340	100600	102800	105000	581
1860	41420	42540	43650	44770	378	3800	101800	104100	106400	108700	592
1880	41970	43100	44220	45350	381	3900	105300	107700	110000	112400	603
1900	4724500 42510	4836200 43650	4948000 44790	5059700 45930	383	4000	25155000 108900	25643000 111300	26130000 113700	26617000 116100	614
1920	43060	44210	45370	46520	385	4100	112500	115000	117400	119900	625
1940	43610	44780	45940	47110	387	4200	116100	118700	121200	123700	636
1960	44160	45340	46520	47690	389	4300	119800	122400	125000	127600	647
1980	44720	45910	47090	48280	392	4400	123600	126200	128800	131500	658
2000	5288200 45270	5411900 46470	5535500 47670	5659100 48870	394	4500	33059000 127300	33674000 130000	34290000 132700	34905000 135400	669
2050	46670	47900	49130	50360	399						
2100	48070	49330	50590	51850	405						
2150	49490	50780	52070	53360	410						
2200	50910	52230	53560	54880	416						
2250	6858800 52350	7014800 53700	7170700 55050	7326700 56400	421						
2300	53800	55180	56560	57940	427						
2350	55250	56660	58070	59480	432						
2400	56720	58160	59600	61040	438						
2450	58190	59660	61130	62600	443	g_2	179	188	198	207	

∟ 180 · 180 · 16

Bl 14 ⌀ 26 t = 45

h	Gurtplattenbreite 380	400	420	440	g_1
1500	3 527 200 38 960	3 634 600 40 310	3 742 100 41 660	3 849 500 43 010	339
1520	39 570	40 940	42 310	43 680	341
1540	40 190	41 570	42 960	44 350	343
1560	40 800	42 210	43 610	45 020	345
1580	41 420	42 840	44 260	45 690	348
1600	4 044 600 42 040	4 166 500 43 480	4 288 300 44 920	4 410 100 46 360	350
1620	42 660	44 120	45 580	47 040	352
1640	43 280	44 760	46 230	47 710	354
1660	43 900	45 400	46 890	48 390	356
1680	44 530	46 040	47 550	49 070	359
1700	4 601 500 45 160	4 738 600 46 690	4 875 600 48 220	5 012 700 49 750	361
1720	45 780	47 330	48 880	50 430	363
1740	46 410	47 980	49 550	51 120	365
1760	47 050	48 630	50 220	51 800	367
1780	47 680	49 280	50 890	52 490	370
1800	5 198 400 48 320	5 351 700 49 940	5 504 900 51 560	5 658 100 53 180	372
1820	48 950	50 590	52 230	53 870	374
1840	49 590	51 250	52 910	54 560	376
1860	50 230	51 910	53 580	55 260	378
1880	50 870	52 570	54 260	55 950	381
1900	5 836 200 51 520	6 006 400 53 230	6 176 700 54 940	6 347 000 56 650	383
1920	52 160	53 890	55 620	57 350	385
1940	52 810	54 560	56 300	58 050	387
1960	53 460	55 220	56 990	58 750	389
1980	54 110	55 890	57 670	59 460	392
2000	6 515 400 54 760	6 703 600 56 560	6 891 800 58 360	7 080 000 60 160	394
2050	56 400	58 240	60 090	61 940	399
2100	58 040	59 940	61 830	63 720	405
2150	59 700	61 640	63 570	65 510	410
2200	61 370	63 350	65 330	67 310	416
2250	8 399 400 63 050	8 636 500 65 070	8 873 500 67 100	9 110 600 69 120	421
2300	64 730	66 800	68 870	70 950	427
2350	66 430	68 550	70 660	72 780	432
2400	68 140	70 300	72 460	74 620	438
2450	69 860	72 060	74 270	76 470	443

h	Gurtplattenbreite 380	400	420	440	g_1
2500	10 558 000 71 590	10 850 000 73 840	11 141 000 76 090	11 433 000 78 340	449
2550	73 320	75 620	77 920	80 210	454
2600	75 070	77 410	79 750	82 090	460
2650	76 830	79 220	81 600	83 990	465
2700	78 600	81 030	83 460	85 890	471
2750	13 002 000 80 380	13 354 000 82 850	13 705 000 85 330	14 057 000 87 800	476
2800	82 160	84 690	87 210	89 730	482
2850	83 960	86 530	89 090	91 660	487
2900	85 770	88 380	90 990	93 600	493
2950	87 590	90 250	92 900	95 560	498
3000	15 743 000 89 420	16 160 000 92 120	16 577 000 94 820	16 995 000 97 520	504
3100	93 110	95 900	98 690	101 500	515
3200	96 830	99 710	102 600	105 500	526
3300	100 600	103 600	106 500	109 500	537
3400	104 400	107 500	110 500	113 600	548
3500	22 157 000 108 300	22 722 000 111 400	23 288 000 114 600	23 854 000 117 700	559
3600	112 100	115 400	118 600	121 900	570
3700	116 100	119 400	122 700	126 100	581
3800	120 000	123 500	126 900	130 300	592
3900	124 000	127 500	131 100	134 600	603
4000	29 888 000 128 100	30 624 000 131 700	31 361 000 135 300	32 097 000 138 900	614
4100	132 200	135 900	139 600	143 200	625
4200	136 300	140 100	143 900	147 600	636
4300	140 500	144 300	148 200	152 100	647
4400	144 700	148 600	152 600	156 500	658
4500	39 024 000 148 900	39 953 000 153 000	40 883 000 157 000	41 813 000 161 100	669
g_2	268	283	297	311	

∟ = 180 · 180 · 20

Bl 14 ⌀ 26 t = 30

h	Gurtplattenbreite 380	400	420	440	g_1
1 500	3 070 100 34 800	3 140 400 35 700	3 210 600 36 600	3 280 900 37 500	380
1 520	35 370	36 280	37 190	38 100	382
1 540	35 930	36 850	37 780	38 700	384
1 560	36 500	37 430	38 370	39 310	386
1 580	37 060	38 010	38 960	39 910	388
1 600	3 532 300 37 630	3 612 000 38 590	3 691 700 39 550	3 771 400 40 520	391
1 620	38 200	39 180	40 150	41 120	393
1 640	38 780	39 760	40 750	41 730	395
1 660	39 350	40 350	41 340	42 340	397
1 680	39 930	40 940	41 950	42 950	399
1 700	4 030 600 40 510	4 120 400 41 530	4 210 200 42 550	4 300 000 43 570	402
1 720	41 090	42 120	43 150	44 180	404
1 740	41 670	42 710	43 760	44 800	406
1 760	42 250	43 310	44 360	45 420	408
1 780	42 830	43 900	44 970	46 040	410
1 800	4 566 000 43 420	4 666 500 44 500	4 767 000 45 580	4 867 400 46 660	413
1 820	44 010	45 100	46 190	47 280	415
1 840	44 600	45 700	46 810	47 910	417
1 860	45 190	46 300	47 420	48 540	419
1 880	45 780	46 910	48 040	49 170	421
1 900	5 139 000 46 380	5 250 800 47 520	5 362 600 48 660	5 474 300 49 800	424
1 920	46 970	48 120	49 280	50 430	426
1 940	47 570	48 730	49 900	51 060	428
1 960	48 170	49 340	50 520	51 700	430
1 980	48 770	49 960	51 150	52 330	432
2 000	5 750 500 49 370	5 874 100 50 570	5 997 700 51 770	6 121 400 52 970	435
2 050	50 890	52 120	53 350	54 580	440
2 100	52 410	53 670	54 930	56 190	446
2 150	53 940	55 230	56 520	57 810	451
2 200	55 490	56 810	58 130	59 450	457
2 250	7 451 500 57 040	7 607 500 58 390	7 763 500 59 740	7 919 400 61 090	462
2 300	58 610	59 990	61 370	62 750	468
2 350	60 180	61 590	63 000	64 410	473
2 400	61 760	63 200	64 640	66 090	479
2 450	63 360	64 830	66 300	67 770	484
2 500	9 407 800 64 960	9 599 800 66 460	9 791 900 67 960	9 983 900 69 460	490
2 550	66 580	68 110	69 640	71 170	495
2 600	68 200	69 760	71 320	72 880	501
2 650	69 840	71 430	73 020	74 610	506
2 700	71 480	73 100	74 720	76 340	512
2 750	11 630 000 73 140	11 862 000 74 790	12 094 000 76 440	12 326 000 78 090	517
2 800	74 800	76 480	78 160	79 840	523
2 850	76 480	78 190	79 900	81 610	528
2 900	78 160	79 900	81 640	83 380	534
2 950	79 860	81 630	83 400	85 170	539
3 000	14 130 000 81 560	14 405 000 83 360	14 680 000 85 160	14 956 000 86 960	545
3 100	85 000	86 860	88 720	90 590	555
3 200	88 480	90 410	92 330	94 250	566
3 300	92 000	93 990	95 970	97 950	577
3 400	95 570	97 610	99 650	101 700	588
3 500	20 003 000 99 170	20 377 000 101 300	20 751 000 103 400	21 125 000 105 500	599
3 600	102 800	105 000	107 100	109 300	610
3 700	106 500	108 700	110 900	113 100	621
3 800	110 200	112 500	114 800	117 000	632
3 900	114 000	116 300	118 600	121 000	643
4 000	27 117 000 117 800	27 604 000 120 200	28 091 000 122 600	28 578 000 125 000	654
4 100	121 600	124 100	126 500	129 000	665
4 200	125 500	128 000	130 500	133 000	676
4 300	129 400	132 000	134 600	137 100	687
4 400	133 400	136 000	138 600	141 300	698
4 500	35 557 000 137 400	36 173 000 140 100	36 788 000 142 800	37 404 000 145 500	709
g_2	179	188	198	207	

∟ 180 · 180 · 20

Bl 14 ⌀ 26 t = 45

h	Gurtplattenbreite 380	400	420	440	g_1
1500	3777100 41820	3884600 43180	3992000 44530	4099500 45880	380
1520	42480	43850	45220	46590	382
1540	43140	44530	45920	47310	384
1560	43810	45210	46620	48020	386
1580	44470	45890	47320	48740	388
1600	4331900 45140	4453700 46580	4575500 48020	4697300 49460	391
1620	45800	47260	48720	50180	393
1640	46470	47950	49430	50900	395
1660	47140	48640	50130	51630	397
1680	47810	49330	50840	52350	399
1700	4928600 48490	5065600 50020	5202700 51550	5339800 53080	402
1720	49160	50710	52260	53810	404
1740	49840	51410	52980	54540	406
1760	50520	52110	53690	55280	408
1780	51200	52800	54410	56010	410
1800	5568000 51880	5721200 53510	5874400 55130	6027600 56750	413
1820	52570	54210	55850	57490	415
1840	53250	54910	56570	58230	417
1860	53940	55620	57290	58970	419
1880	54630	56320	58020	59710	421
1900	6250700 55320	6421000 57030	6591300 58740	6761500 60460	424
1920	56010	57740	59470	61200	426
1940	56710	58450	60200	61950	428
1960	57400	59170	60930	62700	430
1980	58100	59880	61670	63450	432
2000	6977600 58800	7165800 60600	7354000 62400	7542300 64200	435
2050	60550	62400	64250	66090	440
2100	62320	64210	66100	67990	446
2150	64100	66030	67970	69900	451
2200	65880	67860	69840	71820	457
2250	8992200 67680	9229200 69700	9466300 71730	9703300 73750	462
2300	69480	71550	73620	75700	468
2350	71300	73410	75530	77650	473
2400	73130	75290	77450	79610	479
2450	74960	77170	79370	81580	484

h	Gurtplattenbreite 380	400	420	440	g_1
2500	11298000 76810	11589000 79060	11881000 81310	12172000 83560	490
2550	78660	80960	83260	85550	495
2600	80530	82870	85210	87550	501
2650	82410	84790	87180	89570	506
2700	84300	86730	89160	91590	512
2750	13905000 86190	14256000 88670	14603000 91140	14959000 93620	517
2800	88100	90620	93140	95660	523
2850	90020	92580	95150	97710	528
2900	91940	94550	97170	99780	534
2950	93880	96540	99190	101800	539
3000	16824000 95830	17242000 98530	17659000 101200	18076000 103900	545
3100	99750	102500	105300	108100	555
3200	103700	106600	109500	112400	566
3300	107700	110700	113700	116600	577
3400	111800	114800	117900	121000	588
3500	23646000 115900	24211000 119000	24777000 122200	25343000 125300	599
3600	120000	123200	126500	129700	610
3700	124100	127500	130800	134100	621
3800	128300	131800	135200	138600	632
3900	132600	136100	139600	143100	643
4000	31849000 136900	32586000 140500	33322000 144100	34058000 147700	654
4100	141200	144900	148600	152300	665
4200	145600	149300	153100	156900	676
4300	150000	153800	157700	161600	687
4400	154400	158400	162300	166300	698
4500	41522000 158900	42452000 162900	43382000 167000	44311000 171100	709
g_2	268	283	297	311	

⌊ 200 · 200 · 16

Bl 14 ⌀ 26 t = 30

h	Gurtplattenbreite 420	440	460	480	g_1	h	Gurtplattenbreite 420	440	460	480	g_1
1500	3071400 35110	3141700 36010	3211900 36910	3282100 37810	359	2500	9393900 65350	9586000 66850	9778000 68350	9970000 69850	469
1520	35670	36580	37490	38410	361	2550	66970	68500	70030	71560	474
1540	36240	37160	38080	39010	363	2600	68600	70160	71720	73280	480
1560	36800	37740	38680	39610	365	2650	70240	71830	73420	75010	485
1580	37370	38320	39270	40220	368	2700	71890	73510	75130	76750	491
1600	3532500 37940	3612300 38900	3692000 39860	3771700 40820	370	2750	11611000 73540	11843000 75190	12074000 76840	12306000 78500	496
1620	38520	39490	40460	41430	372	2800	75210	76890	78570	80250	502
1640	39090	40080	41060	42040	374	2850	76890	78600	80310	82020	507
1660	39670	40660	41660	42660	376	2900	78580	80320	82060	83800	513
1680	40240	41250	42260	43270	379	2950	80280	82050	83820	85590	518
1700	4029800 40820	4119600 41840	4209400 42860	4299200 43880	381	3000	14104000 81990	14379000 83790	14655000 85590	14930000 87390	524
1720	41410	42440	43470	44500	383	3100	85440	87300	89160	91020	535
1740	41990	43030	44080	45120	385	3200	88930	90850	92770	94690	546
1760	42570	43630	44680	45740	387	3300	92460	94440	96420	98400	557
1780	43160	44230	45300	46360	390	3400	96030	98070	100100	102100	568
1800	4564000 43750	4664500 44830	4764900 45910	4865400 46990	392	3500	19962000 99640	20336000 101700	20710000 103800	21084000 105900	579
1820	44340	45430	46520	47610	394	3600	103300	105400	107600	109800	590
1840	44930	46030	47140	48240	396	3700	107000	109200	111400	113600	601
1860	45520	46640	47750	48870	398	3800	110700	113000	115300	117500	612
1880	46110	47240	48370	49500	401	3900	114500	116800	119200	121500	623
1900	5135700 46710	5247500 47850	5359200 48990	5471000 50130	403	4000	27058000 118300	27545000 120700	28032000 123100	28519000 125500	634
1920	47310	48460	49610	50760	405	4100	122100	124600	127100	129500	645
1940	47910	49070	50240	51400	407	4200	126000	128500	131100	133600	656
1960	48510	49680	50860	52040	409	4300	129900	132500	135100	137700	667
1980	49110	50300	51490	52670	412	4400	133900	136600	139200	141800	678
2000	5745700 49710	5869300 50910	5992900 52110	6116600 53310	414	4500	35477000 137900	36093000 140600	36708000 143300	37324000 146000	689
2050	51230	52460	53690	54920	419						
2100	52760	54020	55280	56540	425						
2150	54300	55590	56880	58170	430						
2200	55850	57170	58490	59810	436						
2250	7442600 57400	7598500 58750	7754500 60110	7910500 61460	441						
2300	58970	60350	61730	63110	447						
2350	60550	61960	63370	64780	452						
2400	62140	63580	65020	66460	458						
2450	63740	65210	66680	68150	463	g_2	198	207	217	226	

L 200 · 200 · 16

Bl 14 ⌀ 26 t = 45

h	Gurtplattenbreite 420	440	460	480	g_1
1500	3852800 43060	3960300 44410	4067700 45760	4175200 47110	359
1520	43730	45100	46470	47840	361
1540	44400	45790	47180	48570	363
1560	45080	46480	47890	49300	365
1580	45760	47180	48600	50030	368
1600	4416300 46440	4538100 47880	4659900 49320	4781700 50760	370
1620	47120	48580	50040	51490	372
1640	47800	49280	50750	52230	374
1660	48480	49980	51470	52970	376
1680	49170	50680	52200	53710	379
1700	5022300 49860	5159400 51390	5296400 52920	5433500 54450	381
1720	50550	52100	53650	55190	383
1740	51240	52810	54370	55940	385
1760	51930	53520	55100	56690	387
1780	52620	54230	55830	57430	390
1800	5671400 53320	5824600 54940	5977900 56560	6131100 58180	392
1820	54020	55660	57300	58940	394
1840	54720	56380	58030	59690	396
1860	55420	57090	58770	60450	398
1880	56120	57820	59510	61200	401
1900	6364400 36830	6534700 58540	6705000 60250	6875200 61960	403
1920	57530	59260	60990	62720	405
1940	58240	59990	61730	63480	407
1960	58950	60710	62480	64250	409
1980	59660	61440	63230	65010	412
2000	7102000 60370	7290200 62170	7478400 63980	7666600 65780	414
2050	62160	64010	65850	67700	419
2100	63960	65850	67740	69640	425
2150	65770	67710	69640	71580	430
2200	67590	69570	71550	73530	436
2250	9145400 69420	9382400 71450	9619500 73470	9856500 75500	441
2300	71260	73330	75400	77470	447
2350	73110	75230	77340	79460	452
2400	74970	77130	79290	81460	458
2450	76840	79050	81260	83460	463

h	Gurtplattenbreite 420	440	460	480	g_1
2500	11483000 78720	11774000 80980	12066000 83230	12357000 85480	469
2550	80620	82910	85210	87500	474
2600	82520	84860	87200	89540	480
2650	84430	86810	89200	91590	485
2700	86350	88780	91210	93640	491
2750	14125000 88280	14476000 90760	14828000 93230	15179000 95700	496
2800	90220	92740	95260	97780	502
2850	92130	94740	97300	99870	507
2900	94130	96750	99360	101970	513
2950	96110	98760	101400	104100	518
3000	17082000 98090	17500000 100800	17917000 103500	18334000 106200	524
3100	102100	104900	107700	110500	535
3200	106100	109000	111900	114800	546
3300	110200	113200	116100	119100	557
3400	114300	117400	120400	123500	568
3500	23988000 118500	24554000 121600	25119000 124800	25685000 127900	579
3600	122700	125900	129100	132400	590
3700	126900	130200	133500	136900	601
3800	131200	134600	138000	141400	612
3900	135500	139000	142500	146000	623
4000	32288000 139800	33025000 143400	33761000 147000	34497000 150600	634
4100	144200	147900	151600	155300	645
4200	148700	152400	156200	160000	656
4300	153100	157000	160900	164700	667
4400	157600	161600	165600	169500	678
4500	42070000 162200	43000000 166200	43929000 170300	44859000 174300	689
g_2	297	311	325	339	

∟ 200 · 200 · 20

Bl 14 ⌀ 26 t = 30

h	Gurtplattenbreite 420	440	460	480	g_1
1 500	3 348 600 38 370	3 418 800 39 270	3 489 100 40 170	3 559 300 41 070	404
1 520	38 990	39 900	40 820	41 730	407
1 540	39 610	40 530	41 460	42 380	409
1 560	40 230	41 170	42 100	43 040	411
1 580	40 850	41 800	42 750	43 700	413
1 600	3 851 300 41 480	3 931 000 42 440	4 010 700 43 400	4 090 400 44 360	415
1 620	42 100	43 080	44 050	45 020	418
1 640	42 730	43 720	44 700	45 680	420
1 660	43 360	44 360	45 350	46 350	422
1 680	43 990	45 000	46 010	47 020	424
1 700	4 393 000 44 620	4 482 800 45 640	4 572 600 46 660	4 662 400 47 690	426
1 720	45 260	46 290	47 320	48 360	429
1 740	45 890	46 940	47 980	49 030	431
1 760	46 530	47 590	48 650	49 700	433
1 780	47 170	48 240	49 310	50 380	435
1 800	4 974 600 47 810	5 075 000 48 890	5 175 500 49 980	5 276 000 51 070	437
1 820	48 460	49 550	50 640	51 730	440
1 840	49 100	50 200	51 310	52 410	442
1 860	49 750	50 860	51 990	53 110	444
1 880	50 390	51 520	52 650	53 780	446
1 900	5 596 600 51 040	5 708 300 52 180	5 820 100 53 320	5 931 900 54 470	448
1 920	51 700	52 850	54 000	55 150	451
1 940	52 350	53 510	54 680	55 840	453
1 960	53 000	54 180	55 360	56 530	455
1 980	53 660	54 850	56 040	57 220	457
2 000	6 259 800 54 320	6 383 400 55 520	6 507 100 56 720	6 630 700 57 920	459
2 050	55 970	57 200	58 430	59 660	465
2 100	57 630	58 890	60 150	61 410	470
2 150	59 300	60 590	61 880	63 170	476
2 200	60 980	62 300	63 630	64 950	481
2 250	8 102 500 62 680	8 258 500 64 030	8 414 500 65 380	8 570 400 66 730	487
2 300	64 380	65 760	67 140	68 520	492
2 350	66 090	67 500	68 910	70 320	498
2 400	67 820	69 260	70 700	72 140	503
2 450	69 550	71 020	72 490	73 960	509

h	Gurtplattenbreite 420	440	460	480	g_1
2 500	10 218 000 71 290	10 410 000 72 790	10 602 000 74 290	10 794 000 75 790	514
2 550	73 050	74 580	76 110	77 640	520
2 600	74 810	76 370	77 930	79 490	525
2 650	76 580	78 170	79 760	81 360	531
2 700	78 370	79 990	81 610	83 230	536
2 750	12 617 000 80 160	12 849 000 81 810	13 081 000 83 460	13 313 000 85 110	542
2 800	81 970	83 650	85 330	87 010	547
2 850	83 780	85 490	87 200	88 910	553
2 900	85 600	87 350	89 090	90 830	558
2 950	87 440	89 210	90 980	92 750	564
3 000	15 311 000 89 280	15 586 000 91 080	15 862 000 92 880	16 137 000 94 680	569
3 100	93 000	94 860	96 720	98 580	580
3 200	96 760	98 680	100 600	102 500	591
3 300	100 600	102 500	104 500	106 500	602
3 400	104 400	106 400	108 500	110 500	613
3 500	21 625 000 108 300	21 999 000 110 400	22 373 000 112 500	22 747 000 114 600	624
3 600	112 200	114 400	116 500	118 700	635
3 700	116 200	118 400	120 600	122 800	646
3 800	120 200	122 400	124 700	127 000	657
3 900	124 200	126 500	128 900	131 200	668
4 000	29 250 000 128 300	29 737 000 130 700	30 224 000 133 100	30 711 000 135 500	679
4 100	132 400	134 900	137 300	139 800	690
4 200	136 500	139 100	141 600	144 100	701
4 300	140 700	143 300	145 900	148 500	712
4 400	145 000	147 600	150 300	152 900	723
4 500	38 271 000 149 300	38 886 000 152 000	39 502 000 154 700	40 118 000 157 400	734
g_2	198	207	217	226	

$\llcorner$ 200 · 200 · 20

Bl 14 ⌀ 26 t = 45

h	Gurtplattenbreite 420	440	460	480	g_1
1 500	4 130 000 46 260	4 237 500 47 620	4 344 900 48 970	4 452 400 50 320	404
1 520	46 990	48 360	49 730	51 100	407
1 540	47 720	49 100	50 490	51 880	409
1 560	48 440	49 850	51 250	52 660	411
1 580	49 170	50 600	52 020	53 440	413
1 600	4 735 100 49 910	4 856 900 51 350	4 978 700 52 790	5 100 500 54 230	415
1 620	50 640	52 100	53 560	55 020	418
1 640	51 380	52 850	54 330	55 810	420
1 660	52 110	53 610	55 100	56 600	422
1 680	52 850	54 370	55 880	57 390	424
1 700	5 385 500 53 590	5 522 600 55 130	5 659 600 56 660	5 796 700 58 190	426
1 720	54 340	55 890	57 430	58 980	429
1 740	55 080	56 650	58 220	59 780	431
1 760	55 830	57 410	59 000	60 580	433
1 780	56 570	58 180	59 780	61 380	435
1 800	6 082 000 57 320	6 235 200 58 940	6 388 400 60 570	6 541 600 62 190	437
1 820	58 070	59 710	61 350	62 990	440
1 840	58 830	60 490	62 140	63 800	442
1 860	59 580	61 260	62 930	64 610	444
1 880	60 340	62 030	63 720	65 420	446
1 900	6 825 300 61 100	6 995 600 62 810	7 165 800 64 520	7 336 100 66 230	448
1 920	61 850	63 580	65 310	67 040	451
1 940	62 620	64 360	66 110	67 860	453
1 960	63 380	65 140	66 910	68 670	455
1 980	64 140	65 930	67 710	69 490	457
2 000	7 616 100 64 910	7 804 300 66 710	7 992 500 68 510	8 180 700 70 310	459
2 050	66 830	68 680	70 520	72 370	465
2 100	68 770	70 660	72 550	74 440	470
2 150	70 710	72 650	74 580	76 520	476
2 200	72 660	74 640	76 620	78 610	481
2 250	9 805 300 74 630	10 042 000 76 650	10 270 000 78 680	10 516 000 80 700	487
2 300	76 600	78 670	80 740	82 810	492
2 350	78 590	80 700	82 820	84 930	498
2 400	80 580	82 740	84 900	87 060	503
2 450	82 590	84 790	87 000	89 200	509

h	Gurtplattenbreite 420	440	460	480	g_1
2 500	12 307 000 84 600	12 598 000 86 850	12 890 000 89 100	13 181 000 91 350	514
2 550	86 630	88 920	91 220	93 510	520
2 600	88 660	91 000	93 340	95 680	525
2 650	90 710	93 090	95 480	97 860	531
2 700	92 760	95 190	97 620	100 100	536
2 750	15 131 000 94 830	15 483 000 97 300	15 834 000 99 780	16 186 000 102 300	542
2 800	96 900	99 430	101 900	104 500	547
2 850	98 990	101 600	104 100	106 700	553
2 900	101 100	103 700	106 300	108 900	558
2 950	103 200	105 800	108 500	111 200	564
3 000	18 289 000 105 300	18 706 000 108 000	19 124 000 110 700	19 541 000 113 500	569
3 100	109 600	112 400	115 200	117 900	580
3 200	113 900	116 800	119 600	122 500	591
3 300	118 200	121 200	124 200	127 100	602
3 400	122 600	125 700	128 700	131 800	613
3 500	25 651 000 127 000	26 217 000 130 200	26 782 000 133 300	27 348 000 136 500	624
3 600	131 500	134 700	138 000	141 200	635
3 700	136 000	139 300	142 700	146 000	646
3 800	140 500	144 000	147 400	150 800	657
3 900	145 100	148 600	152 100	155 700	668
4 000	34 480 000 149 700	35 217 000 153 300	35 953 000 156 900	36 689 000 160 500	679
4 100	154 400	158 100	161 800	165 500	690
4 200	159 100	162 900	166 700	170 500	701
4 300	163 900	167 700	171 600	175 500	712
4 400	168 600	172 600	176 600	180 500	723
4 500	44 864 000 173 500	45 794 000 177 500	46 723 000 181 600	47 653 000 185 600	734
g_2	297	311	325	339	

∟ 80 · 120 · 10

Bl 10 Ø 20 t = 10

h	Gurtplattenbreite				g_1	h	Gurtplattenbreite				g_1
	260	280	300	320			260	280	300	320	
300	28150 1513	29110 1573	30070 1634	31040 1694	83,5	1000	392740 6670	402940 6870	413140 7070	423340 7270	138
320	1639	1703	1767	1831	85,1	1020	6840	7040	7250	7450	140
340	1766	1834	1902	1970	86,7	1040	7010	7220	7430	7630	142
360	1895	1967	2040	2110	88,2	1060	7180	7390	7600	7820	143
380	2020	2100	2180	2250	89,8	1080	7350	7570	7780	8000	145
400	52470 2160	54160 2240	55840 2320	57520 2400	91,4	1100	486500 7530	498820 7750	511140 7970	523460 8190	146
420	2290	2370	2460	2540	92,9	1120	7700	7920	8150	8370	148
440	2420	2510	2600	2690	94,5	1140	7880	8100	8330	8560	149
460	2560	2650	2740	2830	96,1	1160	8050	8280	8520	8750	151
480	2690	2790	2890	2980	97,6	1180	8230	8470	8700	8940	153
500	85220 2830	87820 2930	90420 3030	93020 3130	99,2	1200	592180 8410	606820 8650	621470 8890	636110 9130	154
520	2970	3080	3180	3280	101	1220	8590	8830	9080	9320	156
540	3110	3220	3330	3440	102	1240	8770	9020	9270	9510	157
560	3250	3370	3480	3590	104	1260	8950	9200	9460	9710	159
580	3400	3510	3630	3750	105	1280	9140	9390	9650	9900	160
600	126880 3540	130600 3660	134320 3780	138050 3900	107	1300	710290 9320	727450 9580	744610 9840	761770 10100	162
620	3690	3810	3930	4060	109	1320	9510	9770	10040	10300	164
640	3830	3960	4090	4220	110	1340	9690	9960	10230	10500	165
660	3980	4110	4250	4380	112	1360	9880	10150	10430	10700	167
680	4130	4270	4400	4540	113	1380	10070	10350	10620	10900	168
700	177970 4280	183010 4420	188050 4560	193090 4700	115	1400	841310 10260	861190 10540	881070 10820	900950 11100	170
720	4430	4580	4720	4860	116	1420	10450	10740	11020	11310	171
740	4580	4730	4880	5030	118	1440	10650	10930	11220	11510	173
760	4740	4890	5040	5190	120	1460	10840	11130	11420	11720	175
780	4890	5050	5200	5360	121	1480	11040	11330	11630	11920	176
800	238970 5050	245530 5210	252090 5370	258650 5530	123	1500	985750 11230	1008600 11530	1031400 11830	1054200 12130	178
820	5210	5370	5530	5700	124						
840	5360	5530	5700	5870	126						
860	5520	5690	5870	6040	127						
880	5680	5860	6040	6210	129						
900	310390 5850	318670 6030	326960 6210	335240 6390	131						
920	6010	6190	6380	6560	132						
940	6170	6360	6550	6740	134						
960	6340	6530	6720	6910	135						
980	6500	6700	6900	7090	137	g_2	40,8	44,0	47,1	50,2	

∟ 80 · 120 · 10

Bl 10 ⌀ 20 t = 12

h	Gurtplattenbreite				g_1	h	Gurtplattenbreite				g_1
	260	280	300	320			260	280	300	320	
300	30850 1636	32020 1708	33180 1780	34350 1852	83,5	1000	419890 7090	432180 7330	444470 7570	456760 7810	138
320	1769	1846	1923	2000	85,1	1020	7270	7520	7760	8010	140
340	1905	1987	2070	2150	86,7	1040	7450	7700	7950	8200	142
360	2040	2130	2220	2300	88,2	1060	7630	7880	8140	8390	143
380	2180	2270	2360	2450	89,8	1080	7810	8070	8330	8590	145
400	57110 2320	59140 2420	61180 2510	63220 2610	91,4	1100	519230 7990	534070 8260	548910 8520	563750 8780	146
420	2460	2560	2660	2760	92,9	1120	8180	8440	8710	8980	148
440	2600	2710	2820	2920	94,5	1140	8360	8630	8910	9180	149
460	2750	2860	2970	3080	96,1	1160	8540	8820	9100	9380	151
480	2900	3010	3120	3240	97,6	1180	8730	9010	9300	9580	153
500	92300 3040	95450 3160	98600 3280	101740 3400	99,2	1200	631010 8920	648640 9210	666260 9500	683890 9780	154
520	3190	3310	3440	3560	101	1220	9110	9400	9690	9990	156
540	3340	3470	3600	3730	102	1240	9300	9600	9890	10190	157
560	3490	3620	3760	3890	104	1260	9490	9790	10090	10400	159
580	3640	3780	3920	4060	105	1280	9680	9990	10300	10600	160
600	136940 3790	141440 3940	145930 4080	150430 4220	107	1300	755730 9870	776380 10190	797040 10500	817700 10810	162
620	3950	4090	4240	4390	109	1320	10070	10390	10700	11020	164
640	4100	4250	4410	4560	110	1340	10260	10590	10910	11230	165
660	4260	4420	4570	4730	112	1360	10460	10790	11110	11440	167
680	4410	4580	4740	4900	113	1380	10660	10990	11320	11650	168
700	191520 4570	197600 4740	203690 4910	209770 5080	115	1400	893880 10860	917810 11190	941730 11530	965660 11870	170
720	4730	4910	5080	5250	116	1420	11060	11400	11740	12080	171
740	4890	5070	5250	5430	118	1440	11260	11610	11950	12300	173
760	5060	5240	5420	5600	120	1460	11460	11810	12160	12510	175
780	5220	5410	5590	5780	121	1480	11670	12020	12380	12730	176
800	256540 5380	264450 5580	272360 5770	280270 5960	123	1500	1046000 11870	1073400 12230	1100900 12590	1128300 12950	178
820	5550	5750	5940	6140	124						
840	5720	5920	6120	6320	126						
860	5890	6090	6300	6500	127						
880	6050	6270	6480	6690	129						
900	332490 6220	342480 6440	352460 6660	362440 6870	131						
920	6400	6620	6840	7060	132						
940	6570	6790	7020	7250	134						
960	6740	6970	7200	7430	135						
980	6920	7150	7390	7620	137	g_2	49,0	52,8	56,5	60,3	

∟ 80 · 120 · 10

Bl 10 Ø 20 t = 20

h	Gurtplattenbreite 260	280	300	320	g_1	h	Gurtplattenbreite 260	280	300	320	g_1
300	42310 2130	44360 2250	46410 2370	48460 2490	83,5	1000	530660 8790	551470 9190	572280 9590	593090 9990	138
320	2300	2430	2550	2680	85,1	1020	9000	9410	9820	10220	140
340	2470	2600	2740	2880	86,7	1040	9210	9630	10040	10460	142
360	2640	2780	2920	3070	88,2	1060	9430	9850	10280	10700	143
380	2810	2960	3110	3270	89,8	1080	9640	10070	10510	10940	145
400	76520 2980	80050 3140	83580 3300	87110 3460	91,4	1100	652500 9860	677590 10300	702680 10740	727770 11180	146
420	3160	3330	3500	3660	92,9	1120	10080	10520	10970	11420	148
440	3340	3510	3690	3860	94,5	1140	10300	10750	11210	11660	149
460	3510	3700	3880	4070	96,1	1160	10520	10980	11440	11910	151
480	3690	3880	4080	4270	97,6	1180	10740	11210	11680	12150	153
500	121740 3870	127150 4070	132560 4270	137970 4470	99,2	1200	788860 10960	818640 11440	848410 11920	878180 12400	154
520	4050	4260	4470	4680	101	1220	11180	11670	12160	12650	156
540	4240	4450	4670	4890	102	1240	11410	11900	12400	12890	157
560	4420	4650	4870	5100	104	1260	11630	12140	12640	13140	159
580	4610	4840	5070	5310	105	1280	11860	12370	12880	13400	160
600	178480 4800	186170 5040	193860 5280	201560 5520	107	1300	940250 12090	975100 12610	1010000 13130	1044800 13650	162
620	4980	5230	5480	5730	109	1320	12320	12840	13370	13900	164
640	5170	5430	5690	5940	110	1340	12550	13080	13620	14150	165
660	5360	5630	5890	6160	112	1360	12780	13320	13870	14410	167
680	5560	5830	6100	6370	113	1380	13010	13560	14110	14670	168
700	247250 5750	257620 6030	267990 6310	278360 6590	115	1400	1107200 13240	1147500 13800	1187800 14360	1228100 14920	170
720	5940	6230	6520	6810	116	1420	13480	14050	14620	15180	171
740	6140	6440	6730	7030	118	1440	13710	14290	14870	15440	173
760	6340	6640	6940	7250	120	1460	13950	14540	15120	15700	175
780	6530	6850	7160	7470	121	1480	14190	14780	15370	15970	176
800	328530 6730	341980 7050	355430 7370	368880 7690	123	1500	1290100 14430	1336300 15030	1382500 15630	1428700 16230	178
820	6930	7260	7590	7920	124						
840	7130	7470	7810	8140	126						
860	7340	7680	8030	8370	127						
880	7540	7890	8250	8600	129						
900	422830 7750	439760 8110	456700 8470	473630 8830	131						
920	7950	8320	8690	9060	132						
940	8160	8540	8910	9290	134						
960	8370	8750	9140	9520	135						
980	8580	8970	9360	9750	137	g_2	81,6	87,9	94,2	100	

$\llcorner$ 80 · 120 · 10

Bl 10 ⌀ 20 t = 24

h	Gurtplattenbreite 260	280	300	320	g_1	*h*	Gurtplattenbreite 260	280	300	320	g_1
300	48470 2380	50990 2530	53510 2570	56040 2820	83,5	1000	587330 9640	612500 10120	637680 10600	662850 11080	138
320	2560	2720	2870	3030	85,1	1020	9860	10350	10840	11330	140
340	2750	2910	3080	3240	86,7	1040	10100	10590	11090	11590	142
360	2940	3110	3290	3460	88,2	1060	10330	10840	11350	11850	143
380	3130	3310	3490	3680	89,8	1080	10560	11080	11600	12120	145
400	86770 3320	91090 3510	95410 3700	99730 3900	91,4	1100	720560 10790	750880 11320	781210 11850	811530 12380	146
420	3510	3710	3910	4120	92,9	1120	11030	11570	12100	12640	148
440	3700	3920	4130	4340	94,5	1140	11260	11810	12360	12910	149
460	3900	4120	4340	4560	96,1	1160	11500	12060	12620	13170	151
480	4090	4330	4560	4790	97,6	1180	11740	12310	12870	13440	153
500	137130 4290	143720 4530	150320 4770	156910 5010	99,2	1200	869340 11980	905300 12560	941260 13130	977220 13710	154
520	4490	4740	4990	5240	101	1220	12220	12810	13390	13980	156
540	4690	4950	5210	5470	102	1240	12460	13060	13650	14250	157
560	4890	5160	5430	5700	104	1260	12710	13310	13920	14520	159
580	5100	5370	5650	5930	105	1280	12950	13560	14180	14790	160
600	200050 5300	209400 5590	218750 5880	228100 6170	107	1300	1034200 13190	1076300 13820	1118300 14440	1160400 15070	162
620	5510	5800	6100	6400	109	1320	13440	14070	14710	15340	164
640	5710	6020	6330	6640	110	1340	13690	14330	14980	15620	165
660	5920	6240	6550	6870	112	1360	13940	14590	15240	15900	167
680	6130	6460	6780	7110	113	1380	14190	14850	15510	16180	168
700	276030 6340	288620 6680	301200 7010	313790 7350	115	1400	1215600 14440	1264300 15110	1312900 15780	1361600 16450	170
720	6550	6900	7240	7590	116	1420	14690	15370	16050	16740	171
740	6760	7120	7470	7830	118	1440	14940	15640	16330	17020	173
760	6980	7340	7710	8070	120	1460	15200	15900	16600	17300	175
780	7190	7570	7940	8320	121	1480	15450	16160	16870	17590	176
800	365570 7410	381870 7790	398170 8180	414470 8560	123	1500	1414000 15710	1469800 16430	1525500 17150	1581300 17870	178
820	7630	8020	8410	8810	124						
840	7840	8250	8650	9060	126						
860	8060	8480	8890	9300	127						
880	8290	8710	9130	9550	129						
900	469170 8510	489670 8940	510160 9370	530660 9800	131						
920	8730	9170	9610	10060	132						
940	8960	9410	9860	10310	134						
960	9180	9640	10100	10560	135						
980	9410	9880	10350	10820	137	g_2	98,0	106	113	121	

⌊ 80 · 120 · 12

Bl 10 Ø 20 t = 12

h	Gurtplattenbreite				g_1	h	Gurtplattenbreite				g_1
	260	280	300	320			260	280	300	320	
300	33180 1761	34350 1833	35510 1905	36680 1977	94,8	1000	452510 7660	464800 7900	477090 8140	489380 8380	150
320	1906	1983	2060	2140	96,4	1020	7850	8090	8340	8580	151
340	2050	2140	2220	2300	98,0	1040	8040	8290	8540	8790	153
360	2200	2290	2380	2460	99,5	1060	8230	8480	8740	8990	154
380	2350	2440	2540	2630	101	1080	8420	8680	8940	9200	156
400	61600 2510	63640 2600	65680 2700	67710 2790	103	1100	559050 8620	573890 8880	588730 9150	603570 9410	158
420	2660	2760	2860	2960	104	1120	8810	9080	9350	9620	159
440	2810	2920	3030	3130	106	1140	9010	9280	9560	9830	161
460	2970	3080	3190	3300	107	1160	9210	9490	9770	10040	162
480	3130	3250	3360	3470	109	1180	9410	9690	9970	10260	164
500	99690 3290	102830 3410	105980 3530	109130 3650	111	1200	678760 9610	696390 9900	714010 10180	731640 10470	165
520	3450	3570	3700	3820	112	1220	9810	10100	10400	10690	167
540	3610	3740	3870	4000	114	1240	10010	10310	10610	10910	169
560	3770	3910	4040	4180	115	1260	10220	10520	10820	11120	170
580	3940	4080	4210	4350	117	1280	10420	10730	11040	11340	172
600	147930 4100	152430 4250	156920 4390	161420 4530	118	1300	812120 10630	832780 10940	853440 11250	874090 11560	173
620	4270	4420	4570	4710	120	1320	10830	11150	11470	11790	175
640	4440	4590	4740	4900	122	1340	11040	11360	11690	12010	176
660	4600	4760	4920	5080	123	1360	11250	11580	11910	12230	178
680	4770	4940	5100	5260	125	1380	11460	11790	12130	12460	180
700	206840 4950	212920 5110	219000 5280	225090 5450	126	1400	959650 11680	983570 12010	1007500 12350	1031400 12680	181
720	5120	5290	5460	5640	128	1420	11890	12230	12570	12910	183
740	5290	5470	5650	5820	129	1440	12100	12450	12790	13140	184
760	5470	5650	5830	6010	131	1460	12320	12670	13020	13370	186
780	5640	5830	6020	6200	133	1480	12530	12890	13240	13600	187
800	276900 5820	284810 6010	292730 6200	300640 6400	134	1500	1121800 12750	1149300 13110	1176700 13470	1204100 13830	189
820	6000	6200	6390	6590	136						
840	6180	6380	6580	6780	137						
860	6360	6570	6770	6980	139						
880	6540	6750	6960	7170	140						
900	358620 6720	368610 6940	378590 7160	388570 7370	142						
920	6910	7130	7350	7570	144						
940	7090	7320	7540	7770	145						
960	7280	7510	7740	7970	147						
980	7470	7700	7940	8170	148	g_2	49,0	52,8	56,5	60,3	

∟ 80 · 120 · 12

Bl 10 ⌀ 20 t = 24

h	Gurtplattenbreite 260	280	300	320	g_1	*h*	Gurtplattenbreite 260	280	300	320	g_1
300	50800 2500	53320 2640	55840 2790	58370 2930	94,8	1000	619950 10190	645120 10670	670290 11150	695460 11630	150
320	2690	2850	3000	3160	96,4	1020	10430	10920	11410	11900	151
340	2890	3050	3220	3380	98,0	1040	10670	11170	11670	12170	153
360	3090	3260	3440	3610	99,5	1060	10910	11420	11930	12440	154
380	3290	3470	3660	3840	101	1080	11160	11680	12200	12720	156
400	91260 3490	95580 3690	99900 3880	104220 4070	103	1100	760380 11410	790700 11930	821030 12460	851360 12990	158
420	3700	3900	4100	4300	104	1120	11650	12190	12730	13270	159
440	3900	4110	4330	4540	106	1140	11900	12450	13000	13550	161
460	4110	4330	4550	4770	107	1160	12150	12710	13270	13820	162
480	4320	4550	4780	5010	109	1180	12400	12970	13540	14100	164
500	144510 4530	151110 4770	157700 5010	164300 5250	111	1200	917090 12660	953050 13230	989010 13810	1025000 14380	165
520	4740	4990	5240	5490	112	1220	12910	13500	14080	14670	167
540	4950	5210	5470	5730	114	1240	13160	13760	14350	14950	169
560	5170	5440	5700	5970	115	1260	13420	14020	14630	15230	170
580	5380	5660	5940	6220	117	1280	13680	14290	14910	15520	172
600	211040 5600	220390 5890	229740 6180	239090 6460	118	1300	1090600 13930	1132700 14560	1174700 15180	1216800 15810	173
620	5820	6110	6410	6710	120	1320	14190	14830	15460	16100	175
640	6030	6340	6650	6960	122	1340	14450	15100	15740	16380	176
660	6260	6570	6890	7210	123	1360	14720	15370	16020	16670	178
680	6480	6800	7130	7460	125	1380	14980	15640	16300	16970	180
700	291350 6700	303930 7040	316520 7370	329100 7710	126	1400	1281300 15240	1330000 15910	1378700 16590	1427400 17260	181
720	6920	7270	7620	7960	128	1420	15510	16190	16870	17550	183
740	7150	7500	7860	8220	129	1440	15770	16460	17160	17850	184
760	7380	7740	8110	8470	131	1460	16040	16740	17440	18140	186
780	7600	7980	8350	8730	133	1480	16310	17020	17730	18440	187
800	385940 7830	402240 8220	418540 8600	434840 8980	134	1500	1489900 16580	1545600 17300	1601400 18020	1657100 18740	189
820	8060	8460	8850	9240	136						
840	8290	8700	9100	9500	137						
860	8530	8940	9350	9760	139						
880	8760	9180	9600	10030	140						
900	495300 8990	515800 9430	536290 9860	556790 10290	142						
920	9230	9670	10110	10560	144						
940	9470	9920	10370	10820	145						
960	9710	10170	10630	11090	147						
980	9940	10420	10890	11360	148	g_2	98,0	106	113	121	

L 100 · 150 · 12

Bl 10 ⌀ 23 t = 12

h	Gurtplattenbreite 320	340	360	380	g_1	h	Gurtplattenbreite 320	340	360	380	g_1
400	74340 3050	76380 3150	78420 3240	80450 3340	122	1200	807 590 11540	825 220 11830	842 850 12120	860 470 12410	184
420	3240	3340	3440	3540	123	1220	11780	12070	12370	12660	186
440	3430	3530	3640	3740	125	1240	12020	12320	12610	12910	187
460	3620	3730	3840	3950	126	1260	12260	12560	12860	13170	189
480	3810	3920	4040	4160	128	1280	12500	12810	13110	13420	191
500	120 220 4000	123 360 4120	126 510 4240	129 660 4360	129	1300	964 110 12740	984 760 13050	1 005 400 13360	1 026 100 13680	192
520	4200	4320	4450	4570	131	1320	12980	13300	13620	13930	194
540	4390	4520	4650	4780	133	1340	13230	13550	13870	14190	195
560	4590	4720	4860	4990	134	1360	13470	13800	14120	14450	197
580	4790	4930	5070	5210	136	1380	13730	14050	14380	14710	198
600	178 170 4990	182 670 5130	187 160 5280	191 660 5420	137	1400	1 136 700 13960	1 160 600 14300	1 184 600 14640	1 208 500 14970	200
620	5190	5340	5490	5630	139	1420	14210	14550	14890	15230	202
640	5390	5540	5700	5850	140	1440	14460	14810	15150	15500	203
660	5590	5750	5910	6070	142	1460	14710	15060	15410	15760	205
680	5800	5960	6130	6290	144	1480	14960	15320	15670	16030	206
700	248 710 6000	254 790 6170	260 880 6340	266 960 6510	145	1500	1 325 900 15220	1 353 300 15580	1 380 700 15940	1 408 200 16300	208
720	6210	6380	6560	6730	147	1520	15470	15840	16200	16560	209
740	6420	6600	6780	6950	148	1540	15730	16100	16460	16830	211
760	6630	6810	7000	7180	150	1560	15980	16360	16730	17110	213
780	6840	7030	7220	7400	151	1580	16240	16620	17000	17380	214
800	332 320 7050	340 240 7250	348 150 7440	356 060 7630	153	1600	1 532 100 16500	1 563 300 16880	1 594 500 17270	1 625 700 17650	216
820	7270	7460	7660	7860	154	1620	16760	17150	17540	17920	217
840	7480	7680	7880	8090	156	1640	17020	17410	17810	18200	219
860	7700	7900	8110	8320	158	1660	17280	17680	18080	18480	220
880	7910	8130	8340	8550	159	1680	17540	17950	18350	18750	222
900	429 520 8130	439 500 8350	449 480 8560	459 470 8780	161	1700	1 756 000 17810	1 791 100 18220	1 826 300 18620	1 861 500 19030	224
920	8350	8570	8790	9010	162	1720	18070	18490	18900	19310	225
940	8570	8800	9020	9250	164	1740	18340	18760	19180	19590	227
960	8790	9020	9250	9480	165	1760	18610	19030	19450	19870	228
980	9020	9250	9490	9720	167	1780	18880	19300	19730	20160	230
1000	540 800 9240	553 090 9480	565 380 9720	577 670 9960	169	1800	1 997 900 19150	2 037 300 19580	2 076 700 20010	2 116 100 20440	231
1020	9470	9710	9960	10200	170	1820	19420	19850	20290	20730	233
1040	9690	9940	10190	10440	172	1840	19690	20130	20570	21010	235
1060	9920	10170	10430	10680	173	1860	19960	20410	20860	21300	236
1080	10150	10410	10670	10930	175	1880	20240	20690	21140	21590	238
1100	666 650 10380	681 490 10640	696 330 10910	711 170 11170	176	1900	2 258 400 20510	2 302 300 20970	2 346 100 21430	2 390 000 21880	239
1120	10610	10880	11150	11420	178	1920	20790	21250	21710	22170	241
1140	10840	11110	11390	11660	180	1940	21070	21530	22000	22460	242
1160	11070	11350	11630	11910	181	1960	21350	21820	22290	22760	244
1180	11310	11590	11880	12160	183	1980	21630	22100	22580	23050	246
g_2	60,3	64,1	67,8	71,6		2000	2 538 000 21910	2 586 500 22390	2 635 100 22870	2 683 700 23350	247

∟ 100 · 150 · 12

Bl 10 ⌀ 23 t = 20

h	Gurtplattenbreite 320	340	360	380	g_1	h	Gurtplattenbreite 320	340	360	380	g_1
400	98 230 3870	101 760 4030	105 290 4190	108 820 4350	122	1200	1 001 900 14080	1 031 600 14560	1 061 400 15040	1 091 200 15520	184
420	4100	4270	4440	4610	123	1220	14360	14850	15330	15820	186
440	4330	4510	4680	4860	125	1240	14640	15140	15630	16130	187
460	4560	4750	4930	5120	126	1260	14920	15430	15930	16430	189
480	4800	4990	5180	5370	128	1280	15210	15720	16230	16740	191
500	156 450 5030	161 860 5230	167 270 5430	172 680 5630	129	1300	1 191 200 15490	1 226 100 16010	1 260 900 16530	1 295 800 17050	192
520	5270	5480	5690	5890	131	1320	15780	16300	16830	17360	194
540	5510	5720	5940	6160	133	1340	16060	16600	17130	17670	195
560	5750	5970	6200	6420	134	1360	16350	16890	17440	17980	197
580	5990	6220	6450	6690	136	1380	16640	17190	17740	18300	198
600	229 300 6230	236 990 6470	244 680 6710	252 370 6950	137	1400	1 399 200 16930	1 439 500 17490	1 479 800 18050	1 520 200 18610	200
620	6470	6720	6970	7220	139	1420	17220	17790	18360	18930	202
640	6720	6980	7230	7490	140	1440	17510	18090	18670	19240	203
660	6970	7230	7490	7760	142	1460	17810	18390	18980	19560	205
680	7210	7490	7760	8030	144	1480	18100	18700	19290	19880	206
700	317 300 7460	327 670 7740	338 040 8020	348 410 8300	145	1500	1 626 300 18400	1 672 500 19000	1 718 700 19600	1 764 900 20200	208
720	7710	8000	8290	8580	147	1520	18700	19300	19910	20520	209
740	7960	8260	8560	8850	148	1540	18990	19610	20230	20840	211
760	8220	8520	8830	9130	150	1560	19290	19920	20540	21170	213
780	8470	8780	9100	9410	151	1580	19600	20230	20860	21490	214
800	420 930 8730	434 380 9050	447 830 9370	461 280 9690	153	1600	1 873 100 19900	1 925 500 20540	1 978 000 21180	2 030 500 21820	216
820	8980	9310	9640	9970	154	1620	20200	20850	21500	22140	217
840	9240	9580	9910	10250	156	1640	20500	21160	21820	22470	219
860	9500	9840	10190	10530	158	1660	20810	21470	22140	22800	220
880	9760	10110	10460	10810	159	1680	21120	21790	22460	23130	222
900	540 710 10020	557 640 10380	574 570 10740	591 500 11100	161	1700	2 139 900 21420	2 199 100 22100	2 258 300 22780	2 317 500 23460	224
920	10280	10650	11020	11390	162	1720	21730	22420	23110	23800	225
940	10550	10920	11300	11670	164	1740	22040	22740	23430	24130	227
960	10810	11190	11580	11960	165	1760	22350	23060	23760	24470	228
980	11080	11470	11860	12250	167	1780	22660	23380	24090	24800	230
1000	677 120 11340	697 930 11740	718 740 12140	739 550 12540	169	1800	2 427 500 22980	2 493 700 23700	2 560 000 24420	2 626 200 25140	231
1020	11610	12020	12430	12840	170	1820	23290	24020	24750	25480	233
1040	11880	12300	12710	13130	172	1840	23610	24340	25080	25820	235
1060	12150	12580	13000	13420	173	1860	23920	24670	25410	26160	236
1080	12420	12860	13290	13720	175	1880	24240	24990	25750	26500	238
1100	830 680 12700	855 770 13140	880 860 13580	905 950 14020	176	1900	2 736 200 24560	2 809 900 25320	2 883 600 26080	2 957 400 26840	239
1120	12970	13420	13870	14310	178	1920	24880	25650	26420	27190	241
1140	13250	13700	14160	14610	180	1940	25200	25980	26760	27530	242
1160	13520	13990	14450	14910	181	1960	25530	26310	27090	27880	244
1180	13800	14270	14740	15220	183	1980	25850	26640	27430	28230	246
g_2	100	107	113	119		2000	3 066 500 26170	3 148 100 26970	3 229 700 27770	3 311 300 28570	247

∟ 100 · 150 · 12

Bl 10 Ø 23 t = 24

h	Gurtplattenbreite				g_1	h	Gurtplattenbreite				g_1
	320	340	360	380			320	340	360	380	
400	110850 4290	115170 4480	119490 4670	123810 4860	122	1200	1 100 900 15350	1 136 900 15920	1 172 800 16500	1 208 800 17080	184
420	4540	4740	4940	5140	123	1220	15650	16240	16820	17410	186
440	4790	5000	5210	5420	125	1240	15950	16550	17140	17740	187
460	5110	5330	5550	5770	126	1260	16260	16860	17470	18070	189
480	5300	5530	5760	5990	128	1280	16560	17180	17790	18400	191
500	175 390 5550	181 980 5790	188 580 6030	195 170 6270	129	1300	1 306 800 16870	1 348 900 17490	1 391 000 18120	1 433 000 18740	192
520	5810	6060	6310	6560	131	1320	17170	17810	18440	19080	194
540	6070	6330	6590	6850	133	1340	17480	18130	18770	19410	195
560	6330	6600	6870	7140	134	1360	17790	18450	19100	19750	197
580	6590	6870	7150	7430	136	1380	18100	18770	19430	20090	198
600	255 850 6860	265 200 7140	274 540 7430	283 890 7720	137	1400	1 532 600 18420	1 581 300 19090	1 630 000 19760	1 678 600 20430	200
620	7120	7420	7720	8020	139	1420	18730	19410	20090	20770	202
640	7390	7700	8000	8310	140	1440	19040	19730	20430	21120	203
660	7650	7970	8290	8610	142	1460	19360	20060	20760	21460	205
680	7920	8250	8580	8900	144	1480	19670	20390	21100	21810	206
700	352 720 8190	365 310 8530	377 890 8870	390 480 9200	145	1500	1 778 900 19990	1 834 600 20710	1 890 400 21430	1 946 100 22150	208
720	8470	8810	9160	9500	147	1520	20310	21040	21770	22500	209
740	8740	9090	9450	9810	148	1540	20630	21370	22110	22850	211
760	9010	9380	9740	10110	150	1560	20950	21700	22450	23200	213
780	9290	9660	10040	10410	151	1580	21270	22030	22790	23550	214
800	466 520 9560	482 820 9950	499 120 10330	515 420 10720	153	1600	2 046 000 21600	2 109 300 22370	2 172 600 23130	2 235 900 23900	216
820	9840	10240	10630	11020	154	1620	21920	22700	23480	24260	217
840	10120	10520	10930	11330	156	1640	22250	23040	23820	24610	219
860	10400	10810	11230	11640	158	1660	22580	23370	24170	24970	220
880	10680	11110	11530	11950	159	1680	22900	23710	24520	25320	222
900	597 740 10970	618 240 11400	638 730 11830	659 230 12260	161	1700	2 334 600 23230	2 405 900 24050	2 477 300 24860	2 548 600 25680	224
920	11250	11690	12130	12580	162	1720	23560	24390	25210	26040	225
940	11530	11990	12440	12890	164	1740	23890	24730	25570	26400	227
960	11820	12280	12740	13200	165	1760	24230	25070	25920	26760	228
980	12110	12580	13050	13520	167	1780	24560	25420	26270	27120	230
1000	746 880 12400	772 050 12880	797 220 13360	822 390 13840	169	1800	2 645 100 24900	2 725 000 25760	2 804 800 26620	2 884 700 27490	231
1020	12690	13180	13670	14160	170	1820	25230	26110	26980	27850	233
1040	12980	13480	13980	14480	172	1840	25570	26450	27340	28220	235
1060	13270	13780	14290	14800	173	1860	25910	26800	27690	28590	236
1080	13560	14080	14600	15120	175	1880	26250	27150	28050	28950	238
1100	914 440 13860	944 760 14390	975 090 14910	1005 400 15440	176	1900	2 978 000 26590	3 066 900 27500	3 155 700 28410	3 244 600 29320	239
1120	14150	14690	15230	15770	178	1920	26930	27850	28770	29690	241
1140	14450	15000	15540	16090	180	1940	27270	28200	29130	30070	242
1160	14750	15310	15860	16420	181	1960	27620	28560	29500	30440	244
1180	15050	15610	16180	16750	183	1980	27960	28910	29860	30810	246
g_2	121	128	136	143		2000	3 333 900 28310	3 432 200 29270	3 530 500 30230	3 628 800 31190	247

⌊ 100 · 150 · 12

Bl 10 ⌀ 23 t = 30

h	Gurtplattenbreite 320	340	360	380	g_1	h	Gurtplattenbreite 320	340	360	380	g_1
400	130 640 4910	136 190 5150	141 750 5390	147 310 5640	122	1200	1 251 900 17250	1 297 300 17970	1 342 700 18690	1 388 100 19420	184
420	5190	5450	5700	5950	123	1220	17590	18320	19050	19790	186
440	5480	5740	6010	6270	125	1240	17920	18670	19410	20160	187
460	5760	6040	6310	6590	126	1260	18260	19020	19770	20530	189
480	6050	6340	6630	6910	128	1280	18600	19360	20130	20900	191
500	204 850 6330	213 290 6640	221 720 6940	230 160 7240	129	1300	1 482 800 18930	1 535 900 19720	1 589 000 20500	1 642 000 21280	192
520	6620	6940	7250	7560	131	1320	19270	20070	20860	21650	194
540	6920	7240	7570	7890	133	1340	19620	20420	21220	22030	195
560	7210	7550	7880	8220	134	1360	19960	20770	21590	22410	197
580	7500	7850	8200	8550	136	1380	20300	21130	21960	22790	198
600	296 910 7800	308 820 8160	320 740 8520	332 660 8880	137	1400	1 735 600 20640	1 796 900 21490	1 858 300 22330	1 919 700 23170	200
620	8090	8470	8840	9210	139	1420	20990	21840	22700	23550	202
640	8390	8780	9162	9550	140	1440	21340	22200	23070	23930	203
660	8690	9090	9490	9880	142	1460	21680	22560	23440	24310	205
680	8990	9400	9810	10220	144	1480	22030	22920	23810	24700	206
700	407 300 9300	423 300 9720	439 290 10140	455 290 10560	145	1500	2 010 700 22380	2 080 900 23280	2 151 200 24180	2 221 400 25080	208
720	9600	10030	10460	10900	147	1520	22730	23650	24560	25470	209
740	9900	10350	10790	11240	148	1540	23090	24010	24940	25860	211
760	10210	10670	11120	11580	150	1560	23440	24380	25310	26250	213
780	10520	10990	11450	11920	151	1580	23800	24740	25690	26640	214
800	536 540 10830	557 210 11310	577 890 11790	598 570 12270	153	1600	2 308 700 24150	2 388 400 25110	2 468 100 26070	2 547 800 27030	216
820	11140	11630	12120	12610	154	1620	24510	25480	26450	27430	217
840	11450	11950	12460	12960	156	1640	24870	25850	26840	27820	219
860	11760	12280	12790	13310	158	1660	25230	26220	27220	28220	220
880	12070	12600	13130	13660	159	1680	25590	26590	27600	28610	222
900	685 110 12390	711 070 12930	737 020 13470	762 980 14010	161	1700	2 630 000 25950	2 719 800 26970	2 809 500 27990	2 899 300 29010	224
920	12700	13260	13810	14360	162	1720	26310	27340	28380	29410	225
940	13020	13590	14150	14710	164	1740	26670	27720	28760	29810	227
960	13340	13920	14490	15070	165	1760	27040	28100	29150	30210	228
980	13660	14250	14840	15420	167	1780	27410	28470	29540	30610	230
1000	853 530 13980	885 360 14580	917 200 15180	949 040 15780	169	1800	2 975 100 27770	3 075 600 28850	3 176 000 29930	3 276 500 31010	231
1020	14300	14910	15530	16140	170	1820	28140	29230	30330	31420	233
1040	14620	15250	15870	16500	172	1840	28510	29620	30720	31820	235
1060	14950	15590	16220	16860	173	1860	28880	30000	31120	32230	236
1080	15280	15920	16570	17220	175	1880	29250	30380	31510	32640	238
1100	1 042 300 15600	1 080 600 16260	1 118 900 16920	1 157 200 17580	176	1900	3 344 600 29630	3 456 300 30770	3 568 100 31910	3 679 800 33050	239
1120	15930	16600	17280	17950	178	1920	30000	31150	32310	33460	241
1140	16260	16940	17630	18310	180	1940	30380	31540	32710	33870	242
1160	16590	17290	17980	18680	181	1960	30750	31930	33110	34280	244
1180	16920	17630	18340	19050	183	1980	31130	32320	33500	34700	246
g_2	151	160	170	179		2000	3 738 900 31510	3 862 500 32710	3 986 200 33910	4 109 800 35110	247

⌐ 100 · 150 · 14

Bl 12 ⌀ 23 t = 12

h	Gurtplattenbreite 320	340	360	380	g_1	h	Gurtplattenbreite 320	340	360	380	g_1
600	195010 5460	199500 5610	204000 5750	208490 5890	161	1400	1263300 15520	1287300 15860	1311200 16200	1335100 16530	236
620	5680	5830	5980	6130	163	1420	15800	16140	16490	16830	238
640	5910	6060	6220	6370	165	1440	16090	16430	16780	17120	240
660	6140	6290	6450	6610	166	1460	16370	16720	17070	17420	242
680	6360	6530	6690	6850	168	1480	16650	17010	17360	17720	244
700	272970 6590	279050 6760	285140 6930	291220 7100	170	1500	1475500 16940	1503000 17300	1530400 17660	1557800 18020	246
720	6820	7000	7170	7340	172	1520	17230	17590	17960	18320	247
740	7060	7230	7410	7590	174	1540	17510	17880	18250	18620	249
760	7290	7470	7660	7840	176	1560	17800	18180	18550	18930	251
780	7530	7710	7900	8090	178	1580	18090	18470	18850	19230	253
800	365610 7760	373520 7960	381430 8150	389350 8340	180	1600	1707200 18390	1738400 18770	1769600 19160	1800800 19540	255
820	8000	8200	8400	8590	181	1620	18680	19070	19460	19850	257
840	8240	8440	8640	8850	183	1640	18980	19370	19760	20160	259
860	8480	8690	8900	9100	185	1660	19270	19670	20070	20470	261
880	8730	8940	9150	9360	187	1680	19570	19970	20380	20780	262
900	473530 8970	483510 9190	493490 9400	503470 9620	189	1700	1959000 19870	1994200 20280	2029300 20690	2064500 21090	264
920	9210	9440	9660	9880	191	1720	20170	20580	21000	21410	266
940	9460	9690	9910	10140	193	1740	20470	20890	21310	21730	268
960	9710	9940	10170	10400	195	1760	20780	21200	21620	22040	270
980	9960	10190	10430	10670	197	1780	21080	21510	21940	22360	272
1000	597330 10210	609620 10450	621910 10690	634200 10930	198	1800	2231400 21390	2270800 21820	2310200 22250	2349600 22680	274
1020	10460	10710	10950	11200	200	1820	21700	22130	22570	23010	276
1040	10720	10970	11220	11470	202	1840	22000	22450	22890	23330	278
1060	10970	11230	11480	11740	204	1860	22320	22760	23210	23650	279
1080	11230	11490	11750	12010	206	1880	22630	23080	23530	23980	281
1100	737610 11490	752450 11750	767290 12010	782130 12280	208	1900	2525100 22940	2569000 23400	2612900 23850	2656700 24310	283
1120	11750	12010	12280	12550	210	1920	23250	23720	24180	24640	285
1140	12010	12280	12550	12830	212	1940	23570	24040	24500	24970	287
1160	12270	12550	12830	13100	214	1960	23890	24360	24830	25300	289
1180	12530	12820	13100	13380	215	1980	24210	24680	25160	25630	291
1200	894970 12800	912600 13090	930230 13370	947860 13660	217	2000	2840700 24530	2889300 25010	2937900 25490	2986500 25970	293
1220	13060	13360	13650	13940	219	2050	25330	25820	26320	26810	297
1240	13330	13630	13930	14220	221	2100	26150	26650	27150	27660	302
1260	13600	13900	14210	14510	223	2150	26970	27480	28000	28520	307
1280	13870	14180	14490	14790	225	2200	27800	28330	28860	29380	311
1300	1070000 14140	1090700 14460	1111300 14770	1132000 15080	227	2250	3729400 28640	3790800 29180	3852200 29720	3913600 30260	316
1320	14420	14730	15050	15370	229	2300	29490	30040	30590	31140	321
1340	14690	15010	15330	15660	230	2350	30350	30910	31470	32040	326
1360	14970	15290	15620	15950	232	2400	31210	31790	32360	32940	330
1380	15250	15580	15910	16240	234	2450	32080	32670	33260	33850	335
g_2	60,3	64,1	67,8	71,6		2500	4767900 32970	4843700 33570	4919400 34170	4995100 34770	340

∟ 100 · 150 · 14

Bl 12 Ø 23 t = 24

h	Gurtplattenbreite 320	340	360	380	g_1	h	Gurtplattenbreite 320	340	360	380	g_1
600	272680 7310	282030 7600	291380 7890	300730 8180	161	1400	1659300 19950	1707900 20620	1756600 21290	1805300 21970	236
620	7600	7900	8200	8490	163	1420	20290	20980	21660	22340	238
640	7890	8200	8500	8810	165	1440	20640	21330	22020	22720	240
660	8180	8500	8810	9130	166	1460	20990	21690	22390	23090	242
680	8470	8800	9120	9450	168	1480	21340	22050	22760	23470	244
700	376980 8760	389570 9100	402150 9440	414740 9770	170	1500	1928500 21690	1984300 22410	2040000 23130	2095800 23850	246
720	9060	9410	9750	10100	172	1520	22040	22770	23500	24230	247
740	9360	9710	10070	10420	174	1540	22390	23130	23870	24610	249
760	9650	10020	10380	10750	176	1560	22750	23500	24250	24990	251
780	9950	10330	10700	11080	178	1580	23100	23860	24620	25380	253
800	499810 10250	516110 10640	532410 11020	548710 11410	180	1600	2221100 23460	2284400 24230	2347700 25000	2411000 25760	255
820	10560	10950	11340	11740	181	1620	23820	24600	25370	26150	257
840	10860	11260	11670	12070	183	1640	24180	24970	25750	26540	259
860	11170	11580	11990	12410	185	1660	24540	25340	26130	26930	261
880	11470	11900	12320	12740	187	1680	24900	25710	26520	27320	262
900	641750 11780	662250 12210	682740 12650	703240 13080	189	1700	2537600 25270	2609000 26080	2680300 26900	2751600 27720	264
920	12090	12530	12980	13420	191	1720	25630	26460	27280	28110	266
940	12400	12850	13310	13760	193	1740	26000	26840	27670	28510	268
960	12720	13180	13640	14100	195	1760	26370	27210	28060	28900	270
980	13030	13500	13970	14440	197	1780	26740	27590	28450	29300	272
1000	803410 13340	828580 13820	853750 14310	878920 14790	198	1800	2878600 27110	2958500 27970	3038300 28840	3118200 29700	274
1020	13660	14150	14640	15130	200	1820	27480	28350	29230	30100	276
1040	13980	14480	14980	15480	202	1840	27850	28740	29620	30500	278
1060	14300	14810	15320	15830	204	1860	28230	29120	30020	30910	279
1080	14620	15140	15660	16180	206	1880	28610	29510	30410	31310	281
1100	985400 14940	1015700 15470	1046000 16000	1076400 16530	208	1900	3244800 28980	3333600 29900	3422500 30810	3511300 31720	283
1120	15270	15810	16340	16880	210	1920	29360	30290	31210	32130	285
1140	15590	16140	16690	17240	212	1940	29740	30680	31610	32540	287
1160	15920	16480	17030	17590	214	1960	30130	31070	32010	32950	289
1180	16250	16810	17380	17950	215	1980	30510	31460	32410	33360	291
1200	1188300 16580	1224300 17150	1260200 17730	1296200 18310	217	2000	3636600 30890	3735000 31850	3833300 32810	3931600 33770	293
1220	16910	17490	18080	18670	219	2050	31860	32850	33830	34810	297
1240	17240	17840	18430	19030	221	2100	32840	33850	34850	35860	302
1260	17570	18180	18780	19390	223	2150	33820	34860	35890	36920	307
1280	17910	18520	19140	19750	225	2200	34820	35870	36930	37980	311
1300	1412700 18250	1454800 18870	1496900 19490	1539000 20120	227	2250	4732800 35820	4856900 36900	4981000 37980	5105100 39060	316
1320	18580	19220	19850	20490	229	2300	36830	37930	39040	40140	321
1340	18920	19570	20210	20850	230	2350	37850	38980	40100	41230	326
1360	19260	19920	20570	21220	232	2400	38870	40030	41180	42330	330
1380	19610	20270	20930	21590	234	2450	39910	41090	42260	43440	335
g_2	121	128	136	143		2500	6002800 40960	6155700 42160	6308600 43360	6461500 44560	340

⌊ 100 · 150 · 14

Bl 12 ⌀ 23 t = 36

h	Gurtplattenbreite 320	340	360	380	g_1	h	Gurtplattenbreite 320	340	360	380	g_1
600	356330 9180	370900 9620	385480 10050	400060 10490	161	1400	2 068 500 24390	2 142 800 25400	2 217 000 26400	2 291 300 27410	236
620	9530	9980	10430	10880	163	1420	24800	25820	26840	27870	238
640	9890	10350	10810	11270	165	1440	25210	26240	27280	28320	240
660	10240	10720	11190	11670	166	1460	25620	26670	27720	28770	242
680	10600	11090	11580	12070	168	1480	26030	27100	28170	29230	244
700	487890 10950	507410 11460	526930 11960	546440 12470	170	1500	2 395 800 26450	2 480 700 27530	2 565 700 28610	2 650 600 29690	246
720	11310	11830	12350	12870	172	1520	26860	27960	29050	30150	247
740	11670	12210	12740	13280	174	1540	27280	28390	29500	30610	249
760	12030	12580	13130	13680	176	1560	27700	28820	29950	31070	251
780	12400	12960	13520	14090	178	1580	28120	29260	30400	31540	253
800	641820 12760	667000 13340	692170 13920	717350 14490	180	1600	2 750 200 28540	2 846 600 29700	2 942 900 30850	3 039 300 32000	255
820	13130	13720	14310	14900	181	1620	28970	30130	31300	32470	257
840	13500	14100	14710	15320	183	1640	29390	30570	31750	32940	259
860	13870	14490	15110	15730	185	1660	29820	31010	32210	33400	261
880	14240	14870	15510	16140	187	1680	30240	31450	32670	33880	262
900	818710 14610	850260 15260	881820 15910	913370 16560	189	1700	3 132 400 30670	3 240 900 31900	3 349 400 33120	3 457 900 34350	264
920	14980	15650	16310	16970	191	1720	31100	32340	33580	34820	266
940	15360	16040	16710	17390	193	1740	31540	32790	34040	35300	268
960	15740	16430	17120	17810	195	1760	31970	33240	34500	35770	270
980	16110	16820	17530	18230	197	1780	32400	33680	34970	36250	272
1000	1 019 200 16490	1 057 800 17210	1 096 500 17940	1 135 100 18660	198	1800	3 542 900 32840	3 664 300 34130	3 785 600 35430	3 907 000 36730	274
1020	16870	17610	18350	19080	200	1820	33280	34590	35900	37210	276
1040	17260	18010	18760	19510	202	1840	33710	35040	36360	37690	278
1060	17640	18410	19170	19930	204	1860	34150	35490	36830	38170	279
1080	18030	18810	19580	20360	206	1880	34590	35950	37300	38660	281
1100	1 243 800 18410	1 290 200 19210	1 336 700 20000	1 383 200 20790	208	1900	3 982 400 35040	4 117 300 36410	4 252 300 37770	4 387 200 39140	283
1120	18800	19610	20420	21220	210	1920	35480	36860	38250	39630	285
1140	19190	20010	20840	21660	212	1940	35930	37320	38720	40120	287
1160	19580	20420	21260	22090	214	1960	36370	37780	39200	40610	289
1180	19980	20830	21680	22530	215	1980	36820	38250	39670	41100	291
1200	1 493 100 20370	1 548 100 21230	1 603 200 22100	1 658 200 22960	217	2000	4 451 400 37270	4 600 700 38710	4 749 900 40150	4 899 200 41590	293
1220	20760	21640	22520	23400	219	2050	38400	39880	41350	42830	297
1240	21160	22060	22950	23840	221	2100	39540	41050	42560	44080	302
1260	21560	22470	23380	24280	223	2150	40690	42230	43780	45330	307
1280	21960	22880	23800	24730	225	2200	41840	43430	45010	46590	311
1300	1 767 900 22360	1 832 100 23300	1 896 400 24230	1 960 700 25170	227	2250	5 757 300 43000	5 945 500 44630	6 133 600 46250	6 321 700 47870	316
1320	22760	23710	24670	25620	229	2300	44180	45830	47490	49150	321
1340	23170	24130	25100	26060	230	2350	45360	47050	48740	50440	326
1360	23570	24550	25530	26510	232	2400	46550	48280	50000	51730	330
1380	23980	24970	25970	26960	234	2450	47750	49510	51270	53040	335
g_2	181	192	203	215		2500	7 261 100 48950	7 492 600 50750	7 724 200 52550	7 955 700 54350	340

∟ 100 · 200 · 14

Bl 12 ⌀ 23 t = 15

h	Gurtplattenbreite				g_1	h	Gurtplattenbreite				g_1
	420	440	460	480			420	440	460	480	
800	492 160 10640	502 120 10880	512 090 11120	522 050 11360	202	1600	2 208 600 24250	2 247 700 24730	2 286 800 25210	2 325 900 25690	277
820	10960	11200	11450	11690	204	1620	24620	25100	25590	26070	279
840	11270	11520	11770	12030	206	1640	24990	25480	25970	26460	281
860	11590	11840	12100	12360	208	1660	25360	25850	26350	26850	283
880	11900	12170	12430	12690	209	1680	25730	26230	26740	27240	285
900	633 350 12220	645 910 12490	658 470 12760	671 030 13030	211	1700	2 524 600 26100	2 568 800 26610	2 612 900 27120	2 657 000 27630	287
920	12540	12820	13090	13370	213	1720	26480	26990	27510	28030	289
940	12860	13140	13430	13710	215	1740	26860	27380	27900	28420	290
960	13180	13470	13760	14050	217	1760	27230	27760	28290	28820	292
980	13510	13800	14100	14390	219	1780	27610	28150	28680	29220	294
1000	794 300 13830	809 760 14130	825 210 14430	840 670 14730	221	1800	2 865 300 27990	2 914 700 28530	2 964 100 29070	3 013 500 29610	296
1020	14160	14470	14770	15080	223	1820	28380	28920	29470	30010	298
1040	14490	14800	15110	15430	225	1840	28760	29310	29860	30420	300
1060	14820	15140	15460	15770	226	1860	29140	29700	30260	30820	302
1080	15150	15470	15800	16120	228	1880	29530	30090	30660	31220	304
1100	975 610 15480	994 260 15810	1 012 900 16140	1 031 600 16470	230	1900	3 231 100 29920	3 286 100 30490	3 341 100 31060	3 396 100 31630	306
1120	15820	16150	16490	16830	232	1920	30310	30880	31460	32040	307
1140	16150	16490	16840	17180	234	1940	30700	31280	31860	32440	309
1160	16490	16840	17190	17530	236	1960	31090	31680	32270	32850	311
1180	16830	17180	17540	17890	238	1980	31480	32080	32670	33260	313
1200	1 177 900 17170	1 200 000 17530	1 222 200 17890	1 244 300 18250	240	2000	3 622 600 31880	3 683 500 32480	3 744 400 33080	3 805 300 33680	315
1220	17510	17870	18240	18610	241	2050	32870	33480	34100	34710	320
1240	17850	18220	18590	18970	243	2100	33870	34500	35130	35760	324
1260	18190	18570	18950	19330	245	2150	34880	35520	36170	36810	329
1280	18540	18920	19310	19680	247	2200	35900	36560	37220	37880	334
1300	1 401 700 18890	1 427 700 19280	1 453 600 19670	1 479 500 20060	249	2250	4 718 100 36920	4 795 100 37600	4 872 000 38270	4 949 000 38950	339
1320	19230	19630	20030	20420	251	2300	37960	38650	39340	40030	343
1340	19580	19980	20390	20790	253	2350	39000	39710	40410	41120	348
1360	19930	20340	20750	21160	255	2400	40050	40770	41490	42210	353
1380	20280	20700	21110	21530	257	2450	41110	41850	42580	43320	357
1400	1 647 700 20640	1 677 700 21060	1 707 800 21480	1 737 800 21900	258	2500	5 987 800 42180	6 082 600 42930	6 177 500 43680	6 272 400 44430	362
1420	20990	21420	21840	22270	260	2550	43260	44030	44790	45560	367
1440	21350	21780	22210	22650	262	2600	44350	45130	45910	46690	371
1460	21710	22140	22580	23020	264	2650	45440	46240	47030	47830	376
1480	22070	22510	22950	23400	266	2700	46540	47350	48160	48970	381
1500	1 916 500 22430	1 950 900 22880	1 985 300 23330	2 019 700 23780	268	2750	7 440 900 47660	7 555 600 48480	7 670 300 49310	7 784 900 50130	386
1520	22790	23240	23700	24160	270	2800	48780	49620	50460	51300	390
1540	23150	23610	24070	24540	272	2850	49900	50760	51610	52470	395
1560	23510	23980	24450	24920	274	2900	51040	51910	52780	53650	400
1580	23880	24350	24830	25300	275	2950	52190	53070	53960	54840	404
g_2	98,9	104	108	113		3000	9 086 900 53340	9 223 300 54240	9 359 600 55140	9 496 000 56040	409

L 100 · 200 · 14

Bl 12 Ø 23 t = 24

h	Gurtplattenbreite 420	440	460	480	g_1	h	Gurtplattenbreite 420	440	460	480	g_1
800	625210 13210	641510 13600	657810 13980	674110 14370	202	1600	2716300 29470	2779600 30240	2842900 31010	2906200 31770	277
820	13590	13980	14380	14770	204	1620	29900	30680	31460	32240	279
840	13970	14370	14780	15180	206	1640	30340	31130	31920	32700	281
860	14350	14770	15180	15590	208	1660	30780	31580	32370	33170	283
880	14740	15160	15580	16000	209	1680	31220	32020	32830	33640	285
900	800000 15120	820500 15550	840990 15980	861490 16420	211	1700	3096200 31660	3167500 32470	3238900 33290	3310200 34110	287
920	15510	15950	16390	16830	213	1720	32100	32930	33750	34580	289
940	15890	16350	16800	17250	215	1740	32540	33380	34210	35050	290
960	16280	16740	17200	17670	217	1760	32990	33830	34680	35520	292
980	16670	17140	17610	18090	219	1780	33430	34290	35140	36000	294
1000	998340 17060	1023500 17540	1048700 18030	1073800 18510	221	1800	3504500 33880	3584300 34750	3664200 35610	3744000 36470	296
1020	17460	17950	18440	18930	223	1820	34330	35200	36080	36950	298
1040	17850	18350	18850	19350	225	1840	34780	35660	36550	37430	300
1060	18250	18760	19270	19780	226	1860	35230	36120	37020	37910	302
1080	18650	19160	19680	20200	228	1880	35680	36590	37490	38390	304
1100	1220800 19040	1251100 19570	1281500 20100	1311800 20630	230	1900	3941700 36140	4030500 37050	4119300 37960	4208200 38880	306
1120	19440	19980	20520	21060	232	1920	36590	37520	38440	39360	307
1140	19850	20390	20940	21490	234	1940	37050	37980	38910	39850	309
1160	20250	20810	21360	21920	236	1960	37510	38450	39390	40330	311
1180	20650	21220	21790	22350	238	1980	37970	38920	39870	40820	313
1200	1468000 21060	1504000 21640	1539900 22210	1575900 22790	240	2000	4408400 38430	4506700 39390	4605000 40350	4703400 41310	315
1220	21470	22050	22640	23230	241	2050	39590	40570	41560	42540	320
1240	21880	22470	23070	23660	243	2100	40760	41760	42770	43780	324
1260	22290	22890	23500	24100	245	2150	41930	42960	44000	45030	329
1280	22700	23310	23930	24540	247	2200	43120	44170	45230	46280	334
1300	1740600 23110	1782700 23730	1824700 24360	1866800 24980	249	2250	5708400 44310	5832500 45390	3956600 46470	6080700 47550	339
1320	23520	24160	24790	25430	251	2300	45510	46610	47720	48820	343
1340	23940	24580	25230	25870	253	2350	46720	47850	48980	50110	348
1360	24360	25010	25660	26320	255	2400	47940	49090	50240	51400	353
1380	24780	25440	26100	26760	257	2450	49170	50340	51520	52690	357
1400	2039100 25200	2087700 25870	2136400 26540	2185100 27210	258	2500	7206200 50400	7359100 51600	7512000 52800	7664900 54000	362
1420	25620	26300	26980	27660	260	2550	51650	52870	54090	55320	367
1440	26040	26730	27420	28110	262	2600	52900	54150	55390	56640	371
1460	26460	27160	27870	28570	264	2650	54160	55430	56700	57980	376
1480	26890	27600	28310	29020	266	2700	55430	56720	58020	59320	381
1500	2364100 27320	2419900 28040	2475600 28760	2531400 28480	268	2750	8911100 56710	9095700 58030	9280400 59350	9465100 60670	386
1520	27740	28470	29200	29930	270	2800	57990	59340	60680	62030	390
1540	28170	28910	29650	30390	272	2850	59290	60660	62030	63390	395
1560	28600	29350	30100	30850	274	2900	60590	61990	63380	64770	400
1580	29040	29790	30550	31310	275	2950	61900	63320	64740	66150	404
g_2	158	166	173	181		3000	10832000 63230	11052000 64670	11271000 66110	11491000 67550	409

⌊ 100 · 200 · 14

Bl 12 Ø 23 t = 30

h	Gurtplattenbreite 420	440	460	480	g_1	h	Gurtplattenbreite 420	440	460	480	g_1
800	717 100 14 930	737 780 15 410	758 450 15 890	779 130 16 370	202	1600	3 061 000 32 960	3 140 700 33 920	3 220 400 34 880	3 300 100 35 840	277
820	15 350	15 850	16 340	16 830	204	1620	33 430	34 410	35 380	36 350	279
840	15 780	16 280	16 790	17 290	206	1640	33 920	34 900	35 880	36 870	281
860	16 200	16 720	17 240	17 750	208	1660	34 400	35 390	36 390	37 390	283
880	16 630	17 160	17 690	18 220	209	1680	34 880	35 890	36 900	37 910	285
900	914 680 17 060	940 630 17 600	966 590 18 140	992 540 18 680	211	1700	3 483 800 35 370	3 573 600 36 390	3 663 400 37 410	3 753 200 38 430	287
920	17 490	18 040	18 590	19 150	213	1720	35 850	36 880	37 920	38 950	289
940	17 920	18 490	19 050	19 610	215	1740	36 340	37 380	38 430	39 470	290
960	18 350	18 930	19 510	20 080	217	1760	36 830	37 880	38 940	40 000	292
980	18 790	19 380	19 970	20 550	219	1780	37 320	38 390	39 460	40 520	294
1000	1 138 300 19 220	1 170 100 19 820	1 202 000 20 420	1 233 800 21 030	221	1800	3 937 600 37 810	4 038 000 38 890	4 138 500 39 970	4 239 000 41 050	296
1020	19 660	20 270	20 890	21 500	223	1820	38 300	39 400	40 490	41 580	298
1040	20 100	20 720	21 350	21 970	225	1840	38 800	39 900	41 010	42 110	300
1060	20 540	21 180	21 810	22 450	226	1860	39 290	40 410	41 530	42 640	302
1080	20 980	21 630	22 280	22 930	228	1880	39 790	40 920	42 050	43 180	304
1100	1 388 600 21 420	1 426 900 22 080	1 465 200 22 750	1 503 600 23 410	230	1900	4 422 700 40 290	4 534 500 41 430	4 646 200 42 570	4 758 000 43 710	306
1120	21 870	22 540	23 210	23 890	232	1920	40 790	41 940	43 090	44 250	307
1140	22 310	23 000	23 680	24 370	234	1940	41 290	42 450	43 620	44 780	309
1160	22 760	23 460	24 150	24 850	236	1960	41 790	42 970	44 150	45 320	311
1180	23 210	23 920	24 630	25 340	238	1980	42 300	43 490	44 670	45 860	313
1200	1 666 200 23 660	1 711 600 24 380	1 757 000 25 100	1 802 400 25 820	240	2000	4 940 000 42 800	5 063 600 44 000	5 187 200 45 200	5 310 900 46 400	315
1220	24 110	24 840	25 580	26 310	241	2050	44 070	45 300	46 530	47 760	320
1240	24 560	25 310	26 050	26 800	243	2100	45 350	46 610	47 870	49 130	324
1260	25 020	25 780	26 530	27 290	245	2150	46 640	47 930	49 220	50 510	329
1280	25 470	26 240	27 010	27 780	247	2200	47 930	49 250	50 570	51 890	334
1300	1 971 600 25 930	2 024 700 26 710	2 077 700 27 490	2 130 800 28 270	249	2250	6 377 300 49 240	6 533 200 50 590	6 689 200 51 940	6 845 100 53 290	339
1320	26 390	27 180	27 980	28 770	251	2300	50 550	51 930	53 310	54 690	343
1340	26 850	27 650	28 460	29 260	253	2350	51 870	53 280	54 690	56 100	348
1360	27 310	28 130	28 940	29 760	255	2400	53 200	54 640	56 080	57 520	353
1380	27 770	28 600	29 430	30 260	257	2450	54 540	56 010	57 480	58 950	357
1400	2 305 500 28 240	2 366 800 29 080	2 428 200 29 920	2 489 500 30 760	258	2500	8 028 100 55 880	8 220 100 57 380	8 412 100 58 880	8 604 200 60 380	362
1420	28 700	29 560	30 410	31 260	260	2550	57 240	58 770	60 300	61 830	367
1440	29 170	30 030	30 900	31 760	262	2600	58 600	60 160	61 720	63 280	371
1460	29 640	30 520	31 390	32 270	264	2650	59 970	61 560	63 150	64 750	376
1480	30 110	31 000	31 890	32 770	266	2700	61 350	62 980	64 600	66 220	381
1500	2 668 400 30 580	2 738 600 31 480	2 808 900 32 380	2 879 100 33 280	268	2750	9 901 700 62 740	10 134 000 64 390	10 365 000 66 040	10 597 000 67 690	386
1520	31 050	31 960	32 880	33 790	270	2800	64 140	65 820	67 500	69 180	390
1540	31 530	32 450	33 370	34 300	272	2850	65 550	67 260	68 970	70 680	395
1560	32 000	32 940	33 870	34 810	274	2900	66 960	68 700	70 440	72 180	400
1580	32 480	33 430	34 370	35 320	275	2950	68 390	70 160	71 930	73 700	404
g_2	198	207	217	226		3000	12 008 000 69 820	12 283 000 71 620	12 559 000 73 420	12 834 000 75 220	409

L 100 · 200 · 14

Bl 12 ⌀ 23 t = 36

h	Gurtplattenbreite 420	440	460	480	g_1	*h*	Gurtplattenbreite 420	440	460	480	g_1
800	811 600 16 660	836 770 17 230	861 950 17 810	887 120 18 390	202	1 600	3 410 700 36 440	3 507 100 37 600	3 603 400 38 750	3 699 800 39 900	277
820	17 120	17 710	18 310	18 900	204	1 620	36 970	38 130	39 300	40 470	279
840	17 590	18 200	18 800	19 410	206	1 640	37 490	38 680	39 860	41 040	281
860	18 060	18 680	19 300	19 920	208	1 660	38 020	39 210	40 410	41 610	283
880	18 530	19 170	19 800	20 440	209	1 680	38 550	39 760	40 970	42 180	285
900	1 032 300 19 000	1 063 800 19 650	1 095 400 20 300	1 126 900 20 950	211	1 700	3 876 800 39 080	3 985 300 40 300	4 093 800 41 530	4 202 300 42 750	287
920	19 480	20 140	20 800	21 470	213	1 720	39 610	40 850	42 080	43 320	289
940	19 950	20 630	21 310	21 990	215	1 740	40 140	41 390	42 640	43 900	290
960	20 430	21 120	21 810	22 510	217	1 760	40 670	41 940	43 210	44 470	292
980	20 910	21 610	22 320	23 030	219	1 780	41 210	42 490	43 770	45 050	294
1 000	1 281 500 21 390	1 320 100 22 110	1 358 800 22 830	1 397 500 23 550	221	1 800	4 376 300 41 740	4 497 700 43 040	4 619 000 44 340	4 740 400 45 630	296
1 020	21 870	22 600	23 340	24 080	223	1 820	42 280	43 590	44 900	46 210	298
1 040	22 350	23 100	23 850	24 600	225	1 840	42 820	44 140	45 470	46 790	300
1 060	22 840	23 600	24 360	25 130	226	1 860	43 360	44 700	46 040	47 380	302
1 080	23 320	24 100	24 880	25 660	228	1 880	43 900	45 250	46 610	47 960	304
1 100	1 559 900 23 810	1 606 400 24 600	1 652 900 25 390	1 699 300 26 190	230	1 900	4 909 700 44 440	5 044 700 45 810	5 179 600 47 180	5 314 600 48 550	306
1 120	24 300	25 100	25 910	26 720	232	1 920	44 990	46 370	47 750	49 140	307
1 140	24 790	25 610	26 430	27 250	234	1 940	45 530	46 930	48 330	49 730	309
1 160	25 280	26 110	26 950	27 790	236	1 960	46 080	47 490	48 900	50 310	311
1 180	25 770	26 620	27 470	28 320	238	1 980	46 630	48 050	49 480	50 910	313
1 200	1 868 100 26 270	1 923 100 27 130	1 978 100 28 000	2 033 200 28 860	240	2 000	5 477 800 47 180	5 627 000 48 620	5 776 300 50 060	5 925 500 51 500	315
1 220	26 760	27 640	28 520	29 400	241	2 050	48 560	50 030	51 510	52 990	320
1 240	27 260	28 150	29 050	29 940	243	2 100	49 950	51 460	52 970	54 480	324
1 260	27 760	28 660	29 570	30 480	245	2 150	51 340	52 890	54 440	55 990	329
1 280	28 260	29 180	30 100	31 020	247	2 200	52 750	54 340	55 920	57 500	334
1 300	2 206 700 28 760	2 271 000 29 690	2 335 200 30 630	2 399 500 31 570	249	2 250	7 053 100 54 170	7 241 300 55 790	7 429 400 57 410	7 617 500 59 030	339
1 320	29 260	30 210	31 160	32 110	251	2 300	55 590	57 250	58 900	60 560	343
1 340	29 760	30 730	31 700	32 660	253	2 350	57 020	58 710	60 410	62 100	348
1 360	30 270	31 250	32 230	33 210	255	2 400	58 460	60 190	61 920	63 650	353
1 380	30 780	31 770	32 770	33 760	257	2 450	59 910	61 670	63 440	65 200	357
1 400	2 576 300 31 280	2 650 500 32 290	2 724 800 33 300	2 799 000 34 310	258	2 500	8 857 700 61 370	9 089 200 63 170	9 320 800 64 970	9 552 300 66 770	362
1 420	31 790	32 820	33 840	34 860	260	2 550	62 830	64 670	66 510	68 340	367
1 440	32 310	33 340	34 380	35 420	262	2 600	64 310	66 180	68 050	69 930	371
1 460	32 820	33 870	34 920	35 970	264	2 650	65 790	67 700	69 610	71 520	376
1 480	33 330	34 400	35 460	36 530	266	2 700	67 280	69 230	71 170	73 120	381
1 500	2 977 400 33 850	3 062 300 34 930	3 147 300 36 010	3 232 200 37 090	268	2 750	10 901 000 68 780	11 180 000 70 760	11 460 000 72 740	11 739 000 74 720	386
1 520	34 360	35 460	36 550	37 650	270	2 800	70 290	72 310	74 320	76 340	390
1 540	34 880	35 990	37 100	38 210	272	2 850	71 810	73 860	75 910	77 970	395
1 560	35 400	36 520	37 650	38 770	274	2 900	73 330	75 420	77 510	79 600	400
1 580	35 920	37 060	38 200	39 340	275	2 950	74 870	76 990	79 120	81 240	404
g_2	237	249	260	271		3 000	13 192 000 76 410	13 524 000 78 570	13 856 000 80 730	14 188 000 82 890	409

∟ 100 · 200 · 14

Bl 12 ⌀ 23 t = 45

h	Gurtplattenbreite 420	440	460	480	g_1	h	Gurtplattenbreite 420	440	460	480	g_1
800	958 300 19 260	990 460 19 980	1 022 600 20 700	1 054 800 21 430	202	1600	3 944 800 41 680	4 066 600 43 130	4 188 400 44 570	4 310 200 46 010	277
820	19 790	20 530	21 270	22 010	204	1620	42 270	43 730	45 190	46 650	279
840	20 320	21 080	21 840	22 600	206	1640	42 870	44 340	45 820	47 300	281
860	20 860	21 630	22 410	23 190	208	1660	43 460	44 950	46 450	47 940	283
880	21 390	22 190	22 980	23 780	209	1680	44 050	45 570	47 080	48 590	285
900	1 214 100 21 930	1 254 400 22 740	1 294 600 23 560	1 334 800 24 370	211	1700	4 476 300 44 650	4 613 400 46 180	4 750 400 47 710	4 887 500 49 240	287
920	22 470	23 300	24 130	24 960	213	1720	45 250	46 790	48 340	49 890	289
940	23 010	23 860	24 710	25 560	215	1740	45 840	47 410	48 980	50 550	290
960	23 550	24 420	25 290	26 150	217	1760	46 440	48 030	49 610	51 200	292
980	24 100	24 980	25 870	26 750	219	1780	47 040	48 650	50 250	51 850	294
1000	1 502 400 24 640	1 551 500 25 550	1 600 700 26 450	1 649 900 27 350	221	1800	5 045 000 47 650	5 198 200 49 270	5 351 400 50 890	5 504 600 52 510	296
1020	25 190	26 110	27 030	27 950	223	1820	48 250	49 890	51 530	53 170	298
1040	25 740	26 680	27 620	28 550	225	1840	48 860	50 510	52 170	53 830	300
1060	26 290	27 250	28 200	29 160	226	1860	49 460	51 140	52 810	54 490	302
1080	26 840	27 820	28 790	29 760	228	1880	50 070	51 760	53 460	55 150	304
1100	1 823 500 27 390	1 882 600 28 390	1 941 600 29 380	2 000 600 30 370	230	1900	5 651 500 50 680	5 821 700 52 390	5 992 000 54 100	6 162 300 55 810	306
1120	27 950	28 960	29 970	30 980	232	1920	51 290	53 020	54 750	56 480	307
1140	28 510	29 530	30 560	31 590	234	1940	51 900	53 650	55 400	57 140	309
1160	29 060	30 110	31 150	32 200	236	1960	52 520	54 280	56 050	57 810	311
1180	29 620	30 690	31 750	32 810	238	1980	53 130	54 910	56 700	58 480	313
1200	2 178 300 30 180	2 248 000 31 260	2 317 800 32 350	2 387 600 33 430	240	2000	6 296 300 53 750	6 484 500 55 550	6 672 700 57 350	6 860 900 59 150	315
1220	30 740	31 840	32 940	34 040	241	2050	55 290	57 140	58 990	60 830	320
1240	31 310	32 420	33 540	34 660	243	2100	56 850	58 740	60 630	62 520	324
1260	31 870	33 010	34 140	35 280	245	2150	58 410	60 350	62 280	64 220	329
1280	32 440	33 590	34 740	35 900	247	2200	59 980	61 970	63 950	65 930	334
1300	2 567 200 33 000	2 648 600 34 180	2 730 000 35 350	2 811 500 36 520	249	2250	8 080 100 61 570	8 317 100 63 590	8 554 200 65 620	8 791 200 67 640	339
1320	33 570	34 760	35 950	37 140	251	2300	63 160	65 230	67 300	69 370	343
1340	34 140	35 350	36 560	37 770	253	2350	64 750	66 870	68 990	71 100	348
1360	34 710	35 940	37 170	38 390	255	2400	66 360	68 520	70 680	72 840	353
1380	35 290	36 530	37 780	39 020	257	2450	67 980	70 180	72 390	74 590	357
1400	2 990 800 35 860	3 084 800 37 120	3 178 800 38 390	3 272 800 39 650	258	2500	10 117 000 69 600	10 408 000 71 850	10 700 000 74 100	10 991 000 76 350	362
1420	36 440	37 720	39 000	40 280	260	2550	71 230	73 530	75 820	78 120	367
1440	37 020	38 310	39 610	40 910	262	2600	72 870	75 210	77 550	79 890	371
1460	37 590	38 910	40 230	41 540	264	2650	74 520	76 910	79 290	81 680	376
1480	38 170	39 510	40 840	42 180	266	2700	76 180	78 610	81 040	83 470	381
1500	3 449 800 38 760	3 557 300 40 110	3 664 700 41 460	3 772 200 42 810	268	2750	12 416 000 77 850	12 767 000 80 320	13 119 000 82 800	13 470 000 85 270	386
1520	39 340	40 710	42 080	43 450	270	2800	79 520	82 040	84 560	87 080	390
1540	39 920	41 310	42 700	44 090	272	2850	81 210	83 770	86 340	88 900	395
1560	40 510	41 910	43 320	44 730	274	2900	82 900	85 510	88 120	90 730	400
1580	41 100	42 520	43 940	45 370	275	2950	84 600	87 250	89 910	92 570	404
g_2	297	311	325	339		3000	14 986 000 86 310	15 403 000 89 010	15 821 000 91 710	16 238 000 94 410	409

L 100 · 200 · 16

Bl 12 Ø 23 t = 15

h	Gurtplattenbreite 420	440	460	480	g_1	h	Gurtplattenbreite 420	440	460	480	g_1
800	522 080 11300	532 050 11540	542 010 11780	551 980 12020	219	1600	2 337 200 25690	2 376 400 26170	2 415 500 26650	2 454 600 27130	294
820	11630	11880	12120	12370	221	1620	26080	26560	27050	27530	296
840	11960	12220	12470	12720	223	1640	26460	26960	27450	27940	298
860	12300	12560	12820	13070	224	1660	26860	27350	27850	28350	300
880	12640	12900	13160	13430	226	1680	27250	27750	28260	28760	302
900	671 840 12970	684 400 13240	696 960 13510	709 510 13780	228	1700	2 670 500 27640	2 714 600 28150	2 758 700 28660	2 802 900 29170	304
920	13310	13590	13870	14140	230	1720	28040	28550	29070	29580	306
940	13650	13940	14220	14500	232	1740	28430	28950	29480	30000	307
960	14000	14280	14570	14860	234	1760	28830	29360	29890	30410	309
980	14340	14630	14930	15220	236	1780	29230	29760	30300	30830	311
1000	842 430 14680	857 880 14990	873 340 15290	888 790 15590	238	1800	3 029 400 29630	3 078 800 30170	3 128 300 30710	3 177 700 31250	313
1020	15030	15340	15640	15950	240	1820	30030	30580	31120	31670	315
1040	15380	15690	16000	16320	241	1840	30440	30990	31540	32090	317
1060	15730	16050	16360	16680	243	1860	30840	31400	31960	32510	319
1080	16080	16400	16730	17050	245	1880	31250	31810	32370	32940	321
1100	1 034 500 16430	1 053 100 16760	1 071 800 17090	1 090 400 17420	247	1900	3 414 600 31650	3 469 600 32220	3 524 600 32790	3 579 600 33360	322
1120	16790	17120	17460	17790	249	1920	32060	32640	33210	33790	324
1140	17140	17480	17820	18170	251	1940	32470	33050	33640	34220	236
1160	17500	17840	18190	18540	253	1960	32880	33470	34060	34650	328
1180	17850	18210	18560	18920	255	1980	33300	33890	34480	35080	330
1200	1 248 500 18210	1 270 700 18570	1 292 800 18930	1 315 000 19290	257	2000	3 826 600 33710	3 887 500 34310	3 948 400 34910	4 009 300 35510	332
1220	18570	18940	19310	19670	258	2050	34750	35370	35980	36600	337
1240	18940	19310	19680	20050	260	2100	35800	36430	37060	37690	341
1260	19300	19680	20060	20430	262	2150	36860	37510	38150	38800	346
1280	19660	20050	20430	20820	264	2200	37930	38590	39250	39910	351
1300	1 485 300 20030	1 511 200 20420	1 537 100 20810	1 563 100 21200	266	2250	4 977 900 39000	5 054 900 39680	5 131 800 40350	5 208 800 41030	355
1320	20400	20800	21190	21590	268	2300	40090	40780	41470	42160	360
1340	20770	21170	21570	21970	270	2350	41180	41890	42590	43300	365
1360	21140	21540	21950	22360	272	2400	42280	43000	43720	44440	370
1380	21510	21920	22340	22750	273	2450	43390	44130	44860	45600	374
1400	1 745 200 21880	1 775 200 22300	1 805 300 22720	1 835 300 23140	275	2500	6 310 100 44510	6 405 000 45260	6 499 900 46010	6 594 800 46760	379
1420	22260	22680	23110	23530	277	2550	45640	46400	47170	47930	384
1440	22630	23060	23500	23930	279	2600	46770	47550	48330	49110	388
1460	23010	23450	23880	24320	281	2650	47920	48710	49510	50300	393
1480	23390	23830	24270	24720	283	2700	49070	49880	50690	51500	398
1500	2 029 000 23770	2 063 400 24220	2 097 900 24670	2 132 300 25120	285	2750	7 832 600 50230	7 947 300 51050	8 062 000 51880	8 176 700 52700	403
1520	24150	24600	25060	25520	287	2800	51400	52240	53080	53920	407
1540	24530	24990	25450	28920	289	2850	52580	53430	54290	55140	412
1560	24910	25380	25850	26320	290	2900	53760	54630	55500	56370	417
1580	25300	25770	26250	26720	292	2950	54960	55840	56730	57610	421
g_2	98,9	104	108	113		3000	9 554 700 56160	9 691 100 57060	9 827 400 57960	9 963 800 58860	426

L 100 · 200 · 16

Bl 12 ⌀ 23 t = 30

h	Gurtplattenbreite 420	440	460	480	g_1	h	Gurtplattenbreite 420	440	460	480	g_1
800	747 020 15 560	767 700 16 040	788 380 16 530	809 050 17 010	219	1600	3 189 700 34 370	3 269 400 35 330	3 349 100 36 290	3 428 800 37 250	294
820	16 010	16 500	16 990	17 480	221	1620	34 870	35 840	36 810	37 780	296
840	16 450	16 950	17 460	17 960	223	1640	35 370	36 350	37 340	38 320	298
860	16 890	17 410	17 930	18 440	224	1660	35 870	36 870	37 860	38 860	300
880	17 340	17 870	18 400	18 930	226	1680	36 370	37 380	38 390	39 400	302
900	953 160 17 790	979 120 18 330	1 005 100 18 870	1 031 000 19 410	228	1700	3 629 700 36 880	3 719 500 37 900	3 809 300 38 920	3 899 100 39 940	304
920	18 240	18 790	19 340	19 900	230	1720	37 380	38 420	39 450	40 480	306
940	18 690	19 250	19 820	20 380	232	1740	37 890	38 930	39 980	41 020	307
960	19 140	19 720	20 290	20 870	234	1760	38 400	39 460	40 510	41 570	309
980	19 590	20 180	20 770	21 360	236	1780	38 910	39 980	41 050	42 110	311
1000	1 186 400 20 050	1 218 300 20 650	1 250 100 21 250	1 281 900 21 850	238	1800	4 101 700 39 420	4 202 200 40 500	4 302 700 41 580	4 403 100 42 660	313
1020	20 510	21 120	21 730	22 340	240	1820	39 930	41 030	42 120	43 210	315
1040	20 970	21 590	22 210	22 840	241	1840	40 450	41 550	42 660	43 760	317
1060	21 420	22 060	22 700	23 330	243	1860	40 960	42 080	43 200	44 310	319
1080	21 890	22 530	23 180	23 830	245	1880	41 480	42 610	43 740	44 870	321
1100	1 447 500 22 350	1 485 800 23 010	1 524 100 23 670	1 562 400 24 330	247	1900	4 606 300 42 000	4 718 000 43 140	4 829 800 44 280	4 941 500 45 420	322
1120	22 810	23 480	24 160	24 830	249	1920	42 520	43 670	44 820	45 970	324
1140	23 280	23 960	24 650	25 330	251	1940	43 040	44 200	45 370	46 530	326
1160	23 740	24 440	25 140	25 830	253	1960	43 560	44 740	45 910	47 090	328
1180	24 210	24 920	25 630	26 340	255	1980	44 080	45 270	46 460	47 650	330
1200	1 736 800 24 680	1 782 200 25 400	1 827 600 26 120	1 873 000 26 840	257	2000	5 143 900 44 610	5 267 600 45 810	5 391 200 47 010	5 514 800 48 210	332
1220	25 150	25 890	26 620	27 350	258	2050	45 930	47 160	48 390	49 620	337
1240	25 630	26 370	27 110	27 860	260	2100	47 260	48 520	49 780	51 040	341
1260	26 100	26 860	27 610	28 370	262	2150	48 590	49 880	51 170	52 460	346
1280	26 570	27 340	28 110	28 880	264	2200	49 940	51 260	52 580	53 900	351
1300	2 055 100 27 050	2 108 200 27 830	2 161 300 28 610	2 214 300 29 390	266	2250	6 637 100 51 290	6 793 000 52 640	6 949 000 53 990	7 104 900 55 340	355
1320	27 530	28 320	29 110	29 910	268	2300	52 650	54 030	55 410	56 790	360
1340	28 010	28 810	29 620	30 420	270	2350	54 020	55 430	56 840	58 250	365
1360	28 490	29 310	30 120	30 940	272	2400	55 400	56 840	58 280	59 720	370
1380	28 970	29 800	30 630	31 460	273	2450	56 790	58 260	59 730	61 200	374
1400	2 403 000 29 460	2 464 300 30 300	2 525 700 31 140	2 587 000 31 980	275	2500	8 350 400 58 180	8 542 500 59 680	8 734 500 61 180	8 926 500 62 680	379
1420	29 940	30 790	31 650	32 500	277	2550	59 590	61 120	62 650	64 180	384
1440	30 430	31 290	32 160	33 020	279	2600	61 000	62 560	64 120	65 680	388
1460	30 910	31 790	32 670	33 540	281	2650	62 420	64 010	65 600	67 190	393
1480	31 400	32 290	33 180	34 070	283	2700	63 850	65 470	67 090	68 710	398
1500	2 780 900 31 890	2 851 200 32 800	2 921 400 33 700	2 991 600 34 600	285	2750	10 293 000 65 290	10 525 000 66 940	10 757 000 68 590	10 989 000 70 240	403
1520	32 390	33 300	34 210	35 120	287	2800	66 740	68 420	70 100	71 780	407
1540	32 880	33 800	34 730	35 650	289	2850	68 190	69 900	71 610	73 320	412
1560	33 380	34 310	35 250	36 180	290	2900	69 660	71 400	73 140	74 880	417
1580	33 870	34 820	35 770	36 720	292	2950	71 130	72 900	74 670	76 440	421
g_2	198	207	217	226		3000	12 475 000 72 610	12 751 000 74 410	13 026 000 76 210	13 302 000 78 010	426

⌊ 100 · 200 · 16

Bl 12 ⌀ 23 t = 45

h	Gurtplattenbreite 420	440	460	480	g_1	h	Gurtplattenbreite 420	440	460	480	g_1
800	988 220 19870	1 020 380 20590	1 052 500 21310	1 084 700 22040	219	1600	4 073 400 43070	4 195 300 44510	4 317 100 45960	4 438 900 47400	294
820	20420	21160	21900	22640	221	1620	43680	45140	46600	48060	296
840	20970	21730	22490	23250	223	1640	44290	45770	47250	48730	298
860	21530	22300	23080	23860	224	1660	44910	46400	47900	49390	300
880	22080	22880	23670	24460	226	1680	45520	47030	48550	50060	302
900	1 252 600 22640	1 292 800 23450	1 333 100 24260	1 373 300 25080	228	1700	4 622 200 46130	4 759 200 47670	4 896 300 49200	5 033 400 50730	304
920	23200	24030	24860	25690	230	1720	46750	48300	49850	51400	306
940	23760	24610	25450	26300	232	1740	47370	48940	50500	52070	307
960	24320	25190	26050	26920	234	1760	47990	49570	51160	52740	309
980	24880	25770	26650	27540	236	1780	48610	50210	51820	53420	311
1000	1 550 500 25450	1 599 700 26350	1 648 800 27250	1 698 000 28150	238	1800	5 209 200 49230	5 362 400 50850	5 515 600 52470	5 668 800 54100	313
1020	26010	26930	27860	28780	240	1820	49850	51490	53130	54770	315
1040	26580	27520	28460	29400	241	1840	50480	52140	53790	55450	317
1060	27150	28110	29060	30020	243	1860	51110	52780	54460	56130	319
1080	27720	28700	29670	30650	245	1880	51730	53430	55120	56810	321
1100	1 882 400 28300	1 941 400 29290	2 000 400 30280	2 059 500 31270	247	1900	5 835 000 52360	6 005 200 54070	6 175 500 55780	6 345 800 57500	322
1120	28870	29880	30890	31900	249	1920	52990	54720	56450	58180	324
1140	29440	30470	31500	32530	251	1940	53620	55370	57120	58870	326
1160	30020	31070	32110	33160	253	1960	54260	56020	57790	59550	328
1180	30600	31660	32730	33790	255	1980	54890	56670	58460	60240	330
1200	2 248 900 31180	2 318 700 32260	2 388 500 33340	2 458 300 34430	257	2000	6 500 200 55530	6 688 400 57330	6 876 700 59130	7 064 900 60930	332
1220	31760	32860	33960	35060	258	2050	57120	58970	60820	62660	337
1240	32340	33460	34580	35700	260	2100	58730	60620	62510	64400	341
1260	32930	34060	35200	36330	262	2150	60340	62280	64210	66150	346
1280	33510	34670	35820	36970	264	2200	61960	63940	65920	67910	351
1300	2 650 700 34100	2 732 100 35270	2 813 600 36440	2 895 000 37610	266	2250	8 339 800 63590	8 576 900 65620	8 813 900 67640	9 051 000 69670	355
1320	34690	35880	37070	38260	268	2300	65230	67300	69370	71440	360
1340	35280	36490	37690	38900	270	2350	66880	68990	71110	73230	365
1360	35870	37090	38320	39550	272	2400	68530	70700	72860	75020	370
1380	36460	37710	38950	40190	273	2450	70200	72400	74610	76820	374
1400	3 088 300 37060	3 182 300 38320	3 276 300 39580	3 370 300 40840	275	2500	10 439 000 71870	10 731 000 74120	11 022 000 76370	11 314 000 78620	379
1420	37650	38930	40210	41490	277	2550	73550	75850	78150	80440	384
1440	38250	39550	40840	42140	279	2600	75240	77580	79930	82270	388
1460	38850	40160	41480	42790	281	2650	76940	79330	81710	84100	393
1480	39450	40780	42110	43450	283	2700	78650	81080	83510	85940	398
1500	3 562 400 40050	3 669 800 41400	3 777 200 42750	3 884 700 44100	285	2750	12 807 000 80370	13 159 000 82840	13 510 000 85320	13 862 000 87790	403
1520	40650	42020	43390	44760	287	2800	82090	84610	87130	89650	407
1540	41250	42640	44030	45420	289	2850	83820	86390	88950	91520	412
1560	41860	43260	44670	46080	290	2900	85560	88170	90790	93400	417
1580	42470	43890	45310	46740	292	2950	87310	89970	92630	95280	421
g_2	297	311	325	339		3000	15 454 000 89070	15 871 000 91770	16 289 000 94470	16 706 000 97180	426

∟ 100 · 200 · 18

Bl 14 ⌀ 26 t = 15

h	Gurtplattenbreite				g_1	h	Gurtplattenbreite				g_1
	420	440	460	480			420	440	460	480	
1200	1 346 300 19400	1 368 400 19760	1 390 500 20120	1 412 700 20480	292	1900	3 708 300 33980	3 763 300 34550	3 818 300 35120	3 873 400 35690	369
1220	19790	20160	20520	20890	294	1920	34430	35010	35580	36160	371
1240	20180	20550	20920	21300	296	1940	34880	35460	36040	36620	373
1260	20570	20950	21330	21710	298	1960	35330	35910	36500	37090	375
1280	20970	21350	21730	22120	301	1980	35780	36370	36960	37560	378
1300	1 603 400 21360	1 629 300 21750	1 655 300 22140	1 681 200 22530	303	2000	4 159 400 36230	4 220 300 36830	4 281 200 37430	4 342 100 38030	380
1320	21760	22160	22550	22950	305	2050	37370	37980	38600	39210	385
1340	22160	22560	22960	23370	307	2100	38510	39140	39770	40400	391
1360	22560	22970	23380	23780	309	2150	39670	40310	40960	41600	396
1380	22960	23380	23790	24200	312	2200	40840	41500	42160	42820	402
1400	1 886 100 23370	1 916 200 23790	1 946 200 24210	1 976 200 24630	314	2250	5 421 900 42010	5 498 900 42690	5 575 800 43360	5 652 800 44040	407
1420	23770	24200	24620	25050	316	2300	43200	43890	44580	45270	413
1440	24180	24610	25040	25470	318	2350	44400	45100	45810	46510	418
1460	24590	25030	25460	25900	320	2400	45600	46320	47040	47760	424
1480	25000	25440	25890	26330	323	2450	46820	47550	48290	49020	429
1500	2 195 200 25410	2 229 600 25860	2 264 000 26310	2 298 500 26760	325	2500	6 886 100 48040	6 980 900 48790	7 075 800 49540	7 170 700 50290	435
1520	25820	26280	26740	27190	327	2550	49280	50050	50810	51580	440
1540	26240	26700	27160	27620	329	2600	50530	51310	52090	52870	446
1560	26650	27120	27590	28060	331	2650	51780	52580	53370	54170	451
1580	27070	27550	28020	28500	334	2700	53050	53860	54670	55480	457
1600	2 531 200 27490	2 570 300 27970	2 609 500 28450	2 648 600 28930	336	2750	8 562 700 54330	8 677 400 55150	8 792 000 55980	8 906 700 56800	462
1620	27910	28400	28890	29370	338	2800	55610	56450	57290	58130	468
1640	28340	28830	29320	29810	340	2850	56910	57760	58620	59470	473
1660	28760	29260	29760	30260	342	2900	58210	59080	59950	60820	479
1680	29190	29690	30200	30700	345	2950	59530	60410	61300	62180	484
1700	2 894 900 29620	2 939 100 30130	2 983 200 30640	3 027 300 31150	347	3000	10 463 000 60860	10 599 000 61760	10 735 000 62660	10 872 000 63560	490
1720	30050	30560	31080	31590	349						
1740	30480	31000	31520	32040	351						
1760	30910	31440	31970	32490	353						
1780	31340	31880	32410	32950	356						
1800	3 287 100 31780	3 336 500 32320	3 385 900 32860	3 435 300 33400	358						
1820	32220	32760	33310	33860	360						
1840	32660	33210	33760	34310	362						
1860	33100	33660	34210	34770	364						
1880	33540	34100	34670	35230	367	g_2	98,9	104	108	113	

L 100 · 200 · 18

Bl 14 ⌀ 26 t = 30

h	Gurtplattenbreite 420	440	460	480	g_1
1200	1 834 500 25 730	1 879 900 26 450	1 925 300 27 170	1 970 700 27 890	292
1220	26 230	26 960	27 690	28 430	294
1240	26 730	27 470	28 220	28 960	296
1260	27 230	27 980	28 740	29 500	298
1280	27 730	28 500	29 270	30 040	301
1300	2 173 300 28 240	2 226 300 29 020	2 279 400 29 800	2 332 500 30 580	303
1320	28 740	29 530	30 330	31 120	305
1340	29 250	30 050	30 860	31 660	307
1360	29 760	30 570	31 390	32 210	309
1380	30 270	31 100	31 930	32 750	312
1400	2 543 900 30 780	2 605 200 31 620	2 666 600 32 460	2 728 000 33 300	314
1420	31 300	32 150	33 000	33 850	316
1440	31 810	32 680	33 540	34 400	318
1460	32 330	33 210	34 080	34 960	320
1480	32 850	33 740	34 620	35 510	323
1500	2 947 100 33 370	3 017 300 34 270	3 087 600 35 170	3 157 800 36 070	325
1520	33 890	34 800	35 720	36 630	327
1540	34 410	35 340	36 260	37 190	329
1560	34 940	35 880	36 810	37 750	331
1580	35 470	36 420	37 360	38 310	334
1600	3 383 600 36 000	3 463 300 36 960	3 543 100 37 920	3 622 800 38 880	336
1620	36 530	37 500	38 470	39 440	338
1640	37 060	38 040	39 030	40 010	340
1660	37 590	38 590	39 580	40 580	342
1680	38 130	39 140	40 140	41 150	345
1700	3 854 200 38 660	3 943 900 39 680	4 033 700 40 700	4 123 500 41 720	347
1720	39 200	40 230	41 270	42 300	349
1740	39 740	40 790	41 830	42 880	351
1760	40 280	41 340	42 400	43 450	353
1780	40 830	41 900	42 960	44 030	356
1800	4 359 400 41 370	4 459 900 42 450	4 560 300 43 530	4 660 800 44 610	358
1820	41 920	43 010	44 100	45 200	360
1840	42 470	43 570	44 670	45 780	362
1860	43 020	44 130	45 250	46 360	364
1880	43 570	44 700	45 820	46 950	367

h	Gurtplattenbreite 420	440	460	480	g_1
1900	4 900 000 44 120	5 011 800 45 260	5 123 500 46 400	5 235 300 47 540	369
1920	44 670	45 830	46 980	48 130	371
1940	45 230	46 390	47 560	48 720	373
1960	45 790	46 960	48 140	49 320	375
1980	46 350	47 540	48 720	49 910	378
2000	5 476 700 46 910	5 600 400 48 110	5 724 000 49 310	5 847 600 50 510	380
2050	48 320	49 550	50 780	52 010	385
2100	49 740	51 000	52 260	53 520	391
2150	51 170	52 460	53 750	55 040	396
2200	52 600	53 920	55 250	56 570	402
2250	7 081 100 54 050	7 237 000 55 400	7 393 000 56 750	7 548 900 58 100	407
2300	55 510	56 890	58 270	59 650	413
2350	56 980	58 390	59 800	61 210	418
2400	58 460	59 900	61 340	62 780	424
2450	59 950	61 420	62 890	64 360	429
2500	8 926 300 61 450	9 118 400 62 950	9 310 400 64 450	9 502 400 65 950	435
2550	62 960	64 490	66 020	67 550	440
2600	64 480	66 040	67 600	69 160	446
2650	66 010	67 600	69 190	70 780	451
2700	67 540	69 160	70 780	72 400	457
2750	11 023 000 69 090	11 255 000 70 740	11 487 000 72 390	11 719 000 74 040	462
2800	70 650	72 330	74 010	75 690	468
2850	72 220	73 930	75 640	77 350	473
2900	73 800	75 540	77 280	79 020	479
2950	75 390	77 160	78 930	80 700	484
3000	13 383 000 76 990	13 659 000 78 790	13 934 000 80 590	14 210 000 82 390	490
g_2	198	207	217	226	

⌊ 100 · 200 · 18

Bl 14 ⌀ 26 t = 45

h	Gurtplattenbreite 420	440	460	480	g_1	h	Gurtplattenbreite 420	440	460	480	g_1
1200	2346600 32090	2416400 33170	2486200 34250	2556000 35340	292	1900	6128700 54280	6299000 55990	6469300 57700	6639500 59410	369
1220	32700	33800	34900	36000	294	1920	54940	56670	58400	60130	371
1240	33300	34420	35540	36660	296	1940	55600	57350	59100	60850	373
1260	33910	35050	36180	37320	298	1960	56270	58040	59800	61570	375
1280	34520	35680	36830	37980	301	1980	56940	58720	60500	62290	378
1300	2768800 35140	2850300 36310	2931700 37480	3013100 38650	303	2000	6833000 57610	7021200 59410	7209500 61210	7397700 63010	380
1320	35750	36940	38130	39320	305	2050	59290	61130	62980	64830	385
1340	36370	37570	38780	39990	307	2100	60980	62870	64760	66650	391
1360	36980	38210	39430	40660	309	2150	62680	64620	66550	68490	396
1380	37600	38850	40090	41330	312	2200	64390	66370	68350	70340	402
1400	3229200 38220	3323200 39490	3417200 40750	3511200 42010	314	2250	8783900 66110	9020900 68140	9257900 70170	9495000 72190	407
1420	38850	40130	41410	42680	316	2300	67840	69920	71990	74060	413
1440	39470	40770	42070	43360	318	2350	69590	71700	73820	75930	418
1460	40100	41410	42730	44040	320	2400	71340	73500	75660	77820	424
1480	40720	42060	43390	44720	323	2450	73100	75300	77510	79720	429
1500	3728500 41350	3836000 42700	3943400 44060	4050900 45410	325	2500	11015000 74870	11307000 77120	11598000 79370	11889000 81620	435
1520	41980	43350	44720	46090	327	2550	76650	78950	81240	83540	440
1540	42620	44000	45390	46780	329	2600	78440	80780	83120	85460	446
1560	43250	44660	46060	47470	331	2650	80240	82630	85020	87400	451
1580	43890	45310	46730	48160	334	2700	82050	84490	86920	89350	457
1600	4267400 44520	4389200 45960	4511000 47410	4632800 48850	336	2750	13537000 83880	13889000 86350	14241000 88830	14592000 91300	462
1620	45160	46620	48080	49540	338	2800	85710	88230	90750	93270	468
1640	45800	47280	48760	50230	340	2850	87550	90110	92680	95240	473
1660	46440	47940	49430	50930	342	2900	89400	92010	94620	97230	479
1680	47090	48600	50110	51630	345	2950	91260	93920	96570	99230	484
1700	4846600 47730	4983700 49260	5120700 50800	5257800 52330	347	3000	16362000 93130	16779000 95830	17197000 98530	17614000 101200	490
1720	48380	49930	51480	53030	349						
1740	49030	50600	52160	53730	351						
1760	49680	51260	52850	54430	353						
1780	50330	51930	53540	55140	356						
1800	5466800 50980	5620000 52610	5773200 54230	5926500 55850	358						
1820	51640	53280	54920	56560	360						
1840	52300	53950	55610	57270	362						
1860	52950	54630	56300	57980	364						
1880	53610	55310	57000	58690	367	g_2	297	311	325	339	

Dritter Teil

Hilfstafeln

J und Wn für 1 mm Stegblechdicke bei Trägern ohne Gurtplatten

$$Wvoll = \frac{Wn}{0{,}85} = \frac{2\,J}{h}$$

h	J	Wn	h	J	Wn	h	J	Wn	h	J	Wn
200	66,7	5,7	700	2858,3	69,4	1200	14400	204,0	1900	57158	511,4
210	77,2	6,2	710	2982,6	71,4	1210	14763	207,4	1920	58982	522,2
220	88,7	6,9	720	3110,4	73,4	1220	15132	210,9	1940	60845	533,2
230	101,4	7,5	730	3241,8	75,5	1230	15507	214,2	1960	62746	544,2
240	115,2	8,2	740	3376,9	77,6	1240	15889	217,7	1980	64687	555,4
250	130,2	8,9	750	3515,6	79,7	1250	16276	221,3	2000	66667	566,7
260	146,5	9,6	760	3658,1	81,8	1260	16670	224,8	2050	71793	595,4
270	164,0	10,3	770	3804,4	84,0	1270	17070	228,4	2100	77175	624,8
280	182,9	11,1	780	3954,6	86,2	1280	17476	232,0	2150	82820	654,9
290	203,2	11,9	790	4108,7	88,4	1290	17889	235,7	2200	88733	685,7
300	225,0	12,8	800	4266,7	90,7	1300	18308	239,3	2250	94922	717,2
310	248,3	13,6	810	4428,7	92,9	1310	18734	243,0	2300	101390	749,4
320	273,1	14,5	820	4594,7	95,3	1320	19166	246,7	2350	108150	782,4
330	299,5	15,4	830	4764,9	97,6	1330	19605	250,5	2400	115200	816,0
340	327,5	16,4	840	4939,2	100,0	1340	20051	254,3	2450	122550	850,4
350	357,3	17,4	850	5117,7	102,4	1350	20503	258,1	2500	130210	885,4
360	388,8	18,4	860	5300,5	104,8	1360	20962	261,9	2550	138180	921,2
370	422,1	19,4	870	5487,5	107,2	1370	21428	265,8	2600	146470	957,7
380	457,3	20,5	880	5678,9	109,7	1380	21901	269,7	2650	155080	994,9
390	494,3	21,5	890	5874,7	112,2	1390	22380	273,6	2700	164025	1033
400	533,3	22,7	900	6075,0	114,8	1400	22867	277,6	2750	173310	1071
410	574,3	23,8	910	6279,8	117,3	1410	23360	281,6	2800	182930	1111
420	617,4	25,0	920	6489,1	119,9	1420	23861	285,6	2850	192910	1151
430	662,6	26,2	930	6703,0	122,5	1430	24368	289,6	2900	203240	1191
440	709,9	27,4	940	6921,5	125,2	1440	24883	293,7	2950	213940	1234
450	759,4	28,7	950	7144,8	127,9	1450	25405	297,8	3000	225000	1275
460	811,1	30,0	960	7372,8	130,6	1460	25935	301,9	3100	248260	1361
470	865,2	31,3	970	7605,6	133,3	1470	26471	306,0	3200	273070	1451
480	921,6	32,6	980	7843,3	136,1	1480	27015	310,2	3300	299480	1543
490	980,4	34,0	990	8085,8	138,8	1490	27566	314,4	3400	327530	1638
500	1041,7	35,4	1000	8333,3	141,7	1500	28125	318,7	3500	357290	1735
510	1105,4	36,8	1010	8585,8	144,5	1520	29265	327,3	3600	388800	1836
520	1171,7	38,3	1020	8843,4	147,4	1540	30436	336,0	3700	422110	1939
530	1240,6	39,8	1030	9106,1	150,3	1560	31637	344,8	3800	457270	2046
540	1312,2	41,3	1040	9373,9	153,2	1580	32869	353,7	3900	494330	2155
550	1386,5	42,9	1050	9646,9	156,2	1600	34133	362,7	4000	533330	2267
560	1463,5	44,4	1060	9925,1	159,2	1620	35429	371,8	4100	574340	2381
570	1543,3	46,0	1070	10209	162,2	1640	36758	381,0	4200	617400	2499
580	1625,9	47,7	1080	10498	165,2	1660	38119	390,4	4300	662560	2619
590	1711,5	49,3	1090	10792	168,3	1680	39514	399,8	4400	709870	2743
600	1800,0	51,0	1100	11092	171,4	1700	40942	409,4	4500	759380	2869
610	1891,5	52,7	1110	11397	174,5	1720	42404	419,1			
620	1986,1	54,5	1120	11708	177,7	1740	43900	428,9			
630	2083,7	56,2	1130	12024	180,9	1760	45432	438,8			
640	2184,5	58,0	1140	12346	184,1	1780	46998	448,9			
650	2288,5	59,9	1150	12674	187,4	1800	48600	459,0			
660	2395,8	61,7	1160	13007	190,6	1820	50238	469,3			
670	2506,4	63,6	1170	13347	193,9	1840	51913	479,6			
680	2620,3	65,5	1180	13692	197,3	1860	53624	490,1			
690	2737,6	67,4	1190	14043	200,6	1880	55372	500,7			

J und Wn für 1 mm Stegblechdicke bei Trägern mit Gurtplatten

$$W voll = \frac{Wn}{0{,}85}$$

h	J	Wn bei einer Gurtplattendicke t von (mm)								
		8	10	11	12	14	15	16	18	20
300	225,0	12,1	12,0	11,9	11,8	11,7	11,6	11,5	11,4	11,3
320	273,1	13,8	13,7	13,6	13,5	13,3	13,3	13,2	13,0	12,9
340	327,5	15,6	15,5	15,4	15,3	15,1	15,0	15,0	14,8	14,7
360	388,8	17,6	17,4	17,3	17,2	17,0	16,9	16,9	16,7	16,5
380	457,3	19,6	19,4	19,3	19,2	19,1	19,0	18,9	18,7	18,5
400	533,3	21,8	21,6	21,5	21,4	21,2	21,1	21,0	20,8	20,6
420	617,4	24,1	23,9	23,8	23,6	23,4	23,3	23,2	23,0	22,8
440	709,9	26,5	26,2	26,1	26,0	25,8	25,7	25,6	25,4	25,1
460	811,1	29,0	28,7	28,6	28,5	28,3	28,1	28,0	27,8	27,6
480	921,6	31,6	31,3	31,2	31,1	30,8	30,7	30,6	30,4	30,1
500	1041,7	34,3	34,1	33,9	33,8	33,5	33,4	33,3	33,0	32,8
520	1171,7	37,2	36,9	36,8	36,6	36,4	36,2	36,1	35,8	35,6
540	1312,2	40,1	39,8	39,7	39,6	39,3	39,1	39,0	38,7	38,5
560	1463,5	43,2	42,9	42,8	42,6	42,3	42,2	42,0	41,7	41,5
580	1625,9	46,4	46,1	45,9	45,8	45,5	45,3	45,2	44,9	44,6
600	1800,0	49,7	49,4	49,2	49,0	48,7	48,6	48,4	48,1	47,8
620	1986,1	53,1	52,8	52,6	52,4	52,1	51,9	51,8	51,5	51,2
640	2184,5	56,6	56,3	56,1	55,9	55,6	55,4	55,3	54,9	54,6
660	2395,8	60,3	59,9	59,7	59,5	59,2	59,0	58,9	58,5	58,2
680	2620,3	64,0	63,6	63,5	63,3	62,9	62,7	62,6	62,2	61,9
700	2858,3	67,9	67,5	67,3	67,1	66,8	66,6	66,4	66,0	65,7
720	3110,4	71,8	71,5	71,3	71,1	70,7	70,5	70,3	69,9	69,6
740	3376,9	75,9	75,5	75,3	75,1	74,8	74,6	74,4	74,0	73,6
760	3658,1	80,1	79,7	79,5	79,3	78,9	78,7	78,5	78,1	77,7
780	3954,6	84,5	84,0	83,8	83,6	83,2	83,0	82,8	82,4	82,0
800	4266,7	88,9	88,5	88,2	88,0	87,6	87,4	87,2	86,8	86,4
820	4594,7	93,4	93,0	92,8	92,6	92,1	91,9	91,7	91,3	90,8
840	4939,2	98,1	97,6	97,4	97,2	96,7	96,5	96,3	95,9	95,4
860	5300,5	102,9	102,4	102,2	101,9	101,5	101,2	101,0	100,6	100,1
880	5678,9	107,8	107,3	107,0	106,8	106,3	106,1	105,9	105,4	104,9
900	6075,0	112,8	112,3	112,0	111,8	111,3	111,1	110,8	110,3	109,9
920	6489,1	117,9	117,4	117,1	116,9	116,4	116,1	115,9	115,4	114,9
940	6921,5	123,1	122,6	122,3	122,1	121,6	121,3	121,1	120,6	120,1
960	7372,8	128,4	127,9	127,6	127,4	126,9	126,6	126,4	125,8	125,3
980	7843,3	133,9	133,3	133,1	132,8	132,3	132,0	131,8	131,2	130,7
1000	8333,3	139,4	138,9	138,6	138,4	137,8	137,5	137,3	136,7	136,2
1020	8843,4	145,1	144,6	144,3	144,0	143,5	143,2	142,9	142,4	141,8
1040	9373,9	150,9	150,3	150,1	149,8	149,2	148,9	148,7	148,1	147,6
1060	9925,1	156,8	156,2	155,9	155,7	155,1	154,8	154,5	154,0	153,4
1080	10498	162,8	162,2	161,9	161,7	161,1	160,8	160,5	159,9	159,3
1100	11092	169,0	168,4	168,1	167,8	167,2	166,9	166,6	166,0	165,4
1120	11708	175,2	174,6	174,3	174,0	173,4	173,1	172,8	172,2	171,6
1140	12346	181,6	180,9	180,6	180,3	179,7	179,4	179,1	178,5	177,9
1160	13007	188,0	187,4	187,1	186,8	186,1	185,8	185,6	184,9	184,3
1180	13692	194,6	194,0	193,7	193,3	192,7	192,4	192,1	191,4	190,8
1200	14400	201,3	200,7	200,3	200,0	199,4	199,0	198,7	198,1	197,4
1220	15132	208,1	207,5	207,1	206,8	206,1	205,8	205,5	204,8	204,2
1240	15889	215,1	214,4	214,0	213,7	213,0	212,7	212,4	211,7	211,0
1260	16670	222,1	221,4	221,1	220,7	220,0	219,7	219,3	218,7	218,0
1280	17476	229,2	228,5	228,2	227,8	227,1	226,5	226,5	225,8	225,1

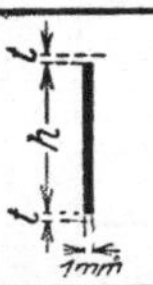

J und Wn für 1 mm Stegblechdicke bei Trägern mit Gurtplatten

$$Wvoll = \frac{Wn}{0{,}85}$$

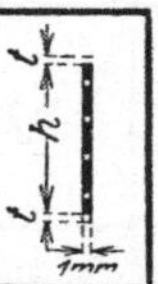

Wn bei einer Gurtplattendicke *t* von (mm)									*h*
22	24	28	30	33	36	40	42	45	
11,1	11,0								300
12,8	12,6								320
14,5	14,4								340
16,4	16,2								360
18,3	18,2								380
20,4	20,2	19,9	19,7	19,5	19,2	19,0	18,7		400
22,6	22,4	22,1	21,9	21,6	21,3	21,0	20,8		420
24,9	24,7	24,3	24,1	23,8	23,6	23,2	23,0		440
27,4	27,1	26,7	26,5	26,2	25,9	25,5	25,3		460
29,9	29,7	29,2	29,0	28,7	28,4	28,0	27,8		480
32,6	32,3	31,8	31,6	31,3	31,0	30,5	30,3	30,0	500
35,3	35,1	34,6	34,3	34,0	33,6	33,2	33,0	32,7	520
38,2	37,9	37,4	37,2	36,8	36,5	36,0	35,7	35,4	540
41,2	40,9	40,4	40,1	39,7	39,4	38,9	38,6	38,3	560
44,3	44,0	43,5	43,2	42,8	42,4	41,9	41,6	41,3	580
47,5	47,2	46,6	46,4	45,9	45,5	45,0	44,7	44,3	600
50,8	50,5	49,9	49,7	49,2	48,8	48,2	48,0	47,6	620
54,3	54,0	53,4	53,1	52,6	52,2	51,6	51,3	50,9	640
57,9	57,5	56,9	56,6	56,1	55,6	55,0	54,7	54,3	660
61,5	61,2	60,5	60,2	59,7	59,2	58,6	58,3	57,9	680
65,3	65,0	64,3	63,9	63,4	62,9	62,3	62,0	61,5	700
69,2	68,9	68,1	67,8	67,3	66,8	66,1	65,8	65,3	720
73,2	72,9	72,1	71,8	71,2	70,7	70,0	69,7	69,2	740
77,3	77,0	76,2	75,8	75,3	74,7	74,0	73,7	73,1	760
81,6	81,2	80,4	80,0	79,5	78,9	78,2	77,8	77,3	780
85,9	85,5	84,7	84,3	83,8	83,2	82,4	82,1	81,5	800
90,4	90,0	89,2	88,8	88,2	87,6	86,8	86,4	85,8	820
95,0	94,6	93,7	93,3	92,7	92,1	91,3	90,9	90,3	840
99,7	99,2	98,4	97,9	97,3	96,7	95,9	95,5	94,9	860
104,5	104,0	103,1	102,7	102,1	101,4	100,6	100,1	99,5	880
109,4	108,9	108,0	107,6	106,9	106,3	105,4	105,0	104,3	900
114,4	114,0	113,0	112,6	111,9	111,2	110,3	109,9	109,2	920
119,6	119,1	118,1	117,7	117,0	116,3	115,4	114,9	114,2	940
124,8	124,3	123,4	122,9	122,2	121,5	120,5	120,1	119,2	960
130,2	129,7	128,7	128,2	127,5	126,7	125,8	125,3	124,6	980
135,7	135,2	134,2	133,6	132,9	132,2	131,2	130,7	130,0	1000
141,3	140,8	139,7	139,2	138,4	137,7	136,7	136,2	135,4	1020
147,0	146,5	145,4	144,9	144,1	143,3	142,3	141,8	141,0	1040
152,8	152,3	151,2	150,6	149,8	149,1	148,0	147,5	146,7	1060
158,8	158,2	157,1	156,5	155,7	154,9	153,8	153,3	152,5	1080
164,8	164,0	163,1	162,6	161,7	160,9	159,8	159,3	158,5	1100
171,0	170,4	169,2	168,7	167,8	167,0	165,9	165,3	164,5	1120
177,3	176,7	175,5	174,9	174,0	173,2	172,0	171,5	169,9	1140
183,7	183,1	181,8	181,2	180,4	179,5	178,3	177,8	176,9	1160
190,2	189,6	188,3	187,7	186,8	185,9	184,7	184,1	183,3	1180
196,8	196,2	194,9	194,3	193,4	192,5	191,3	190,7	189,8	1200
203,5	202,9	201,6	201,0	200,0	199,1	197,9	197,3	196,1	1220
210,4	209,7	208,4	207,8	206,8	205,9	204,6	204,0	203,1	1240
217,3	216,7	215,3	214,7	213,7	212,8	211,5	210,9	209,9	1260
224,4	223,7	222,4	221,7	220,7	219,7	218,5	217,8	216,9	1280

h	*J*	*Wn* bei einer Gurtplattendicke *t* von (mm)								
		8	10	11	12	14	15	16	18	20
1300	18308	236,5	235,8	235,4	235,1	234,4	234,0	233,7	233,0	232,3
1320	19166	243,9	243,2	242,8	242,4	241,7	241,4	241,0	240,3	239,6
1340	20051	251,4	250,6	250,3	249,9	249,2	248,8	248,4	247,7	247,0
1360	20962	259,0	258,2	257,9	257,5	256,7	256,4	256,0	255,3	254,5
1380	21901	266,7	265,9	265,6	265,2	264,4	264,0	263,7	262,9	262,2
1400	22867	274,5	273,8	273,4	273,0	272,2	271,8	271,5	270,7	270,0
1420	23861	282,5	281,7	281,3	280,9	280,1	279,7	279,4	278,6	277,8
1440	24883	290,5	289,7	289,3	288,9	288,2	287,8	287,4	286,6	285,8
1460	25934	298,7	297,9	297,5	297,1	296,3	295,9	295,5	294,7	293,9
1480	27015	307,0	306,2	305,8	305,4	304,5	304,1	303,7	302,9	302,1
1500	28125	315,4	314,6	314,1	313,7	312,9	312,5	312,1	311,3	310,5
1520	29265	323,9	323,1	322,6	322,2	321,4	321,0	320,6	319,7	318,9
1540	30436	332,5	331,7	331,2	330,8	330,0	329,6	329,1	328,3	327,5
1560	31637	341,3	340,4	340,0	339,5	338,7	338,3	337,8	337,0	336,1
1580	32869	350,1	349,2	348,8	348,4	347,5	347,1	346,6	345,8	344,9
1600	34133	359,1	358,2	357,7	357,3	356,4	356,0	355,6	354,7	353,8
1620	35429	368,2	367,3	366,8	366,4	365,5	365,0	364,6	363,7	362,8
1640	36758	377,3	376,4	376.0	375,5	374,6	374,2	373,7	372,8	372,0
1660	38119	386,6	385,7	385,3	384,8	383,9	383,4	383,0	382,1	381,2
1680	39514	396,1	395,1	394,7	394,2	393,3	392,8	392,4	391,5	390,5
1700	40942	405,6	404,7	404,2	403,7	402,8	402,3	401,9	400,9	400,0
1720	42404	415,2	414,3	413,8	413,3	412,4	411,9	411,5	410,5	409,6
1740	43900	425,0	424,0	423,6	423,1	422,1	421,6	421,2	420,2	419,3
1760	45431	434,9	433,9	433,4	432,9	432,0	431,5	431,0	430,0	429,1
1780	46998	444,9	443,9	443,4	442,9	441,9	441,4	440,9	440,0	439,0
1800	48600	455,0	454,0	453,5	453,0	452,0	451,5	451,0	450,0	449,0
1820	50238	465,2	464,2	463,7	463,4	462,1	461,6	461,1	460,2	459,2
1840	51913	475,5	474,5	474,0	473,5	472,4	471,9	471,4	470,4	469,4
1860	53624	485,9	484,9	484,4	483,9	482,8	482,3	481,8	480,8	479,8
1880	55372	496,5	495,4	494,9	494,4	493,4	492,8	492,3	491,3	490,3
1900	57158	507,1	506,1	505,6	505,0	504,0	503,5	502,9	501,9	500,9
1920	58982	517,9	516,9	516,3	515,8	514,7	514,2	513,7	512,6	511,6
1940	60845	528,8	527,7	527,2	526,7	525,6	525,1	524,5	523,5	522,4
1960	62746	539,8	538,7	538,2	537,6	536,6	536,0	535,5	534,4	533,3
1980	64687	550,9	549,8	549,3	548,7	547,6	547,1	546,6	545,5	544,4
2000	66667	562,2	561,1	560,5	559,9	558,8	558,3	557,7	556,6	555,6
2050	71793	590,7	589,6	589,0	588,5	587,3	586,8	586,2	585,1	584,0
2100	77175	620,0	618,9	618,3	617,7	616,5	616,0	615,4	614,2	613,1
2150	82820	650,0	648,9	648,2	647,6	646,4	645,8	645,3	644,1	642,9
2200	88733	680,7	679,5	678,9	678,3	677,0	676,4	675,8	674,6	673,4
2250	94922	712,1	710,9	710,2	709,6	708,4	707,8	707,1	705,9	704,7
2300	101390	744,2	743,0	742,3	741,7	740,4	739,8	739,1	737,9	736,6
2350	108150	777,1	775,8	775,1	774,4	773,1	772,5	771,8	770,5	769,3
2400	115200	810,6	809,3	808,6	807,9	806,6	805,9	805,3	803,9	802,6
2450	122550	844,8	843,5	842,8	842,1	840,7	840,1	839,4	838,0	836,7
2500	130210	879,8	878,4	877,7	877,0	875,6	874,9	874,2	872,8	871,5
2550	138180	915,4	914,0	913,3	912,6	911,2	910,5	909,8	908,4	907,0
2600	146470	951,8	950,4	949,6	948,9	947,5	946,7	946,0	944,6	943,2
2650	155080	988,9	987,4	986,7	985,9	984,5	983,7	983,0	981,5	980,1
2700	164025	1027	1025	1024	1024	1022	1021	1021	1019	1018

Wn bei einer Gurtplattendicke *t* von (mm)									*h*
22	24	28	30	33	36	40	42	45	
231,6	230,9	229,5	228,9	227,8	226,9	225,5	224,9	222,9	1300
238,9	238,2	236,8	236,1	235,1	234,1	232,7	232,1	231,1	1320
246,3	245,6	244,2	243,5	242,4	241,4	240,0	239,4	238,4	1340
253,8	253,1	251,7	251,0	249,9	248,9	247,5	246,8	245,8	1360
261,5	260,7	259,3	258,5	257,5	256,4	255,0	254,3	253,3	1380
269,2	268,5	267,0	266,3	265,2	264,1	262,7	261,9	260,9	1400
277,1	276,3	274,8	274,1	273,0	271,9	270,4	269,7	268,6	1420
285,1	284,3	282,8	282,0	280,9	279,8	278,3	277,6	276,5	1440
293,1	292,4	290,8	290,1	288,9	287,8	286,3	285,5	284,4	1460
301,3	300,6	299,0	298,2	297,1	295,9	294,4	293,6	292,5	1480
309,7	308,9	307,3	306,5	305,3	304,2	302,6	301,8	300,7	1500
318,1	317,3	315,7	314,9	313,7	312,5	310,9	310,2	309,0	1520
326,6	325,8	324,2	323,4	322,2	321,0	319,4	318,6	317,4	1540
331,2	334,5	332,8	332,0	330,8	329,6	327,9	327,1	326,0	1560
344,1	343,2	341,6	340,7	339,5	338,2	336,6	335,8	334,6	1580
353,0	352,1	350,4	349,6	348,3	347,0	345,4	344,6	343,4	1600
362,0	361,1	359,4	358,5	357,2	356,0	354,3	353,5	352,2	1620
371,1	370,2	368,4	367,6	366,3	365,0	363,3	362,5	361,2	1640
380,3	379,4	377,6	376,8	375,4	374,1	372,4	371,6	370,3	1660
389,6	388,7	386,9	386,1	384,7	383,4	381,7	380,8	379,5	1680
399,1	398,2	396,4	395,5	394,1	392,8	391,0	390,1	388,8	1700
408,7	407,7	405,2	405,0	403,6	402,3	400,5	399,6	398,3	1720
418,3	417,4	415,5	414,6	413,2	411,9	410,1	409,2	407,8	1740
428,1	427,2	425,3	424,4	423,0	421,6	419,7	418,8	417,5	1760
438,0	437,1	435,2	434,2	432,8	431,4	429,6	428,6	427,3	1780
448,0	447,1	445,2	444,2	442,8	441,3	439,5	438,5	437,1	1800
458,2	457,2	455,2	454,3	452,8	451,4	449,5	448,6	447,1	1820
468,4	467,4	465,5	464,5	463,0	461,6	459,6	458,7	457,3	1840
478,8	477,8	475,8	474,8	473,3	471,8	469,9	468,9	467,5	1860
489,3	488,2	486,2	485,2	483,7	482,2	480,3	479,3	477,8	1880
499,8	498,8	496,8	495,8	494,2	492,7	490,8	489,8	488,3	1900
510,5	509,5	507,4	506,4	504,9	503,4	501,4	499,4	498,9	1920
521,4	520,3	518,2	517,2	515,6	514,1	512,1	510,0	509,5	1940
532,3	531,2	529,1	528,1	526,5	524,9	522,9	521,9	520,3	1960
543,3	542,2	540,1	539,1	537,5	535,9	533,8	532,8	531,2	1980
554,5	553,4	551,2	550,2	548,6	547,0	544,9	543,8	542,3	2000
582,8	581,7	579,5	578,4	576,8	575,2	573,0	571,9	570,3	2050
611,9	610,8	608,5	607,4	605,7	604,0	601,8	600,7	599,1	2100
641,7	640,6	638,2	637,1	635,4	633,6	631,4	630,2	628,5	2150
672,2	671,0	668,6	667,5	665,7	663,9	661,6	660,4	658,7	2200
703,4	702,2	699,8	698,6	696,7	694,9	692,6	691,4	689,6	2250
735,3	734,1	731,6	730,4	728,5	726,7	724,2	723,0	721,2	2300
768,0	766,7	764,1	762,9	761,0	759,1	756,6	755,4	753,5	2350
801,3	800,0	797,4	796,1	794,2	792,2	789,7	788,4	786,5	2400
835,4	834,0	831,4	830,0	828,0	826,1	823,5	822,2	820,2	2450
870,1	868,7	866,0	864,7	862,6	860,6	858,0	856,6	854,6	2500
905,6	904,2	901,4	900,0	897,9	895,9	893,2	891,8	889,8	2550
941,7	940,3	937,5	936,1	934,0	931,9	929,1	927,7	925,6	2600
978,6	977,2	974,3	972,8	970,7	968,5	965,7	964,3	962,2	2650
1016	1015	1012	1010	1008	1006	1003	1002	999,4	2700

h	J	*Wn* bei einer Gurtplattendicke *t* von (mm)								
		8	10	11	12	14	15	16	18	20
2750	173310	1065	1064	1063	1062	1061	1060	1059	1058	1056
2800	182930	1104	1103	1102	1101	1100	1099	1098	1097	1095
2850	192910	1144	1143	1142	1141	1140	1139	1138	1136	1135
2900	203240	1185	1183	1182	1182	1180	1179	1178	1177	1175
2950	213940	1226	1225	1224	1223	1221	1220	1220	1218	1216
3000	225000	1268	1267	1266	1265	1263	1262	1262	1260	1258
3100	248260				1351	1349	1348	1348	1346	1344
3200	273070				1440	1438	1437	1436	1435	1433
3300	299470				1532	1530	1529	1528	1526	1524
3400	327530				1626	1624	1623	1622	1621	1619
3500	357290				1724	1722	1721	1720	1718	1716
3600	388800				1824	1822	1821	1820	1818	1816
3700	422110				1927	1925	1924	1923	1921	1919
3800	457270				2033	2031	2030	2029	2026	2024
3900	494330				2142	2139	2138	2137	2135	2133
4000	533320				2253	2251	2250	2249	2246	2244
4100	574340									
4200	617400									
4300	662560									
4400	709870									
4500	759370									

Wn bei einer Gurtplattendicke *t* von (mm)									*h*
22	24	28	30	33	36	40	42	45	
1054	1053	1050	1048	1046	1044	1041	1040	1037	2750
1093	1092	1089	1087	1085	1083	1080	1078	1076	2800
1133	1132	1129	1127	1125	1122	1119	1118	1115	2850
1174	1172	1169	1167	1165	1163	1159	1158	1156	2900
1215	1213	1210	1208	1206	1203	1200	1199	1196	2950
1257	1255	1252	1250	1248	1245	1242	1240	1238	3000
1342	1341	1337	1336	1333	1331	1327	1326	1223	3100
1431	1429	1426	1424	1421	1419	1415	1414	1411	3200
1522	1521	1517	1515	1513	1510	1506	1504	1502	3300
1617	1615	1611	1609	1606	1604	1600	1598	1595	3400
1714	1712	1708	1706	1703	1700	1697	1695	1692	3500
1814	1812	1808	1806	1803	1800	1796	1794	1791	3600
1917	1915	1911	1908	1905	1902	1898	1896	1893	3700
2022	2020	2016	2014	2011	2008	2003	2001	1998	3800
2131	2129	2124	2122	2119	2116	2111	2109	2106	3900
2242	2240	2235	2233	2230	2227	2222	2220	2217	4000
			2347	2344	2340	2336	2334	2330	4100
			2464	2460	2457	2452	2450	2447	4200
			2583	2580	2576	2572	2569	2566	4300
			2706	2702	2699	2694	2691	2688	4400
			2831	2827	2824	2819	2816	2813	4500

J und *W*
für
Gurtplatten von 10 mm Breite

h	bei einer Plattendicke von (mm)								
	8	10	11	12	14	15	16	18	20
300	379,54	480,67	532,19	584,35	690,63	744,75	799,53	911,09	1025,33
	24,02	30,04	33,06	36,07	42,11	45,13	48,16	54,23	60,31
320	430,42	544,67	602,81	661,63	781,35	842,25	903,85	1029,17	1157,33
	25,62	32,04	35,25	38,47	44,91	48,13	51,36	57,82	64,30
340	484,50	612,67	677,83	743,71	877,67	945,75	1014,57	1154,45	1297,33
	27,22	34,04	37,45	40,86	47,70	51,12	54,55	61,41	68,28
360	541,78	684,67	757,25	830,59	979,59	1055,25	1131,69	1286,93	1445,33
	28,82	36,04	39,65	43,26	50,49	54,12	57,74	65,00	72,27
380	602,26	760,67	841,07	922,27	1087,11	1170,75	1255,21	1426,61	1601,33
	30,42	38,03	41,84	45,66	53,29	57,11	60,93	68,59	76,25
400	665,94	840,67	929,29	1018,75	1200,23	1292,25	1385,13	1573,49	1765,33
	32,02	40,03	44,04	48,05	56,09	60,10	64,13	72,18	80,24
420	732,82	924,67	1021,91	1120,03	1318,95	1419,75	1521,45	1727,57	1937,33
	33,62	42,03	46,24	50,45	58,88	63,10	67,32	75,77	84,23
440	802,90	1012,67	1118,93	1226,11	1443,27	1553,25	1664,17	1888,85	2117,33
	35,21	44,03	48,44	52,85	61,68	66,10	70,52	79,36	88,22
460	876,18	1104,67	1220,35	1336,99	1573,19	1692,75	1813,29	2057,33	2305,33
	36,81	46,03	50,64	55,25	64,47	69,09	73,71	82,96	92,21
480	952,66	1200,67	1326,17	1452,67	1708,71	1838,25	1968,81	2233,01	2501,33
	38,41	48,03	52,84	57,65	67,27	72,09	76,91	86,55	96,20
500	1032,34	1300,67	1436,39	1573,15	1849,83	1989,75	2130,73	2415,89	2705,33
	40,01	50,03	55,03	60,04	70,07	75,08	80,10	90,15	100,2
520	1115,22	1404,67	1551,01	1698,43	1996,55	2147,25	2299,05	2605,97	2917,33
	41,61	52,02	57,23	62,44	72,87	78,08	83,30	93,74	104,2
540	1201,22	1512,67	1670,03	1828,51	2148,87	2310,75	2473,77	2803,25	3137,33
	43,21	54,02	59,43	64,84	75,66	81,08	86,50	97,34	108,2
560	1290,58	1624,67	1793,45	1963,39	2306,79	2480,25	2654,89	3007,73	3365,33
	44,81	56,02	61,63	67,24	78,46	84,08	89,69	100,9	112,2
580	1383,06	1740,67	1921,27	2103,07	2470,31	2655,75	2842,41	3219,41	3601,33
	46,41	58,02	63,83	69,64	81,26	87,07	92,89	104,5	116,2
600	1478,74	1860,67	2053,49	2247,55	2639,43	2837,25	3036,33	3438,29	3845,33
	48,01	60,02	66,03	72,04	84,06	90,07	96,09	108,1	120,2
620	1577,62	1984,67	2190,11	2396,83	2814,15	3024,75	3236,65	3664,37	4097,33
	49,61	62,02	68,23	74,44	86,86	93,07	99,28	111,7	124,2
640	1679,70	2112,67	2331,13	2550,91	2994,47	3218,25	3443,37	3897,65	4357,33
	51,21	64,02	70,43	76,83	89,65	96,07	102,5	115,3	128,2
660	1784,98	2244,67	2476,55	2709,79	3180,39	3417,75	3656,49	4138,13	4625,33
	52,81	66,02	72,63	79,23	92,45	99,07	105,7	118,9	132,2
680	1893,46	2380,67	2626,37	2873,47	3371,91	3623,25	3876,01	4385,81	4901,33
	54,41	68,02	74,83	81,63	95,25	102,1	108,9	122,5	136,1
700	2005,14	2520,67	2780,59	3041,95	3569,03	3834,75	4101,93	4640,69	5185,33
	56,01	70,02	77,02	84,03	98,05	105,1	112,1	126,1	140,1
720	2120,02	2664,67	2939,21	3215,23	3771,75	4052,25	4334,25	4902,77	5477,33
	57,61	72,02	79,22	86,43	100,8	108,1	115,3	129,7	144,1
740	2238,10	2812,67	3102,23	3393,31	3980,07	4275,75	4572,97	5172,05	5777,33
	59,21	74,02	81,42	88,83	103,6	111,1	118,5	133,3	148,1
760	2359,38	2964,67	3269,65	3576,19	4193,99	4505,25	4818,09	5448,53	6085,33
	60,81	76,02	83,62	91,23	106,4	114,1	121,7	136,9	152,1
780	2483,86	3120,67	3441,47	3763,87	4413,51	4740,75	5069,61	5732,21	6401,33
	62,41	78,02	85,82	93,63	109,2	117,1	124,9	140,5	156,1

J und *W* für Gurtplatten von 10 mm Breite

bei einer Plattendicke von (mm) 22	24	28	30	33	36	40	42	45	*h*
1142,29	1262,02								300
66,41	72,54								
1288,37	1422,34								320
70,79	77,30								
1443,25	1592,26								340
75,17	82,08								
1606,93	1771,78								360
79,55	86,85								
1779,41	1960,90								380
83,93	91,63								
1960,69	2159,62	2568,24	2778,00	3099,56	3429,50	3882,67	4114,99		400
88,32	96,41	112,6	120,8	133,0	145,3	161,8	170,0		
2150,77	2367,94	2813,52	3042,00	3391,94	3750,62	4242,67	4494,67		420
92,71	101,2	118,2	126,8	139,6	152,5	169,7	178,4		
2349,65	2585,86	3070,00	3318,00	3697,52	4086,14	4618,67	4891,15		440
97,09	106,0	123,8	132,7	146,1	159,6	177,6	186,7		
2557,33	2813,38	3337,68	3606,00	4016,30	4436,06	5010,67	5304,43		460
101,5	110,8	129,4	138,7	152,7	166,8	185,8	195,0		
2773,81	3050,50	3616,56	3906,00	4348,28	4800,38	5418,67	5734,51		480
105,9	115,5	134,9	144,7	159,3	173,9	193,5	203,4		
2999,09	3297,22	3906,64	4218,00	4693,46	5179,10	5842,67	6181,39		500
110,3	120,3	140,5	150,6	165,9	181,1	201,5	211,7		
3233,17	3553,54	4207,92	4542,00	5051,84	5572,22	6282,67	6645,07		520
114,7	125,1	146,1	156,6	172,4	188,3	209,4	220,0		
3476,05	3819,46	4520,40	4878,00	5423,42	5979,74	6738,67	7125,55		540
119,0	129,9	151,7	162,6	179,0	195,4	217,4	228,4		
3727,73	4094,98	4844,08	5226,00	5808,20	6409,44	7210,67	7622,83		560
123,4	134,7	157,3	168,6	185,6	202,8	225,3	236,7		
3988,21	4380,10	5178,96	5586,00	6206,18	6837,98	7698,67	8136,91		580
127,8	139,5	162,9	174,6	192,1	209,8	233,3	245,1		
4257,49	4674,82	5525,04	5958,00	6617,36	7288,70	8202,67	8667,79	9375,75	600
132,2	144,3	168,4	180,5	198,7	216,9	241,3	253,4	271,8	
4535,57	4979,14	5882,32	6342,00	7041,74	7753,82	8722,67	9215,47	9965,25	620
136,6	149,1	174,0	186,5	205,3	224,1	249,2	261,8	280,7	
4822,45	5293,06	6250,80	6738,00	7479,32	8233,34	9258,67	9779,95	10572,7	640
141,0	153,9	179,6	192,5	211,9	231,3	257,2	270,1	289,7	
5118,13	5616,58	6630,48	7146,00	7930,10	8727,26	9810,67	10361,2	11198,2	660
145,4	158,7	185,2	198,5	218,5	238,4	265,2	278,5	298,6	
5422,61	5949,70	7021,36	7566,00	8394,08	9235,58	10378,7	10959,3	11841,7	680
149,8	163,5	190,8	204,5	225,0	245,6	273,1	286,9	307,6	
5735,89	6292,42	7423,44	7998,00	8871,26	9758,30	10962,7	11574,2	12503,2	700
154,2	168,2	196,4	210,5	231,6	252,8	281,1	295,3	316,5	
6057,97	6644,74	7836,72	8442,00	9361,64	10295,4	11562,7	12205,9	13182,7	720
158,6	173,0	202,0	216,5	238,2	260,0	289,1	303,6	325,5	
6388,85	7006,66	8261,20	8898,00	9865,22	10846,9	12178,7	12854,4	13880,2	740
163,0	177,8	207,6	222,5	244,8	267,2	297,0	312,0	334,5	
6728,53	7378,18	8696,88	9366,00	10382,0	11412,9	12810,7	13519,6	14595,7	760
167,4	182,6	213,2	228,4	251,4	274,3	305,0	320,4	343,4	
7077,01	7759,30	9143,76	9846,00	10912,0	11993,2	13458,7	14201,7	15329,2	780
171,8	187,4	218,8	234,4	258,0	281,5	313,0	328,7	352,4	

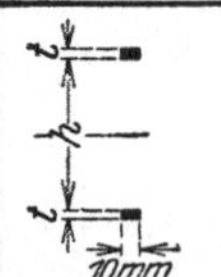

J und W für Gurtplatten von 10 mm Breite

h	bei einer Plattendicke von (mm) 8	10	11	12	14	15	16	18	20
800	2611,54 64,01	3280,67 80,02	3617,69 88,02	3956,35 96,03	4638,63 112,0	4982,25 120,1	5327,53 128,1	6023,09 144,1	6725,33 160,1
820	2742,42 65,61	3444,67 82,02	3798,31 90,22	4153,63 98,43	4869,35 114,8	5229,75 123,1	5591,85 131,3	6321,17 147,7	7057,33 164,1
840	2876,50 67,21	3612,67 84,02	3983,33 92,42	4355,71 100,8	5105,67 117,6	5483,25 126,1	5862,57 134,5	6626,45 151,3	7397,33 168,1
860	3013,78 68,81	3784,67 86,02	4172,75 94,62	4562,59 103,2	5347,59 120,4	5742,75 129,1	6139,69 137,7	6938,93 154,9	7745,33 172,1
880	3154,26 70,41	3960,67 88,01	4366,57 96,82	4774,27 105,6	5595,11 123,2	6008,25 132,0	6423,21 140,9	7258,61 158,5	8101,33 176,1
900	3297,94 72,01	4140,67 90,01	4564,79 99,02	4990,75 108,0	5848,23 126,0	6279,75 135,0	6713,13 144,1	7585,49 162,1	8465,33 180,1
920	3444,82 73,61	4324,67 92,01	4767,41 101,2	5212,03 110,4	6106,95 128,8	6557,25 138,0	7009,45 147,3	7919,57 165,7	8837,33 184,1
940	3594,90 75,21	4512,67 94,01	4974,43 103,4	5438,11 112,8	6371,27 131,6	6840,75 141,1	7312,17 150,5	8260,85 169,3	9217,33 188,1
960	3748,18 76,81	4704,67 96,01	5185,85 105,6	5668,99 115,2	6641,19 134,4	7130,25 144,0	7621,29 153,7	8609,33 172,9	9605,33 192,1
980	3904,66 78,41	4900,67 98,01	5401,67 107,8	5904,67 117,6	6916,71 137,2	7425,75 147,0	7936,81 156,9	8965,01 176,5	10001,3 196,1
1000	4064,34 80,01	5100,67 100,0	5621,89 110,0	6145,15 120,0	7197,83 140,0	7727,25 150,0	8258,73 160,1	9327,89 180,1	10405,3 200,1
1020	4227,22 81,61	5304,67 102,0	5846,51 112,2	6390,43 122,4	7484,55 142,8	8034,75 153,0	8587,05 163,3	9697,97 183,7	10817,3 204,1
1040	4393,30 83,21	5512,67 104,0	6075,53 114,4	6640,51 124,8	7776,87 145,6	8348,25 156,0	8921,77 166,5	10075,2 187,3	11237,3 208,1
1060	4562,58 84,81	5724,67 106,0	6308,95 116,6	6895,39 127,2	8074,79 148,4	8667,75 159,0	9262,89 169,7	10459,7 190,9	11665,3 212,1
1080	4735,06 86,41	5940,67 108,0	6546,77 118,8	7155,07 129,6	8378,31 151,2	8993,25 162,0	9610,41 172,8	10851,4 194,5	12101,3 216,1
1100	4910,74 88,01	6160,67 110,0	6788,99 121,0	7419,55 132,0	8687,43 154,0	9324,75 165,0	9964,33 176,0	11250,3 198,1	12545,3 220,1
1120	5089,62 89,61	6384,67 112,0	7035,61 123,2	7688,83 134,4	9002,15 156,8	9662,25 168,0	10324,7 179,2	11656,4 201,7	12997,3 224,1
1140	5271,70 91,21	6612,67 114,0	7286,63 125,4	7962,91 136,8	9322,47 159,6	10005,8 171,0	10691,4 182,4	12069,6 205,3	13457,3 228,1
1160	5456,98 92,81	6844,67 116,0	7542,05 127,6	8241,79 139,2	9648,39 162,4	10355,3 174,0	11064,5 185,6	12490,1 208,9	13925,3 232,1
1180	5645,46 94,41	7080,67 118,0	7801,87 129,8	8525,47 141,6	9979,91 165,2	10710,8 177,0	11444,0 188,8	12917,8 212,5	14401,3 236,1
1200	5837,14 96,01	7320,67 120,0	8066,09 132,0	8813,95 144,0	10317,0 168,0	11072,3 180,0	11829,9 192,0	13352,7 216,1	14885,3 240,1
1220	6032,02 97,61	7564,67 122,0	8334,71 134,2	9107,23 146,4	10659,8 170,8	11439,8 183,0	12222,3 195,2	13794,8 219,7	15377,3 244,1
1240	6230,10 99,21	7812,67 124,0	8607,73 136,4	9405,31 148,8	11008,1 173,6	11813,3 186,0	12621,0 198,4	14244,0 223,3	15877,3 248,1
1260	6431,38 100,8	8064,67 126,0	8885,15 138,6	9708,19 151,2	11362,0 176,4	12192,8 189,0	13026,1 201,6	14700,5 226,9	16385,3 252,1
1280	6635,86 102,4	8320,67 128,0	9166,97 140,8	10015,9 153,6	11721,5 179,2	12578,3 192,0	13437,6 204,8	15164,2 230,5	16901,3 256,1

J und *W*
für
Gurtplatten von 10 mm Breite

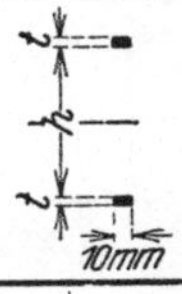

bei einer Plattendicke von (mm) 22	24	28	30	33	36	40	42	45	*h*
7434,29	8150,02	9601,84	10338,0	11455,2	12587,9	14122,7	14900,6	16080,7	800
176,2	192,2	224,3	240,4	264,6	288,7	321,0	337,1	361,4	
7800,37	8550,34	10071,1	10842,0	12011,5	13197,0	14802,7	15616,3	16850,2	820
180,6	197,0	229,9	246,4	271,1	295,9	328,9	345,5	370,3	
8175,25	8960,26	10551,6	11358,0	12581,1	13820,5	15498,7	16348,8	17637,7	840
185,0	201,8	235,5	252,4	277,7	303,1	336,9	353,9	379,3	
8558,93	9379,78	11043,3	11886,0	13163,9	14458,5	16210,7	17098,0	18443,2	860
189,4	206,6	241,1	258,4	284,3	310,3	344,9	362,2	388,3	
8951,41	9808,9	11546,2	12426,0	13759,9	15110,8	16938,7	17864,1	19266,7	880
193,8	211,4	246,7	256,4	290,9	317,5	352,9	370,6	397,3	
9352,69	10247,6	12060,2	12978,0	14369,1	15777,5	17682,7	18647,0	20108,2	900
198,2	216,2	252,3	270,4	297,5	324,6	360,9	379,0	406,2	
9762,77	10695,9	12585,5	13542,0	14991,4	16458,6	18442,7	19446,7	20967,7	920
202,5	221,0	257,9	276,4	304,1	331,8	368,9	387,4	415,2	
10181,7	11153,9	13122,0	14118,0	15627,0	17154,1	19218,7	20263,2	21845,2	940
206,9	225,8	263,5	282,4	310,7	339,0	376,8	395,8	424,2	
10609,3	11621,4	13669,7	14706,0	16275,8	17864,1	20010,7	21096,4	22740,7	960
211,3	230,6	269,1	288,4	317,3	346,2	384,8	404,1	433,2	
11045,8	12098,6	14228,6	15306,0	16937,8	18588,4	20818,7	21946,5	23654,2	980
215,7	235,4	274,7	294,3	323,9	353,4	392,8	412,5	442,1	
11491,1	12585,2	14798,6	15918,0	17613,0	19327,1	21642,7	22813,4	24585,7	1000
220,1	240,2	280,3	300,3	330,4	360,6	400,8	420,9	451,1	
11945,2	13081,5	15379,9	16542,0	18301,3	20080,2	22482,7	23697,1	25535,2	1020
224,5	245,0	285,9	306,3	337,0	367,8	408,8	429,3	460,1	
12408,1	13587,5	15972,4	17178,0	19002,9	20847,7	23338,7	24597,6	26502,7	1040
228,9	249,8	291,5	312,3	343,6	375,0	416,8	437,7	469,1	
12879,7	14103,0	16576,1	17826,0	19717,7	21629,7	24210,7	25514,8	27438,2	1060
233,3	254,6	297,1	318,3	350,2	382,1	424,7	446,1	478,1	
13360,2	14628,1	17191,0	18486,0	20445,7	22426,0	25098,7	26448,9	28491,7	1080
237,7	259,4	302,7	324,3	356,8	389,3	432,7	454,4	487,0	
13849,5	15162,8	17817,0	19158,0	21186,9	23236,7	26002,7	27399,8	29513,2	1100
242,1	264,2	308,3	330,3	363,4	396,5	440,7	462,8	496,0	
14347,6	15707,1	18454,3	19842,0	21941,2	24061,8	26922,7	28367,5	30552,7	1120
246,5	269,0	313,8	336,3	370,0	403,7	448,7	471,2	505,0	
14854,5	16261,1	19102,8	20538,0	22708,8	24901,3	27858,7	29352,0	31610,2	1140
250,9	273,8	319,4	342,3	376,6	410,9	456,7	479,6	514,0	
15370,1	16824,6	19762,5	21246,0	23489,6	25755,3	28810,7	30353,2	32685,7	1160
255,3	278,6	325,0	348,3	383,2	418,1	464,7	488,0	523,0	
15894,6	17397,7	20433,4	21966,0	24283,6	26623,6	29778,7	31371,3	33779,2	1180
259,7	283,4	330,6	354,3	389,8	425,3	472,7	496,4	532,0	
16427,9	17980,4	21115,4	22698,0	25090,8	27506,3	30762,7	32406,2	34890,7	1200
264,1	288,1	336,2	360,3	396,4	432,5	480,7	504,8	540,9	
16970,0	18572,7	21808,7	23442,0	25911,1	28403,4	31762,7	33457,9	36020,2	1220
268,5	292,9	341,8	366,3	403,0	439,7	488,7	513,2	549,9	
17520,9	19174,7	22513,2	24198,0	26744,7	29314,9	32778,7	34526,4	37167,7	1240
272,9	297,7	347,4	372,3	409,6	446,9	496,6	521,5	558,9	
18080,5	19786,2	23228,9	24966,0	27591,5	30240,9	33810,7	35611,6	38333,2	1260
277,3	302,5	353,0	378,3	416,2	454,1	504,6	529,9	567,9	
18649,0	20407,3	23955,8	25746,0	28451,5	31181,2	34858,7	36713,7	39516,7	1280
281,7	307,3	358,6	384,3	422,8	461,3	512,6	538,3	576,9	

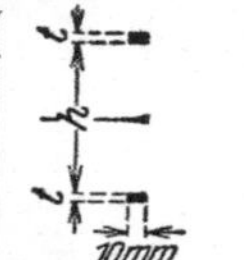

J und *W* für Gurtplatten von 10 mm Breite

h	bei einer Plattendicke von (mm)								
	8	10	11	12	14	15	16	18	20
1300	6843,54	8580,67	9453,19	10328,4	12086,6	12969,8	13855,5	15635,1	17425,3
	104,0	130,0	143,0	156,0	182,0	195,0	208,0	234,1	260,1
1320	7054,42	8844,67	9743,81	10645,6	12457,4	13367,3	14279,9	16113,2	17957,3
	105,6	132,0	145,2	158,4	184,8	198,0	211,2	237,7	264,1
1340	7268,50	9112,67	10038,8	10967,7	12833,7	13770,8	14710,6	16598,4	18497,3
	107,2	134,0	147,4	160,8	187,6	201,0	214,4	241,3	268,1
1360	7485,78	9384,67	10338,2	11294,6	13215,6	14180,3	15147,7	17090,9	19045,3
	108,8	136,0	149,6	163,2	190,4	204,0	217,6	244,9	272,1
1380	7706,26	9660,67	10642,1	11626,3	13603,1	14595,8	15591,2	17590,6	19601,3
	110,4	138,0	151,8	165,6	193,2	207,0	220,8	248,5	276,1
1400	7929,94	9940,67	10950,3	11962,8	13996,2	15017,3	16041,1	18097,5	20165,3
	112,0	140,0	154,0	168,0	196,0	210,0	224,0	252,1	280,1
1420	8156,82	10224,7	11262,9	12304,0	14395,0	15444,8	16497,5	18611,6	20737,3
	113,6	142,0	156,2	170,4	198,8	213,0	227,2	255,7	284,1
1440	8386,90	10512,7	11579,9	12650,1	14799,3	15878,3	16960,2	19132,8	21317,3
	115,2	144,0	158,4	172,8	201,6	216,0	230,4	259,3	288,1
1460	8620,18	10804,7	11901,3	13001,0	15209,2	16317,8	17429,3	19661,3	21905,3
	116,8	146,0	160,6	175,2	204,4	219,0	233,6	262,9	292,1
1480	8856,66	11100,7	12227,2	13356,7	15624,7	16763,3	17904,8	20197,0	22501,3
	118,4	148,0	162,8	177,6	207,2	222,0	236,8	266,5	296,1
1500	9096,34	11400,7	12557,4	13717,2	16045,8	17214,8	18386,7	20739,9	23105,3
	120,0	150,0	165,0	180,0	210,0	225,0	240,0	270,1	300,1
1520	9339,22	11704,7	12892,0	14082,4	16472,6	17672,3	18875,1	21290,0	23717,3
	121,6	152,0	167,2	182,4	212,8	228,0	243,2	273,7	304,1
1540	9585,30	12012,7	13231,0	14452,5	16904,9	18135,8	19369,8	21847,2	24337,3
	123,2	154,0	169,4	184,8	215,6	231,0	246,4	277,2	308,1
1560	9834,58	12324,7	13574,4	14827,4	17342,8	18605,3	19870,9	22411,7	24965,3
	124,8	156,0	171,6	187,2	218,4	234,0	249,6	280,8	312,1
1580	10087,1	12640,7	13922,3	15207,1	17786,3	19080,8	20378,4	22983,4	25601,3
	126,4	158,0	173,8	189,6	221,2	237,0	252,8	284,4	316,1
1600	10342,7	12960,7	14274,5	15591,6	18235,4	19562,3	20892,3	23562,3	26245,3
	128,0	160,0	176,0	192,0	224,0	240,0	256,0	288,0	320,1
1620	10601,6	13284,7	14631,1	15980,8	18690,2	20049,8	21412,7	24148,4	26897,3
	129,6	162,0	178,2	194,4	226,8	243,0	259,2	291,6	324,1
1640	10863,7	13612,7	14992,1	16374,9	19150,5	20543,3	21939,4	24741,6	27557,3
	131,2	164,0	180,4	196,8	229,6	246,0	262,4	295,2	328,1
1660	11129,0	13944,7	15357,5	16773,8	19616,4	21042,8	22472,5	25342,1	28225,3
	132,8	166,0	182,6	199,2	232,4	249,0	265,6	298,8	332,1
1680	11397,5	14280,7	15727,4	17177,5	20087,9	21548,3	23012,0	25949,8	28901,3
	134,4	168,0	184,8	201,6	235,2	252,0	268,8	302,4	336,1
1700	11669,1	14620,7	16101,6	17586,0	20565,0	22059,8	23557,9	26564,7	29585,3
	136,0	170,0	187,0	204,0	238,0	255,0	272,0	306,0	340,1
1720	11944,0	14964,7	16480,2	17998,9	21047,8	22577,3	24110,3	27186,8	30277,3
	137,6	172,0	189,2	206,4	240,8	258,0	275,2	309,6	344,1
1740	12222,1	15312,7	16863,2	18417,3	21536,1	23100,8	24669,0	27816,0	30977,3
	139,2	174,0	191,4	208,8	243,6	261,0	278,4	313,2	348,1
1760	12503,4	15664,7	17250,6	18840,2	22030,0	23630,3	25234,1	28452,5	31685,3
	140,8	176,0	193,6	211,2	246,4	264,0	281,6	316,8	352,1
1780	12787,9	16020,7	17642,5	19267,9	22529,5	24165,8	25805,6	29096,2	32401,3
	142,4	178,0	195,8	213,6	249,2	267,0	284,8	320,4	356,1

J und W für Gurtplatten von 10 mm Breite

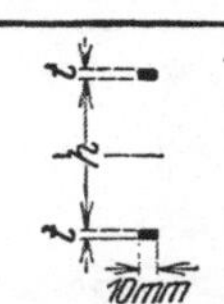

bei einer Plattendicke von (mm) 22	24	28	30	33	36	40	42	45	h
19226,3	21038,0	24693,8	26538,0	29324,7	32135,9	35922,7	37832,6	40718,2	1300
286,1	312,1	364,2	390,3	429,4	468,5	520,6	546,7	585,9	
19812,4	21678,3	25443,1	27342,0	30211,0	33105,0	37002,7	38968,3	41937,7	1320
290,5	316,9	369,8	396,3	435,9	475,6	528,6	555,1	594,9	
20407,3	22328,3	26203,6	28158,0	31110,6	34088,5	38098,7	40120,8	43175,2	1340
294,9	321,7	375,4	402,3	442,5	482,8	536,6	563,5	603,8	
21010,9	22987,8	26975,3	28986,0	32023,4	35086,5	39210,7	41290,0	44430,7	1360
299,3	326,5	381,0	408,3	449,1	490,0	544,6	571,9	612,8	
21623,4	23656,9	27758,2	29826,0	32949,4	36098,8	40338,7	42476,1	45704,2	1380
303,7	331,3	386,6	414,3	455,7	497,2	552,6	580,3	621,8	
22244,7	24335,6	28552,2	30678,0	33888,6	37125,5	41482,7	43679,0	46995,7	1400
308,1	336,1	392,2	420,2	462,3	504,4	560,6	588,7	630,8	
22874,8	25023,9	29357,5	31542,0	34840,9	38166,6	42642,7	44898,7	48305,2	1420
312,5	340,9	397,8	426,2	468,9	511,6	568,6	597,1	639,8	
23513,7	25721,9	30174,0	32418,0	35806,5	39222,1	43818,7	46135,2	49632,7	1440
316,9	345,7	403,4	432,2	475,5	518,8	576,6	605,4	648,8	
24161,3	26429,4	31001,7	33306,0	36785,3	40292,1	45010,7	47388,4	50978,2	1460
321,3	350,5	409,0	438,2	482,1	526,0	584,6	613,8	657,8	
24817,8	27146,5	31840,6	34206,0	37777,3	41376,4	46218,7	48658,5	52341,7	1480
325,7	355,3	414,6	444,2	488,7	533,2	592,5	622,2	666,8	
25483,1	27873,2	32690,6	35118,0	38782,5	42475,1	47442,7	49945,4	53723,2	1500
330,1	360,1	420,2	450,2	495,3	540,4	600,5	630,6	675,8	
26157,2	28609,5	33551,9	36042,0	39800,8	43588,2	48682,7	51249,1	55122,7	1520
334,5	364,9	425,8	456,2	501,9	547,6	608,5	639,0	684,8	
26840,1	29355,5	34424,4	36978,0	40832,4	44715,7	49938,7	52569,6	56540,2	1540
338,9	369,7	431,4	462,2	508,5	554,8	616,5	647,4	693,7	
27531,7	30111,0	35308,1	37926,0	41877,2	45857,7	51210,7	53906,8	57975,7	1560
343,3	374,5	437,0	468,2	515,1	562,0	624,5	655,8	702,7	
28232,2	30876,1	36203,0	38886,0	42935,2	47014,0	52498,7	55260,9	59429,2	1580
347,7	379,3	442,6	474,2	521,7	569,2	632,5	664,2	711,7	
28941,5	31650,8	37109,0	39858,0	44006,4	48184,7	53802,7	56631,8	60900,7	1600
352,1	384,1	448,2	480,2	528,3	576,4	640,5	672,6	720,7	
29659,6	32435,1	38026,3	40842,0	45090,7	49369,8	55122,7	58019,5	62390,2	1620
356,5	388,9	453,8	486,2	534,9	583,6	648,5	681,0	729,7	
30386,5	33229,1	38954,8	41838,0	46188,3	50569,3	56458,7	59424,0	63897,7	1640
360,9	393,7	459,4	492,2	541,5	590,8	656,5	689,4	738,7	
31122,1	34032,6	39894,5	42846,0	47299,1	51783,3	57810,7	60845,2	65423,2	1660
365,3	398,5	465,0	498,2	548,1	598,0	664,5	697,8	747,7	
31866,6	34845,7	40845,4	43866,0	48423,1	53011,6	59178,7	62283,3	66966,7	1680
370,0	403,3	470,6	504,2	554,7	605,2	672,5	706,2	756,7	
32619,9	35668,4	41807,4	44898,0	49560,3	54254,3	60562,7	63738,2	68528,2	1700
374,1	408,1	476,2	510,2	561,3	612,4	680,5	714,6	765,7	
33382,0	36500,7	42780,7	45942,0	50710,6	55511,4	61962,7	65209,9	70107,7	1720
378,5	412,9	481,8	516,2	567,9	619,5	688,5	722,9	774,7	
34152,9	37342,7	43765,2	46998,0	51874,2	56782,9	63378,7	66698,4	71705,2	1740
382,9	417,7	487,4	522,2	574,5	626,7	696,5	731,3	783,7	
34932,5	38194,2	44760,9	48066,0	53051,0	58068,9	64810,7	68203,6	73320,7	1760
387,3	422,5	493,0	528,2	581,1	633,9	704,5	739,7	792,7	
35721,0	39055,3	45767,8	49146,0	54241,0	59369,2	66258,7	69725,7	74954,2	1780
391,7	427,3	498,6	534,2	587,7	641,1	712,5	748,1	801,6	

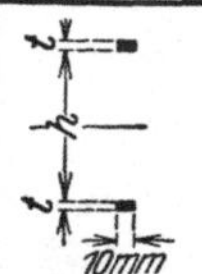

J und W
für
Gurtplatten von 10 mm Breite

h	bei einer Plattendicke von (mm)								
	8	10	11	12	14	15	16	18	20
1800	13075,5	16380,7	18038,7	19700,4	23034,6	24707,3	26383,5	29747,1	33125,3
	144,0	180,0	198,0	216,0	252,0	270,0	288,0	324,0	360,1
1820	13366,4	16744,7	18439,3	20137,6	23545,4	25254,8	26967,9	30405,2	33857,3
	145,6	182,0	200,2	218,4	254,8	273,0	291,2	327,6	364,1
1840	13660,5	17112,7	18844,3	20579,7	24061,7	25808,3	27558,6	31070,4	34597,3
	147,2	184,0	202,4	220,8	257,6	276,0	294,4	331,2	368,1
1860	13957,8	17484,7	19253,7	21026,6	24583,6	26367,8	28155,7	31742,9	35345,3
	148,8	186,0	204,6	223,2	260,4	279,0	297,6	334,8	372,1
1880	14258,3	17860,7	19667,6	21478,3	25111,1	26933,3	28759,2	32422,6	36101,3
	150,4	188,0	206,8	225,6	263,2	282,0	300,8	338,4	376,1
1900	14561,9	18240,7	20085,8	21934,8	25644,2	27504,8	29369,1	33109,5	36865,3
	152,0	190,0	209,0	228,0	266,0	285,0	304,0	342,0	380,1
1920	14868,8	18624,7	20508,4	22396,0	26183,0	28082,3	29985,5	33803,6	37637,3
	153,6	192,0	211,2	230,4	268,8	288,0	307,2	345,6	384,1
1940	15178,9	19012,7	20935,4	22862,1	26727,3	28665,8	30608,2	34504,8	38417,3
	155,2	194,0	213,4	232,8	271,6	291,0	310,4	349,2	388,1
1960	15492,2	19404,7	21366,8	23333,0	27277,2	29255,3	31237,3	35213,3	39205,3
	156,8	196,0	215,6	235,2	274,4	294,0	313,6	352,8	392,1
1980	15808,7	19800,7	21802,7	23808,7	27832,7	29850,8	31872,8	35929,0	40001,3
	158,4	198,0	217,8	237,6	277,2	297,0	316,8	356,4	396,1
2000	16128,3	20200,7	22242,9	24289,2	28393,8	30452,3	32514,7	36651,9	40805,3
	160,0	200,0	220,0	240,0	280,0	300,0	320,0	360,0	400,1
2050	16941,5	21218,2	23362,7	21511,4	29821,1	31982,3	34147,5	38490,6	42850,3
	164,0	205,0	225,5	246,0	287,0	307,5	328,0	369,0	410,1
2100	17774,7	22260,7	24510,0	26763,6	31283,4	33549,8	35820,3	40374,3	44945,3
	168,0	210,0	231,0	252,0	294,0	315,0	336,0	378,0	420,0
2150	18627,9	23328,2	25684,8	28045,8	32780,7	35154,8	37533,1	42303,0	47090,3
	172,0	215,0	236,5	258,0	301,0	322,5	344,0	387,0	430,0
2200	19501,1	24420,7	26887,1	29358,0	34313,0	36797,3	39285,9	44276,7	49285,3
	176,0	220,0	242,0	264,0	308,0	330,0	352,0	396,0	440,0
2250	20394,3	25538,2	28116,9	30700,2	35880,3	38477,3	41078,7	46295,4	51530,3
	180,0	225,0	247,5	270,0	315,0	337,5	360,0	405,0	450,0
2300	21307,5	26680,7	29374,2	32072,4	37482,6	40194,8	42911,5	48359,1	53825,3
	184,0	230,0	253,0	276,0	322,0	345,0	368,0	414,0	460,0
2350	22240,7	27848,2	30659,0	33474,6	39119,9	41949,8	44784,3	50467,8	56170,3
	188,0	235,0	258,5	282,0	329,0	352,5	376,0	423,0	470,0
2400	23193,9	29040,7	31971,3	34906,8	40792,2	43742,3	46697,1	52621,5	58565,3
	192,0	240,0	264,0	288,0	336,0	360,0	384,0	432,0	480,0
2450	24167,1	30258,2	33311,1	36369,0	42499,5	45572,3	48649,9	54820,2	61010,3
	196,0	245,0	269,5	294,0	343,0	367,5	392,0	441,0	490,0
2500	25160,3	31500,7	34678,4	37861,2	44241,8	47439,8	50642,7	57063,9	63505,3
	200,0	250,0	275,0	300,0	350,0	375,0	400,0	450,0	500,0
2550	26173,5	32768,2	36073,2	39383,4	46019,1	49344,8	52675,5	59352,6	66050,3
	204,0	255,0	280,5	306,0	357,0	382,5	408,0	459,0	510,0
2600	27206,7	34060,7	37495,5	40935,6	47831,4	51287,3	54748,3	61686,3	68645,3
	208,0	260,0	286,0	312,0	364,0	390,0	416,0	468,0	520,0
2650	28259,9	35378,2	38945,3	42517,8	49678,7	53267,3	56861,1	64065,0	71290,3
	212,0	265,0	291,5	318,0	371,0	397,5	424,0	477,0	530,0
2700	29333,1	36720,7	40422,6	44130,0	51561,0	55284,8	59013,9	66488,7	73985,3
	216,0	270,0	297,0	324,0	378,0	405,0	432,0	486,0	540,0

J und W für Gurtplatten von 10 mm Breite

bei einer Plattendicke von (mm)									h
22	24	28	30	33	36	40	42	45	
36518,3	39926,0	46785,8	50238,0	55444,2	60683,9	67722,7	71264,6	76605,7	1800
396,1	432,1	504,2	540,2	594,3	648,3	720,5	756,5	810,6	
37324,4	40806,3	47815,1	51342,0	56660,5	62013,0	69202,7	72820,3	78275,2	1820
400,5	436,9	509,8	546,2	600,9	655,5	728,4	764,9	819,6	
38139,3	41696,3	48855,6	52458,0	57890,1	63356,5	70698,7	74392,8	79962,7	1840
404,9	441,7	515,4	552,2	607,5	662,7	736,4	773,3	828,6	
38962,9	42595,8	49907,3	53586,0	59132,9	64714,5	72210,7	75982,0	81668,2	1860
409,3	446,5	521,0	558,2	614,0	669,9	744,4	781,7	837,6	
39795,4	43504,9	50970,2	54726,0	60388,9	66086,8	73738,7	77588,1	83391,7	1880
413,7	451,3	526,6	564,2	620,6	677,1	752,4	790,1	846,6	
40636,7	44423,6	52044,2	55878,0	61658,1	67473,5	75282,7	79211,0	85133,2	1900
418,1	456,1	532,1	570,2	627,2	684,3	760,4	798,5	855,6	
41486,8	45351,9	53129,5	57042,0	62940,4	68874,6	76842,7	80850,7	86892,7	1920
422,5	460,9	537,7	576,2	633,8	691,5	768,4	805,3	864,6	
42345,7	46289,9	54226,0	58218,0	64236,0	70290,1	78418,7	82507,2	88670,2	1940
426,9	465,7	543,3	582,2	640,4	698,7	776,4	813,7	873,6	
43213,3	47237,4	55333,7	59406,0	65544,8	71720,1	80010,7	84180,4	90465,7	1960
431,3	470,5	548,9	588,2	647,0	705,9	784,4	823,7	882,6	
44089,8	48194,5	56452,6	60606,0	66866,8	73164,4	81618,7	85870,5	92279,2	1980
435,7	475,3	554,5	594,2	653,6	713,1	792,4	832,1	891,6	
44975,1	49161,2	57582,6	61818,0	68202,0	74623,1	83242,7	87577,4	94110,7	2000
440,1	480,1	560,1	600,2	660,2	720,3	800,4	840,5	900,6	
47226,8	51620,0	60456,8	64900,5	71597,7	78332,9	87372,7	91918,1	98768,2	2050
451,1	492,1	574,1	615,2	676,7	738,3	820,4	861,5	923,1	
49533,5	54138,8	63401,0	68058,0	75075,9	82132,7	91602,7	96363,8	103538	2100
462,1	504,1	588,1	630,2	693,2	756,3	840,4	882,5	945,6	
51895,2	56717,6	66415,2	71290,5	78636,6	86022,5	95932,7	100914	108421	2150
473,1	516,1	602,1	645,2	709,7	774,3	860,4	903,4	968,1	
54311,9	59356,4	69499,4	74598,0	82279,8	90002,3	100363	105570	113416	2200
484,1	528,1	616,1	660,2	726,2	792,3	880,4	924,4	990,5	
56783,6	62055,2	72653,6	77980,5	86005,5	94072,1	104893	111331	118523	2250
495,1	540,1	630,1	675,2	742,7	810,3	900,4	945,4	1013	
59310,3	64814,0	75877,8	81438,0	89813,7	98231,9	109523	115197	123743	2300
506,1	552,1	644,1	690,2	759,2	828,3	920,4	966,4	1036	
61892,0	67632,8	79172,0	84970,5	93704,4	102482	114253	120167	129076	2350
517,1	564,1	658,1	705,1	775,7	846,3	940,4	987,4	1058	
64528,7	70511,6	82536,2	88578,0	97677,6	106822	119083	125243	134521	2400
528,1	576,1	672,1	720,1	792,2	864,3	960,3	1008	1080	
67220,4	73450,4	85970,4	92260,5	101733	111251	124013	130424	140078	2450
539,1	588,1	686,1	735,1	808,7	882,3	980,3	1029	1103	
69967,1	76449,2	89474,6	96018,0	105871	115771	129043	135709	145748	2500
550,1	600,1	700,1	750,1	825,2	900,2	1000	1050	1125	
72768,8	79508,0	93048,8	99850,5	110092	120381	134173	141100	151531	2550
561,1	612,1	714,1	765,1	841,7	918,2	1020	1071	1148	
75625,5	82626,8	96693,0	103758	114395	125081	139403	146596	157426	2600
572,1	624,1	728,1	780,1	858,2	936,2	1040	1092	1170	
78537,2	85805,6	100407	107741	118781	129871	144733	152196	163433	2650
583,1	636,1	742,1	795,1	874,7	954,2	1060	1113	1193	
81503,9	89044,4	104191	111798	123249	134750	150163	157902	169553	2700
594,1	648,1	756,1	810,1	891,2	972,2	1080	1134	1215	

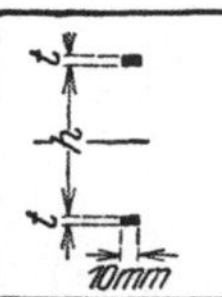

J und W für Gurtplatten von 10 mm Breite

h	bei einer Plattendicke von (mm)								
	8	10	11	12	14	15	16	18	20
2750	30426,3 220,0	38088,2 275,0	41927,4 302,5	45772,2 330,0	53478,3 385,0	57339,8 412,5	61206,7 440,0	68957,4 495,0	76730,3 550,0
2800	31539,5 224,0	39480,7 280,0	43459,7 308,0	47444,4 336,0	55430,6 392,0	59432,3 420,0	63439,5 448,0	71471,1 504,0	79525,3 560,0
2850	32672,7 228,0	40898,2 285,0	45019,5 313,5	49146,6 342,0	57417,9 399,0	61562,3 427,5	65712,3 456,0	74029,8 513,0	82370,3 570,0
2900	33825,9 232,0	42340,7 290,0	46606,8 319,0	50878,8 348,0	59440,2 406,0	63729,8 435,0	68025,1 464,0	76633,5 522,0	85265,3 580,0
2950	34999,1 236,0	43808,2 295,0	48221,6 324,5	52641,0 354,0	61497,5 413,0	65934,8 442,5	70377,9 472,0	79282,2 531,0	88210,3 590,0
3000	36192,3 240,0	45300,7 300,0	49863,9 330,0	54433,2 360,0	63589,8 420,0	68177,3 450,0	72770,7 480,0	81975,9 540,0	91205,3 600,0
3100				58107,6 372,0	67879,4 434,0	72774,8 465,0	77676,3 496,0	87498,3 558,0	97345,3 620,0
3200				61902,0 384,0	72309,0 448,0	77522,3 480,0	82741,9 512,0	93200,7 576,0	103685 640,0
3300				65816,4 396,0	76878,6 462,0	82419,8 495,0	87967,5 528,0	99083,1 594,0	110225 660,0
3400				69850,8 408,0	81588,2 476,0	87467,3 510,0	93353,1 544,0	105145 612,0	116965 680,0
3500				74005,2 420,0	86437,8 490,0	92664,8 525,0	98898,7 560,0	111388 630,0	123905 700,0
3600				78279,6 432,0	91427,4 504,0	98012,3 540,0	104604 576,0	117810 648,0	131045 720,0
3700				82674,0 444,0	96557,0 518,0	103510 555,0	110470 592,0	124413 666,0	138385 740,0
3800				87188,4 456,0	101827 532,0	109157 570,0	116496 608,0	131195 684,0	145925 760,0
3900				91822,8 468,0	107236 546,0	114955 585,0	122681 624,0	138157 702,0	153665 780,0
4000				96577,2 480,0	112786 560,0	120902 600,0	129027 640,0	145300 720,0	161605 800,0
4100									
4200									
4300									
4400									
4500									

J und *W* für Gurtplatten von 10 mm Breite

bei einer Plattendicke von (mm) 22	24	28	30	33	36	40	42	45	*h*
84525,6	92343,2	108046	115931	127800	139720	155693	163713	175786	2750
605,1	660,1	770,1	825,1	907,7	990,2	1100	1155	1238	
87602,3	95702,0	111970	120138	132433	144780	161323	169629	182131	2800
616,0	672,1	784,1	840,1	924,2	1008	1120	1176	1260	
90734,0	99120,8	115964	124421	137149	149930	167053	175649	188588	2850
627,0	684,1	798,1	855,1	940,7	1026	1140	1197	1283	
93920,7	102600	120028	128778	141947	155170	172883	181775	195158	2900
638,0	696,1	812,1	870,1	957,2	1044	1160	1218	1305	
97162,4	106138	124162	133211	146828	160499	178813	188006	201841	2950
649,0	708,1	826,1	885,1	973,7	1062	1180	1239	1328	
100459	109737	128367	137718	151791	165919	184843	194341	208636	3000
660,0	720,1	840,1	900,1	990,2	1080	1200	1260	1350	
107217	117115	136985	146958	161965	177029	197203	207328	222563	3100
682,0	744,1	868,1	930,1	1023	1116	1240	1302	1395	
114196	124732	145883	156498	172469	188498	209963	220734	236941	3200
704,0	768,1	896,1	960,1	1056	1152	1280	1344	1440	
121394	132590	155062	166338	183303	200328	223123	234561	251768	3300
726,0	792,1	924,1	990,1	1089	1188	1320	1386	1485	
128813	140688	164520	176478	194467	212518	236683	248807	267046	3400
748,0	816,1	952,1	1020	1122	1224	1360	1428	1530	
136451	149025	174259	186918	205960	225067	250643	263473	282773	3500
770,0	840,1	980,1	1050	1155	1260	1400	1470	1575	
144309	157603	184277	197658	217784	237977	265003	278560	298951	3600
792,0	864,1	1008	1080	1188	1296	1440	1512	1620	
152388	166420	194575	208698	229938	251246	279763	294066	315578	3700
814,0	888,1	1036	1110	1221	1332	1480	1554	1665	
160686	175478	205154	220038	242422	264876	294923	309993	332656	3800
836,0	912,1	1064	1140	1254	1368	1520	1596	1710	
169205	184776	216012	231678	255236	278866	310483	326339	350183	3900
858,0	936,1	1092	1170	1287	1404	1560	1638	1755	
177943	194313	227151	243618	268380	293215	326443	343105	368161	4000
880,0	960,0	1120	1200	1320	1440	1600	1680	1800	
			255858	281854	307925	342803	360292	386588	4100
			1230	1353	1476	1640	1722	1845	
			268398	295658	322994	359563	377898	405466	4200
			1260	1386	1512	1680	1764	1890	
			281238	309792	338424	376723	395925	424793	4300
			1290	1419	1548	1720	1806	1935	
			294378	324256	354214	394283	414371	444571	4400
			1320	1452	1584	1760	1848	1980	
			307818	339049	370363	412243	433237	464798	4500
			1350	1485	1620	1800	1890	2025	

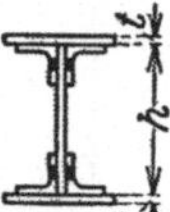

Verminderung der im 2. Teil (Träger mit Gurtplatten) angegebenen *Wn*-Werte durch gleichzeitigen Abzug von Halsnieten.

L 80 · 120 · 10 Ø 20; für L 80 · 120 · 12 μ = 1,200*; für L 80 · 80 · 8 μ = 0,800							L 90 · 90 · 9 Ø 20		
h	*t* = 8	10	12	16	20	24	*h*	*t* = 8	16
300	56	55	55	53	52	51	300	46	44
320	63	62	62	60	59	58	320	52	50
340	70	70	69	67	66	65	340	58	56
360	78	77	76	75	73	72	360	65	62
380	85	84	83	82	80	79	380	71	69
400	93	92	91	89	87	86	400	78	75
420	100	99	98	97	95	93	420	85	82
440	108	107	106	104	102	101	440	91	88
460	115	114	113	111	110	108	460	98	95
480	123	122	121	119	117	115	480	105	102
500	130	129	128	127	125	123	500	112	108
520	138	137	136	134	132	130	520	119	115
540	146	145	144	142	140	138	540	125	122
560	154	152	151	149	147	145	560	132	129
580	161	160	159	157	155	153	580	139	136
600	169	168	167	165	163	161	600	146	142
620	177	176	175	172	170	168	620	153	149
640	185	183	182	180	178	176	640	160	156
660	192	191	190	188	186	184	660	167	163
680	200	199	198	196	193	191	680	174	170
700	208	207	206	203	201	199	700	181	177
720	216	215	214	211	209	207	720	188	184
740	224	222	221	219	217	215	740	195	191
760	231	230	229	227	225	222	760	202	198
780	239	238	237	235	232	230	780	209	205
800	247	246	245	242	240	238	800	216	212
820	255	254	253	250	248	246	820	223	219
840	263	262	260	258	256	253	840	230	226
860	271	270	268	266	264	261	860	237	233
880	279	277	276	274	271	269	880	244	240
900	287	285	284	282	279	277	900	252	247
920	295	293	292	290	287	285	920	259	254
940	303	301	300	297	295	293	940	266	261
960	310	309	308	305	303	300	960	273	268
980	318	317	316	313	311	308	980	280	276
1000	326	325	324	321	319	316	1000	287	283
1020	334	333	331	329	326	324	1020	294	290
1040	342	341	339	337	334	332	1040	301	297
1060	350	349	347	345	342	340	1060	308	304
1080	358	356	355	353	350	348	1080	316	311

L 80 · 120 · 10 Ø 20; für L 80 · 120 · 12 μ = 1,200; für L 80 · 80 · 8 μ = 0,800							L 90 · 90 · 9 Ø 20		
h	*t* = 8	10	12	16	20	24	*h*	*t* = 8	16
1100	366	364	363	361	358	355	1100	323	318
1120	374	372	371	368	366	363	1120	330	325
1140	382	380	379	376	374	371	1140	337	332
1160	389	388	387	384	382	379	1160	344	339
1180	397	396	395	392	390	387	1180	351	346
1200	405	404	403	400	397	395	1200	358	354
1220	413	412	411	408	405	403	1220	365	361
1240	421	420	419	416	413	411	1240	373	368
1260	429	428	426	424	421	419	1260	380	375
1280	437	436	434	432	429	427	1280	387	382
1300	445	444	442	440	437	434	1300	393	389
1320	453	452	450	448	445	442	1320	401	396
1340	461	460	458	456	453	450	1340	408	403
1360	469	468	466	464	461	458	1360	415	411
1380	477	475	474	471	469	466	1380	423	418
1400	485	483	482	479	477	474	1400	430	425
1420	493	491	490	487	485	482	1420	437	432
1440	501	499	498	495	493	490	1440	444	439
1460	509	507	506	503	501	498	1460	451	446
1480	517	515	514	511	508	506	1480	458	453
1500	525	523	522	519	516	514	1500	465	461

* Für die schwach gedruckten Winkel sind die angegebenen *W*-Werte jeweils mit μ zu multiplizieren.

L 90 · 90 · 9
⌀ 23

für L 120 · 120 · 11 $\mu = 1{,}222$
für L 130 · 130 · 12 $\mu = 1{,}333$

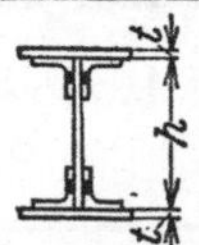

h	*t* =						*h*	*t* =					
	10	12	20	24	30	36		10	12	20	24	30	36
300	52	51	49	48	46	45	1300	452	450	445	442	438	435
320	59	58	56	55	53	51	1320	460	459	453	450	447	443
340	66	66	63	62	60	58	1340	468	467	461	459	455	451
360	74	73	70	69	67	65	1360	476	475	470	467	463	459
380	81	81	77	76	74	72	1380	485	483	478	475	471	467
400	89	88	85	83	81	79	1400	493	491	486	483	479	475
420	97	96	92	91	88	86	1420	501	500	494	491	487	484
440	104	103	100	98	96	94	1440	509	508	502	500	496	492
460	112	111	107	106	103	101	1460	517	516	511	508	504	500
480	120	119	115	113	111	108	1480	526	524	519	516	512	508
500	128	127	123	121	118	116	1500	534	532	527	524	520	516
520	135	134	131	129	126	123	1520	542	541	535	532	528	524
540	143	142	138	136	134	131	1540	550	549	543	541	537	533
560	151	150	146	144	141	139	1560	559	557	552	549	545	541
580	159	158	154	152	149	146	1580	567	565	560	557	553	549
600	167	166	162	160	157	154	1600	575	574	568	565	561	557
620	175	174	170	168	165	162	1620	583	582	576	573	569	565
640	183	182	178	176	173	170	1640	592	590	584	582	578	574
660	191	190	186	183	180	177	1660	600	598	593	590	586	582
680	199	198	194	191	188	185	1680	608	607	601	598	594	590
700	207	206	202	199	196	193	1700	616	615	609	606	602	598
720	215	214	209	207	204	201	1720	624	623	617	615	610	606
740	223	222	217	215	212	209	1740	633	631	626	623	619	615
760	231	230	226	223	220	217	1760	641	640	634	631	627	623
780	239	238	234	231	228	225	1780	649	648	642	639	635	631
800	248	247	242	240	236	233	1800	657	656	650	647	643	639
820	256	254	250	247	244	241	1820	666	664	659	656	652	647
840	264	262	258	255	252	249	1840	674	672	667	664	660	656
860	272	271	266	263	260	257	1860	682	681	675	672	668	664
880	280	279	274	272	268	265	1880	690	689	683	680	676	672
900	288	287	282	280	276	273	1900	699	697	691	689	684	680
920	296	295	290	288	284	281	1920	707	705	700	697	693	688
940	304	303	298	296	292	289	1940	715	714	708	705	701	697
960	313	311	306	304	300	297	1960	723	722	716	713	709	705
980	321	319	314	312	308	305	1980	732	730	724	722	717	713
1000	329	328	323	320	316	313	2000	740	738	733	730	726	721
1020	337	336	331	328	325	321							
1040	345	344	339	336	333	329							
1060	353	352	347	344	341	337							
1080	362	360	355	353	349	345							
1100	370	368	363	361	357	353							
1120	378	377	371	369	365	361							
1140	386	385	380	377	373	370							
1160	394	393	388	385	381	378							
1180	402	401	396	393	389	386							
1200	411	409	404	401	398	394							
1220	419	418	412	410	406	402							
1240	427	426	420	418	414	410							
1260	435	434	429	426	422	418							
1280	443	442	437	434	430	426							

∟ 100 · 100 · 10 Ø 20			∟ 100 · 100 · 10 Ø 23 für ∟ 100 · 150 · 12 μ = 1,200 für ∟ 100 · 150 · 14 μ = 1,400 für ∟ 100 · 200 · 14 μ = 1,400 für ∟ 100 · 200 · 16 μ = 1,600 für ∟ 100 · 200 · 18 μ = 1,800 für ∟ 140 · 140 · 13 μ = 1,300 für ∟ 150 · 150 · 14 μ = 1,400								
h	*t* =		*h*	*t* =							
	8	16		10	12	15	20	24	30	36	45
400	81	78	400	92	91	90	88	87	84	82	79
420	88	85	420	101	100	98	96	95	92	90	87
440	96	92	440	109	108	107	105	103	100	98	95
460	103	100	460	118	117	115	113	111	109	106	103
480	111	107	480	126	125	124	121	119	117	114	111
500	118	114	500	135	134	132	130	128	125	122	119
520	126	122	520	143	142	141	138	136	133	131	127
540	133	129	540	152	151	149	147	145	142	139	135
560	141	137	560	161	160	158	155	153	150	148	143
580	148	144	580	169	168	167	164	162	159	156	152
600	156	152	600	178	177	175	173	171	167	164	160
620	164	160	620	187	186	184	181	179	176	173	169
640	171	167	640	196	195	193	190	188	185	182	177
660	179	175	660	205	204	202	199	197	193	190	186
680	187	183	680	214	212	211	208	205	202	199	194
700	195	190	700	223	221	219	217	214	211	208	203
720	202	198	720	231	230	228	225	223	220	216	211
740	210	206	740	240	239	237	234	232	228	225	220
760	218	213	760	249	248	246	243	241	237	234	229
780	226	221	780	258	257	255	252	249	246	242	237
800	233	229	800	267	266	264	261	258	255	251	246
820	241	237	820	276	275	273	270	267	264	260	255
840	249	245	840	285	284	282	279	276	272	269	264
860	257	252	860	294	293	291	288	285	281	278	272
880	265	260	880	303	302	300	297	294	290	287	281
900	273	268	900	312	311	309	306	303	299	295	290
920	280	276	920	321	320	318	314	312	308	304	299
940	288	284	940	330	329	327	323	321	317	313	308
960	296	291	960	339	338	336	332	330	326	322	317
980	304	299	980	348	347	345	341	339	335	331	325
1000	312	307	1000	357	356	354	350	348	344	340	334
1020	320	315	1020	366	365	363	359	357	353	349	343
1040	328	323	1040	375	374	372	368	366	362	358	352
1060	336	331	1060	384	383	381	377	375	371	367	361
1080	343	339	1080	394	392	390	387	384	380	376	370
1100	351	346	1100	403	401	399	396	393	389	385	379
1120	359	354	1120	412	410	408	405	402	398	394	388
1140	367	362	1140	421	419	417	414	411	407	403	397
1160	375	370	1160	430	428	426	423	420	416	412	406
1180	383	378	1180	439	437	435	432	429	425	421	415
1200	391	386	1200	448	447	444	441	438	434	430	424
1220	399	394	1220	457	456	453	450	447	443	439	433
1240	407	402	1240	466	465	463	459	456	452	448	442
1260	415	409	1260	475	474	472	468	465	461	457	451
1280	423	417	1280	484	483	481	477	474	470	466	460
1300	430	425	1300	494	492	490	486	483	479	475	469
1320	438	433	1320	503	501	499	495	492	488	484	478
1340	446	441	1340	512	510	508	504	501	497	493	487
1360	454	449	1360	521	519	517	513	511	506	502	496
1380	462	457	1380	530	529	526	523	520	515	511	505

L 100 · 100 · 10 Ø 20			L 100 · 100 · 10 Ø 23 für L 100 · 150 · 12 μ = 1,200 für L 100 · 150 · 14 μ = 1,400 für L 100 · 200 · 14 μ = 1,400 für L 100 · 200 · 16 μ = 1,600 für L 100 · 200 · 18 μ = 1,800 für L 140 · 140 · 13 μ = 1,300 für L 150 · 150 · 14 μ = 1,400								
h	*t* =		*h*	*t* =							
	8	16		10	12	15	20	24	30	36	45
1400	470	465	1400	539	538	535	532	529	524	520	514
1420	478	473	1420	548	547	544	541	538	533	529	523
1440	486	481	1440	557	556	554	550	547	543	538	532
1460	494	489	1460	567	565	563	559	556	552	547	541
1480	502	497	1480	576	574	572	568	565	561	556	550
1500	510	505	1500	585	583	581	577	574	570	565	559
1520	518	512	1520	594	592	590	586	583	579	575	568
1540	526	520	1540	603	601	599	595	592	588	584	577
1560	534	528	1560	612	611	608	605	602	597	593	586
1580	542	536	1580	621	620	617	614	611	606	602	595
1600	550	544	1600	630	629	627	623	620	615	611	604
1620	558	552	1620	640	638	636	632	629	624	620	613
1640	565	560	1640	649	647	645	641	638	633	629	622
1660	573	568	1660	658	656	654	650	647	643	638	632
1680	581	576	1680	667	665	663	659	656	652	647	641
1700	589	584	1700	676	675	672	668	665	661	656	650
1720	597	592	1720	685	684	681	678	674	670	665	659
1740	605	600	1740	694	693	691	687	684	679	675	668
1760	613	608	1760	704	702	700	696	693	688	684	677
1780	621	616	1780	713	711	709	705	702	697	693	686
1800	629	624	1800	722	720	718	714	711	706	702	695
1820	637	632	1820	731	729	727	723	720	716	711	704
1840	645	640	1840	740	739	736	732	729	725	720	713
1860	653	647	1860	749	748	745	741	738	734	729	722
1880	661	655	1880	759	757	755	751	748	743	738	732
1900	669	663	1900	768	766	764	760	757	752	747	741
1920	677	671	1920	777	775	773	769	766	761	757	750
1940	685	679	1940	786	784	782	778	775	770	766	759
1960	693	687	1960	795	794	791	787	784	779	775	768
1980	701	695	1980	804	803	800	796	793	789	784	777
2000	709	703	2000	813	812	809	806	802	798	793	786
			2050	836	835	832	828	825	821	816	809
			2100	859	858	855	851	848	843	839	832
			2150	882	881	878	874	871	866	862	855
			2200	905	904	901	897	894	889	884	877
			2250	928	926	924	920	917	912	907	900
			2300	951	949	947	943	940	935	930	923
			2350	974	972	970	966	963	958	953	946
			2400	997	995	993	989	985	981	976	969
			2450	1020	1020	1020	1010	1010	1000	999	992
			2500	1040	1040	1040	1030	1030	1030	1020	1010
			2550	1070	1060	1060	1060	1050	1050	1040	1040
			2600	1090	1090	1080	1080	1080	1070	1070	1060
			2650	1110	1110	1110	1100	1100	1100	1090	1080
			2700	1130	1130	1130	1130	1120	1120	1110	1110
			2750	1160	1160	1150	1150	1150	1140	1140	1130
			2800	1180	1180	1180	1170	1170	1160	1160	1150
			2850	1200	1200	1200	1200	1190	1190	1180	1170
			2900	1230	1220	1220	1220	1210	1210	1200	1200
			2950	1250	1250	1250	1240	1240	1230	1230	1220
			3000	1270	1270	1270	1260	1260	1260	1250	1240

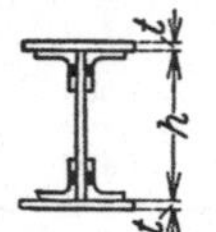

L 110 · 110 · 10

Ø 23

h	t = 10	12	20	24	30	36
400	86	85	82	81	79	77
420	94	93	90	89	86	84
440	103	102	98	97	94	92
460	111	110	107	105	102	100
480	119	118	115	113	111	108
500	128	127	123	121	119	116
520	136	135	132	130	127	124
540	145	144	140	138	135	133
560	154	153	149	147	144	141
580	162	161	157	155	152	149
600	171	170	166	164	161	158
620	180	179	174	172	169	166
640	189	187	183	181	178	175
660	197	196	192	190	186	183
680	206	205	200	198	195	192
700	215	214	209	207	204	201
720	224	223	218	216	212	209
740	233	232	227	225	221	218
760	242	240	236	233	230	227
780	251	249	244	242	239	235
800	259	258	253	251	247	244
820	268	267	262	260	256	253
840	277	276	271	269	265	262
860	286	285	280	278	274	270
880	295	294	289	286	283	279
900	304	303	298	295	292	288
920	313	312	307	304	300	297
940	322	321	316	313	309	306
960	331	330	325	322	318	315
980	340	339	334	331	327	323
1000	349	348	343	340	336	332
1020	358	357	352	349	345	341
1040	367	366	361	358	354	350
1060	376	375	370	367	363	359
1080	385	384	379	376	372	368
1100	395	393	388	385	381	377
1120	404	402	397	394	390	386
1140	413	411	406	403	399	395
1160	422	420	415	412	408	404
1180	431	429	424	421	417	413
1200	440	438	433	430	426	422
1220	449	447	442	439	435	431
1240	458	457	451	448	444	440
1260	467	466	460	457	453	449
1280	476	475	469	466	462	458
1300	485	484	478	475	471	467
1320	494	493	487	484	480	476
1340	503	502	496	493	489	485
1360	513	511	505	502	498	494
1380	522	520	514	511	507	503

h	t = 10	12	20	24	30	36
1400	531	529	523	521	516	512
1420	540	538	533	530	525	521
1440	549	548	542	539	534	530
1460	558	557	551	548	543	539
1480	567	566	560	557	553	548
1500	576	575	569	566	562	557
1520	586	584	578	575	571	566
1540	595	593	587	584	580	575
1560	604	602	596	593	589	585
1580	613	611	605	602	598	594
1600	622	620	614	611	607	603
1620	631	630	624	621	616	612
1640	640	639	633	630	625	621
1660	649	648	642	639	634	630
1680	659	657	651	648	643	639
1700	668	666	660	657	653	648
1720	677	675	669	666	662	657
1740	686	684	678	675	671	666
1760	695	694	687	684	680	675
1780	704	703	697	693	689	684
1800	713	712	706	703	698	694
1820	723	721	715	712	707	703
1840	732	730	724	721	716	712
1860	741	739	733	730	725	721
1880	750	748	742	739	735	730
1900	759	758	751	748	744	739
1920	768	767	760	757	753	748
1940	777	776	770	766	762	757
1960	787	785	779	776	771	766
1980	796	794	788	785	780	776
2000	805	803	797	794	789	785

∟ 160 · 160 · 17 ⌀ 26

für ∟ 160 · 15 $\mu = 0{,}882$ für ∟ 180 · 16 $\mu = 0{,}941$ für ∟ 200 · 16 $\mu = 0{,}941$
für ∟ 160 · 19 $\mu = 1{,}118$ für ∟ 180 · 20 $\mu = 1{,}176$ für ∟ 200 · 20 $\mu = 1{,}176$

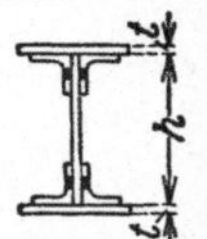

h	*t* = 12	15	24	30	36	45
900	582	578	567	560	553	543
920	599	596	584	577	570	560
940	617	613	602	595	588	577
960	634	630	619	612	604	594
980	651	648	636	629	622	611
1000	669	665	653	646	639	628
1020	686	682	671	663	656	645
1040	703	699	688	680	673	662
1060	721	717	705	698	690	679
1080	738	734	722	715	707	696
1100	756	752	740	732	725	714
1120	773	769	757	749	742	731
1140	790	786	774	767	759	748
1160	808	804	792	784	776	765
1180	825	821	809	801	794	782
1200	843	838	826	818	811	799
1220	860	856	844	836	828	817
1240	877	873	861	853	845	834
1260	895	891	878	870	863	851
1280	912	908	896	888	880	868
1300	930	926	913	905	897	886
1320	947	943	931	923	915	903
1340	965	960	948	940	932	920
1360	982	978	966	957	949	938
1380	1000	995	983	975	967	955
1400	1020	1010	1000	992	984	972
1420	1030	1030	1020	1010	1000	990
1440	1050	1050	1040	1030	1020	1010
1460	1070	1070	1050	1040	1040	1020
1480	1090	1080	1070	1060	1050	1040
1500	1100	1100	1090	1080	1070	1060
1520	1120	1120	1110	1100	1090	1080
1540	1140	1140	1120	1110	1110	1090
1560	1160	1150	1140	1130	1120	1110
1580	1170	1170	1160	1150	1140	1130
1600	1190	1190	1180	1170	1160	1150
1620	1210	1210	1190	1180	1180	1160
1640	1230	1220	1210	1200	1190	1180
1660	1250	1240	1230	1220	1210	1200
1680	1260	1260	1250	1240	1230	1220
1700	1280	1280	1260	1250	1250	1230
1720	1300	1290	1280	1270	1260	1250
1740	1320	1310	1300	1290	1280	1270
1760	1330	1330	1320	1310	1300	1290
1780	1350	1350	1330	1320	1320	1300
1800	1370	1360	1350	1340	1330	1320
1820	1390	1380	1370	1360	1350	1340
1840	1400	1400	1390	1380	1370	1360
1860	1420	1420	1400	1390	1390	1370
1880	1440	1430	1420	1410	1400	1390

h	*t* = 12	15	24	30	36	45
1900	1460	1450	1440	1430	1420	1410
1920	1470	1470	1460	1450	1440	1430
1940	1490	1490	1470	1460	1460	1440
1960	1510	1500	1490	1480	1470	1460
1980	1530	1520	1510	1500	1490	1480
2000	1540	1540	1530	1520	1510	1500
2050	1590	1580	1570	1560	1550	1540
2100	1630	1630	1610	1600	1600	1580
2150	1680	1670	1660	1650	1640	1630
2200	1720	1720	1700	1690	1680	1670
2250	1760	1760	1750	1740	1730	1710
2300	1810	1800	1790	1780	1770	1760
2350	1850	1850	1830	1820	1820	1800
2400	1900	1890	1880	1870	1860	1850
2450	1940	1940	1920	1910	1900	1890
2500	1980	1980	1970	1960	1950	1930
2550	2030	2020	2010	2000	1990	1980
2600	2070	2070	2050	2040	2030	2020
2650	2120	2110	2100	2090	2080	2070
2700	2160	2160	2140	2130	2120	2110
2750	2200	2200	2190	2180	2170	2150
2800	2250	2240	2230	2220	2210	2200
2850	2290	2290	2270	2260	2250	2240
2900	2340	2330	2320	2310	2300	2290
2950	2380	2380	2360	2350	2340	2330
3000	2420	2420	2410	2400	2390	2370
3100	2510	2510	2490	2480	2470	2460
3200	2600	2600	2580	2570	2560	2550
3300	2690	2680	2670	2660	2650	2640
3400	2780	2770	2760	2750	2740	2730
3500	2870	2860	2850	2840	2830	2810
3600	2950	2950	2930	2930	2920	2900
3700	3040	3040	3020	3010	3000	2990
3800	3130	3130	3110	3100	3090	3080
3900	3220	3210	3200	3190	3180	3170
4000	3310	3300	3290	3280	3270	3250
4100	3400	3390	3380	3370	3360	3340
4200	3480	3480	3460	3450	3440	3430
4300	3570	3570	3550	3540	3530	3520
4400	3660	3660	3640	3630	3620	3610
4500	3750	3740	3730	3720	3710	3690

für ∟ 160 · 160 · 15, ⌀ 23 : $\mu = 0{,}780$